全国高等院校机械类"十三五"规划系列教材

# 互换性与测量技术基础

主　编　景修润　唐克岩　孙荣敏

副主编　眭满仓　姜全新　刘　敏

华中科技大学出版社

中国·武汉

# 内 容 简 介

理论与实践的结合,重点在于"如何结合"。关于互换性与测量技术,全国同类教材各具特色。本教材结合新的国家标准,增加了大量的生产生活案例,多个案例属于"首创首发",希望能给读者耳目一新之感,使读者有所"悟"。

本教材共分十章,内容包括互换性与标准化、测量技术基础、尺寸的公差配合与检测、几何公差与检测、表面粗糙度与检测、圆锥和角度的公差配合与检测、尺寸链基础、光滑极限量规设计、常用结合件的公差与检测、渐开线圆柱齿轮的公差与检测等。

本教材可以作为高等院校机械类(近机械类)本、专科各专业的教学用书,也可以作为有关工程技术人员的参考用书。

**图书在版编目(CIP)数据**

互换性与测量技术基础/景修润,唐克岩,孙荣敏主编.—武汉:华中科技大学出版社,2018.2(2023.8 重印)
全国高等院校机械类"十三五"规划系列教材
ISBN 978-7-5680-3715-0

Ⅰ.①互…  Ⅱ.①景… ②唐… ③孙…  Ⅲ.①零部件-互换性-高等学校-教材 ②零部件-测量技术-高等学校-教材  Ⅳ.①TG801

中国版本图书馆 CIP 数据核字(2018)第 029433 号

**互换性与测量技术基础**
Huhuanxing yu Celiang Jishu Jichu

景修润　唐克岩　孙荣敏　主编

策划编辑:汪　富
责任编辑:程　青
封面设计:原色设计
责任校对:张会军
责任监印:周治超
出版发行:华中科技大学出版社(中国·武汉)　　电话:(027)81321913
　　　　　武汉市东湖新技术开发区华工科技园　　邮编:430223
录　　排:武汉市洪山区佳年华文印部
印　　刷:武汉科源印刷设计有限公司
开　　本:787mm×1092mm　1/16
印　　张:13.75
字　　数:358 千字
版　　次:2023 年 8 月第 1 版第 3 次印刷
定　　价:39.80 元

# 全国高等院校机械类"十三五"规划系列教材
## 编委会

**主任委员**

吴昌林　华中科技大学

**委　员**(排名不分先后)

王　立　北京科技大学

孙　石　长春工程学院

段富海　大连理工大学

董　欣　东北农业大学

关丽杰　东北石油大学

蔡业彬　广东石油化工学院

张　建　广东海洋大学

戴士杰　河北工业大学

黄星梅　湖南大学

刘旺玉　华南理工大学

周晓勤　吉林大学

昃向博　济南大学

迟毅林　昆明理工大学

李　忠　岭南师范学院

杨　萍　兰州理工大学

朱学军　宁夏大学

王世刚　齐齐哈尔大学

张传伟　西安科技大学

朱　林　西安石油大学

孙文磊　新疆大学

艾　超　燕山大学

费少梅　浙江大学

翟国栋　中国矿业大学

高　荣　淮阴工学院

# 前　言

"互换性与测量技术基础"是高等院校机械类(近机械类)各专业的重要技术基础课程。它结合了标准化和计量学两个领域的相关知识,主要涉及几何公差和误差检测两方面内容,与工程图学、机械设计、机械制造、质量检测与控制等学科知识有着密切关系。机械工程技术人员和管理人员必须掌握与互换性和测量技术相关的基本知识和技能。

本教材针对机械类(近机械类)本科和专科教学,按照简明易读和实用性的原则编写。在编写过程中既注重解读基本概念、基本理论,又增加了检测技术讲解深度;为了更好地与其他专业课的内容衔接,增加了大量应用实例,以加深读者对基础理论在工程实践应用中的理解。本教材结合了机械制造及自动化、机电一体化等相关专业的课程设置和课程内容,注重与相近课程的联系,与专业和课程的改革相适应,适用于机械类(近机械类)相关专业不同层次的教学。

本教材主要特点如下:

(1) 注重基础,突出重点,突出理论与检测实践的结合,重点结合企业生产实践;

(2) 采用了大量实用案例和图表,以拓宽读者的知识面,有助于读者有所"悟";

(3) 精简课后习题,按照考试题型(填空题、选择题、判断题等)编写;

(4) 对必要的专业术语给出了英文翻译,增加了必要的专业英语词汇;

(5) 采用机械行业最新的技术和标准。

本教材共分 10 章,建议 40 个学时,教师可根据实际情况取舍。本教材还配套了丰富的 PPT 课件,可通过邮箱 hustp_jixie@163.com 获取,以方便教师更好地组织教学工作。

本书由多所院校从事本专业及相关专业教学的多位一线教师编写,得到了其所在院校和单位的大力支持,在此一并表示感谢!参加本书编写的有:湖北工业大学工程技术学院景修润(第 1 章、第 2 章、第 9 章),成都理工大学工程技术学院唐克岩(第 6 章、第 7 章),广西科技大学鹿山学院孙荣敏(第 3 章、第 8 章),长江大学工程技术学院眭满仓(第 10 章),荆楚理工学院姜全新(第 4 章),华夏理工学院刘敏(第 5 章)。全书由景修润统稿。

由于时间仓促,加之编者水平有限,书中难免存在错漏之处,敬请广大读者批评指正。

编者

2017 年 12 月

# 目　　录

# 第1章 互换性与标准化

## 1.1 互 换 性

**1. 互换性及其意义**

在日常生产生活中,经常使用可以相互替换的零部件。例如我们使用的圆珠笔替芯、手机电池;汽车、自行车、手表等机器或仪表的零件坏了,只要换一个相同规格的新零件即可。同一规格的零部件,不需要任何挑选、调整或修配,就能装配到机器上去,并且符合使用性能要求,这种特性就叫互换性(interchangeability)。

互换性给产品的设计、制造和使用维修都带来了很大的方便。

在设计方面:按互换性进行设计,就可以最大限度地采用标准件、通用件、同一结构要素件,大大减少计算、绘图等工作量,还可以采用模块化设计、计算机辅助设计,直接调用图库或模块图纸,从而缩短设计周期,并有利于产品品种的多样化。

在制造方面:互换性有利于组织大规模专业化生产,有利于采用先进工艺和高效率的专用设备并使用计算机辅助制造,有利于实现加工和装配过程的机械化、自动化,从而减轻工人的劳动强度,提高生产率,保证产品质量,降低生产成本。国内很多汽车厂不生产发动机,而采用其他品牌发动机进行配套,只需进行适当的调校即可。

在使用方面:零部件具有互换性,可以及时更换那些已经磨损或损坏了的零部件,减少机器的维修时间和费用,减少停线、停产时间,提高设备的利用率。我国古代的雕版印刷是一个伟大的创造,但印一种书就得雕一回版,费时费力,无法迅速、大量地印刷书籍,一旦这部书不再重印,或者雕版中某一个字损坏,那个雕版就完全没用了。毕昇发明的活字印刷术,以胶泥活字代替整个雕版,一个字为一个印,字印的互换性大大提高,从而提高了印刷效率。

总之,互换性对缩短产品设计周期,保证产品质量,提高生产效率,降低制造成本,增加经济效益具有重大的意义。它不仅适用于大批量生产,即使是单件小批生产,也常常采用已标准化了的具有互换性的零部件。显然,互换性已成为现代制造业中一个普遍遵守的技术经济原则。

**2. 互换性的分类**

(1) 按决定的参数不同,可分为几何参数互换和功能互换。

几何参数互换是指零部件的尺寸、形状、位置、表面粗糙度等几何参数具有互换性。零部件的几何参数、力学性能以及物理化学性能等参数都具有互换性,称为功能互换。机械零部件一般需要满足功能互换的要求,本课程重点介绍几何参数的互换性。

(2) 按互换程度,可分为完全互换与不完全互换。

若一批零部件在装配时不需分组、挑选、调整和修配,装配后即能满足使用性能要求,这些零部件就具有完全互换性。有些工厂招收残疾人(如盲人)从事零部件的装配工作,就是因为零部件具有完全互换性。大型汽车厂在产量上升时,会临时招收短期合同工,他们进行必要的培训后,即可从事装配工作,说明汽车零部件的互换性很好。

分组互换法是装配工艺中经常采用的一种装配方法。当装配精度要求较高时,采用完全互换法将提高零部件制造精度要求,使加工困难、成本增加。这时可适当降低零部件的制造精度,即将公差放大,使之便于加工,在零部件加工完成后,通过测量将零部件按实际尺寸的大小分为若干组,分组进行装配,这样既可保证装配的精度,又能解决加工难的问题。例如,在发动机的活塞销和销孔的装配中,有 $0.5\sim5.5~\mu m$ 的过盈量,若采用完全互换法进行装配,活塞销和销孔的公差分别为 $2.5~\mu m$,这会给机械加工造成极大的困难,也不经济。但是,实际生产中采用分组装配法,将二者的公差分别放大到 $10~\mu m$,然后,分别测量活塞销和销孔,再分组,按照"大孔配大轴、小孔配小轴"的方法装配,既保证了装配精度,又大大降低了制造成本。仅同一组内零部件具有完全互换性,组与组之间不能互换的零部件具有不完全互换性。

调整与修配互换是指装配时需要挑选、调整或修配零部件,才能使之达到装配的精度要求,属于不完全互换。

(3) 按部位或者范围,可分为内互换和外互换。

内互换是指零部件内部组成零件之间的互换性。例如,滚动轴承内、外圈滚道表面与滚珠(滚柱)表面间的装配互换性。这种内互换常常采用不完全互换。

外互换是指零部件与相配件间的互换性。例如,滚动轴承内圈与轴、外圈与轴承座孔的配合。这种外互换往往要求完全互换。

完全互换有利于提高生产效率,但是会使成本上升。在使用要求与制造水平、经济效益没有矛盾时,可采用完全互换;反之采用不完全互换。零部件或者整车装配生产的自动化程度越高,对零部件的互换性要求越高,对装配工人的技能要求越低。

## 1.2　公差与检测

### 1. 误差与公差

由于设备精度有限,在测量工具、测量方法、加工与检测环境、检测人员等多方面因素的影响下,零件在制造完成后,最终的检测结果与真实值之间总会存在一定的差异,这种不可避免的差异就是误差。把同一规格的一批零件的几何参数做得完全一致既不可能,也没有必要。只要把几何参数的误差控制在一定的范围内,就能满足互换性的要求。

零件几何参数误差的允许范围叫作公差(tolerance)。它包括尺寸公差、几何公差和角度公差等。

### 2. 检测与质量

检测(measurement)包含检验与测量。零件加工完成后是否满足公差要求,要通过检测加以判断。几何量的检验是指确定零件的几何参数是否在规定的上下极限值范围内,并做出合格性判断,而不必得出被测量的具体数值;测量是"用数据说话",是将被测量与标准计量单位的量进行比较,以确定被测量的具体数值的过程。

优良质量的产品是不是靠检测出来的呢? GB/T 19000—2016 标准中质量的定义是:客体的一组固有特性满足要求的程度。检测不仅用来评定产品质量,而且用于产品质量管控,以便及时调整生产,控制工艺过程,预防废品产生。因此,产品质量的提高,除设计和制造精度的提高外,往往更有赖于检测精度的提高。质量问题不仅仅是质量管理部门和质检人员的责任,也不仅仅是设计、制造哪一个部门的责任,而是需要全面的质量管理,质量控制存在于产品设计、制造、销售等各个环节、各个阶段,需要全过程、全员、全社会的参与。

**3. 实现互换的条件**

零件设计时给定合理的精度(尺寸公差、几何公差、表面粗糙度等),制造时严格按照设计精度制造,质量检测时进行科学检测,是保证产品质量、实现互换性生产的必要条件和手段。

## 1.3  标准与标准化

全球经济一体化使得零部件可以实现全球范围内的采购。在满足互换性的前提条件下,成本越低、质量越好的产品,越有竞争优势。这为现代化企业实现多品种、大规模的生产分工和协作创造了必要的条件。为使社会生产有序地进行,必须通过标准化使产品的规格、品种简化,使分散的、局部的生产环节相互协调和统一。可见标准化是实现互换性的前提。通常,一流的"龙头"企业非常注重起草并贯彻标准(行业称为"贯标")。

**1. 标准**

标准(standard)是对重复性事物和概念所做的统一规定,它以科学、技术和实践经验的综合成果为基础,经有关方面协商一致,由主管机构批准,以特定形式发布,作为共同遵守的准则和依据。

我国于 1988 年通过的《中华人民共和国标准化法》中规定,国家标准和行业标准分为强制性标准和推荐性标准两大类。少量的有关食品药品、产品生产储运、环境保护、通用的试验检验方法、制图与互换配合、国家需要控制的重要产品质量之类的标准属于强制性标准,国家强制性标准代号为 GB。国家将用法律、行政和经济等各种手段来维护强制性标准的实施。大量的标准(80%以上)属于推荐性标准,推荐性标准也应积极采用,推荐性标准的代号为 GB/T。自 1998 年起国家还启用了 GB/Z 这一代号,它表示"国家标准化指导性技术文件"。

标准按不同的级别颁发。我国技术标准分为国家标准、行业标准、地方标准和企业标准。对于其法律效力,法律规定国家鼓励企业自愿采用。按照《中华人民共和国标准化法》(2017年版)第十二条规定,对于某一技术要求,没有国家标准(GB)方可制定行业标准,如机械标准(代号为 JB)等,没有国家标准和行业标准方可制定地方标准(代号为 DB)。关于该技术要求的国家标准公布之后原行业标准即行废止,关于该技术要求的国家标准或者行业标准公布之后原地方标准即行废止。而企业标准(代号为 QB)的制定见于两种情况,一是在没有国家标准、行业标准和地方标准的情况下应当制定;二是已有国家标准、行业标准或地方标准的,可以制定严于国家标准、行业标准或地方标准的企业标准,在企业内部适用。另根据国务院《中华人民共和国标准化法实施条例》第三十二条,企业未按规定制定标准或未按规定要求将产品标准上报备案的(即通常所说的"无标生产")都要承担法律责任。可见,国家标准要求不一定高于企业或者地方标准。

在国际上,为了促进世界各国在技术上的统一,成立了国际标准化组织(简称 ISO)和国际电工委员会(简称 IEC),由这两个组织负责制定和颁发国际标准。我国于 1978 年恢复参加ISO 组织后,陆续修订了我国的标准。修订的原则是,在立足我国生产实际的基础上向 ISO靠拢,以利于促进我国在国际上的技术交流和产品贸易。

**2. 标准化**

标准化(standardization)是技术工作的一部分内容,是联系设计、生产和管理的纽带,是指在经济、技术、科学及管理等社会实践中,对重复性事物和概念通过制定、发布和实施标准,达到统一,以获得最佳秩序和社会效益的全部活动过程。

标准化是组织现代化生产的重要手段,是实现互换性的必要前提,是国家制造业现代化水平的重要标志之一。它对社会进步和科学技术发展起着巨大的推动作用。

产品设计过程中,标准化会签是一项很重要的工作。在工程图纸标题栏里需要签名的栏目中一般含有"设计""校对""工艺(会签)""标准化""审核""批准"等栏目。其中,标准化技术管理人员的图纸会签工作是产品设计中的重要环节,通过图纸的标准化会签,不仅可以采用新的国家标准,采用互换性更好的标准件,还可以减少重复设计,以降低成本,提高效益。

### 3. 优先数和优先数系标准

合理选用优先数是实现标准化的有效途径。在机械设计中,需要确定很多参数,而这些参数往往不是孤立的,一旦选定其中的一个参数,这个数值就会按照一定规律,影响一切有关的参数。例如,螺栓的尺寸一旦确定,将会影响螺母的尺寸、丝锥和板牙的尺寸、螺栓底孔的尺寸以及加工螺栓底孔的麻花钻头的尺寸等。

为使产品的参数选择能遵守统一的规律,国家标准 GB/T 321—2005《优先数和优先数系》对各种技术参数的数值做了统一规定。

GB/T 321—2005《优先数和优先数系》中,规定了五个系列,它们是十进制等比数列的优先数系,分别用系列符号 R5、R10、R20、R40 和 R80 表示,其中,前四个系列为基本系列,R80 为补充系列,仅用于分级很细或基本系列中的优先数不能适应实际情况的特殊场合。各系列的公比为

R5 的公比:$q_5=\sqrt[5]{10}\approx1.60$ ;R10 的公比:$q_{10}=\sqrt[10]{10}\approx1.25$;

R20 的公比:$q_{20}=\sqrt[20]{10}\approx1.12$;R40 的公比:$q_{40}=\sqrt[40]{10}\approx1.06$;

R80 的公比:$q_{80}=\sqrt[80]{10}\approx1.03$。

优先数系的五个系列中任一个项的值都是优先数。按公比计算得到的优先数的理论值,除 10 的整数幂外,都是无理数,工程技术上不能直接应用。实际应用的都是经过圆整后的近似值。根据圆整的精确程度,可分为计算值和常用值。

(1)计算值取五位有效数字,供精确计算用。

(2)常用值即经常使用的、通常所称的优先数,取三位有效数字。

表 1.1 中列出了 1～10 范围内基本系列的常用值和计算值。将表中所列优先数乘以 10,100,…,或乘以 0.1,0.01,…,即可得到所有大于 10 或小于 1 的优先数。

**表 1.1　优先数系的基本系列**(摘自 GB/T 321—2005)

| 基本系列(常用值) | | | | 计算值 | 基本系列(常用值) | | | | 计算值 |
|---|---|---|---|---|---|---|---|---|---|
| R5 | R10 | R20 | R40 | | R5 | R10 | R20 | R40 | |
| 1.00 | 1.00 | 1.00 | 1.00 | 1.0000 | | | | 3.35 | 3.3497 |
| | | | 1.06 | 1.0593 | | | 3.55 | 3.55 | 3.5481 |
| | | 1.12 | 1.12 | 1.1220 | | | | 3.75 | 3.7584 |
| | | | 1.18 | 1.1885 | 4.00 | 4.00 | 4.00 | 4.00 | 3.9811 |
| | 1.25 | 1.25 | 1.25 | 1.2589 | | | | 4.25 | 4.2170 |
| | | | 1.32 | 1.3335 | | | 4.50 | 4.50 | 4.4668 |
| | | 1.40 | 1.40 | 1.4125 | | | | 4.75 | 4.7315 |
| | | | 1.50 | 1.4962 | | 5.00 | 5.00 | 5.00 | 5.0119 |

续表

| 基本系列（常用值） | | | | 计算值 | 基本系列（常用值） | | | | 计算值 |
|---|---|---|---|---|---|---|---|---|---|
| R5 | R10 | R20 | R40 | | R5 | R10 | R20 | R40 | |
| 1.60 | 1.60 | 1.60 | 1.60 | 1.5849 | | | | 5.30 | 5.3088 |
| | | | 1.70 | 1.6788 | | | 5.60 | 5.60 | 5.6234 |
| | | 1.80 | 1.80 | 1.7783 | | | | 6.00 | 5.9566 |
| | | | 1.90 | 1.8836 | 6.30 | 6.30 | 6.30 | 6.30 | 6.3096 |
| | 2.00 | 2.00 | 2.00 | 1.9953 | | | | 6.70 | 6.6834 |
| | | | 2.12 | 2.1135 | | | 7.10 | 7.10 | 7.0795 |
| | | 2.24 | 2.24 | 2.2387 | | | | 7.50 | 7.4989 |
| | | | 2.36 | 2.3714 | | 8.00 | 8.00 | 8.00 | 7.9433 |
| 2.50 | 2.50 | 2.50 | 2.50 | 2.5119 | | | | 8.50 | 8.4140 |
| | | | 2.65 | 2.6607 | | | 9.00 | 9.00 | 8.9125 |
| | | 2.80 | 2.80 | 2.8184 | | | | 9.50 | 9.4406 |
| | | | 3.00 | 2.9854 | 10.00 | 10.00 | 10.00 | 10.00 | 10.0000 |
| | 3.15 | 3.15 | 3.15 | 3.1623 | | | | | |

派生系列：允许从基本系列和补充系列中隔项取值组成派生系列。如在 R10 系列中每隔两项取值得到 R10/3 系列，即 1.00，2.00，4.00，8.00，…，它即是常用的倍数系列。还可以灵活地从基本系列中跨系列隔行取值组成新的系列。

机械工程中常见的量值，如长度、直径、容积、转速及功率等的分级，基本上都是按一定的优先数系进行的，换句话说，在这些量值中总是能找到优先数系的“影子”。本课程涉及的公差尺寸分段、标准公差精度分级及表面粗糙度的参数系列等，基本上都采用优先数系。

**例 1.1**　机床主轴转速为 200，250，315，400，500，630，…，单位为 r/min，问该列数据属于哪种系列？公比为多少？

**解**　（1）由于优先数系中，首项均为 1，将上述数列每项除以 200，得到新的数列：1，1.25，1.575，2，2.5，3.15，…；

（2）查表 1.1 可知，该新数列为基本系列 R10，公比为 $\sqrt[10]{10}$。所以机床主轴的转速所列数据属于基本系列 R10，公比为 $\sqrt[10]{10}$。

**【本章主要内容及学习要求】**

互换性作为一根主线贯穿于本书的所有章节。本章的重点是互换性的概念和意义，以及互换性、公差、测量技术和标准化之间的关系。读者应了解 GB/T 321—2005《优先数和优先数系》的有关规定，了解《中华人民共和国标准化法》的相关内容。

# 习　题　一

1-1　完全互换与不完全互换有何区别？各用于何种场合？

1-2　按标准颁发的级别分，我国标准有哪几种？

1-3　互换性的前提条件是什么？

1-4　下面三组数据属于哪种系列？公比 $q$ 为多少？

（1）电动机转速有：375，750，1500，3000，…，单位为 r/min。

（2）汽油发动机的排量有：1.1，1.3，1.5，1.6，1.8，2.0，2.3 等，单位为 L。

（3）白炽灯泡的功率有：15，25，30，60，100，300，1000 等，单位为 W。

# 第 2 章　测量技术基础

## 2.1　测　　量

**1. 测量与质量波动**

测量(measurement)是零部件制造完成后对其质量进行把关的重要环节,是对零部件设计时给定的合理的精度(尺寸与尺寸公差、几何公差、表面粗糙度等)用数据进行确认的过程,并以此来判定该零部件是否符合图纸技术要求和能否实现互换性。

机械制造过程中,一个完整的测量过程主要包括以下 4 个要素。

(1) 测量对象:技术测量的主要对象是几何量,包括长度、宽度、角度、表面粗糙度、几何误差以及零件的特定参数(如硬度、抗拉强度等力学性能参数)等。

(2) 测量单位:机械制造中常用的长度单位为毫米(mm)。在机械工程图纸上以毫米(mm)为单位的量可省略不写。

(3) 测量方法:测量时采用的测量原理、测量器具以及测量条件等。

(4) 测量精度:测量结果与真值的符合程度。

由于测量影响因素的不稳定性,测量结果与真值之间总有差别,这个差别就是测量误差。换句话说,误差的产生是因为产品质量是波动的。造成产品质量波动的原因主要有 5 大因素,即人、机(机器、设备、工装)、料(材料)、法(方法)、环(环境)这 5 大因素。人的影响因素是排在第一位的,尤其在测量过程中,测量者即人的主观因素是一个不可忽略的因素,在其他测量条件相同的情况下,不同的人得到的测量结果往往会有很大差别。

**2. 测量的技术要求**

测量的实质是将被测的几何量 $X$ 与作为计量单位或者标准的量 $E$ 进行比较,从而确定二者比值 $q$ 的过程,即

$$q = \frac{X}{E} \quad 或 \quad X = qE \tag{2.1}$$

测量是生产中实现零部件的互换性不可或缺的环节。对测量技术的基本要求是:使用统一的计量标准,采用正确的测量方法和合理地运用测量工具,将测量误差控制在允许的范围内,达到必要的测量精确度。此外,应积极采用先进的测量工具和方法,提高检测效率,降低成本,提高经济效益。

**3. 测量技术中的基本原则**

适当掌握一些测量原则,可以提高测量结果的精确度和可靠性。

(1) 基准统一原则。测量基准与设计基准、工艺基准、装配基准应尽可能保持一致,这样可以避免基准转换带来的误差。例如,某人在同一台仪器上测量身高,一次穿着鞋,一次光着脚,两次测量出来的结果肯定不一致,其原因就是两次测量不是同一个测量基准。

（2）最小变形原则。测量过程中要求被测工件与测量器具之间的相对变形最小。测量过程中,主要是要尽量避免或者减少热胀冷缩带来的误差。

（3）最短测量链原则。测量时应尽量减少测量链的组成环节,减少累积误差。例如要测量 10 m 的距离,应尽可能选用长度大于 10 m 的测量工具;如果没有这样的工具,那么一般要求测量链不超过 4 个环节,即选用长度大于 10/4 m=2.5 m 的测量工具。

（4）阿贝原则。又称阿贝测长原则,1890 年由恩斯特·阿贝（Ernst Abbe）提出,其要求是:将测量线（标准长度量）安放在被测线（被测长度量）的延长线上,即二者串联布置。在设计测量器具和测量工件时,阿贝原则都具有重要的指导意义。例如,千分尺的设计是符合阿贝原则的,而游标卡尺的设计却不符合阿贝原则。如图 2.1 所示,（a）为千分尺,（b）为游标卡尺,假设千分尺的螺旋测微杆轴线与被测线的偏斜角度为 $\theta$（弧度）,而游标卡尺的活动测量爪倾斜角度也为 $\theta$（弧度）,两者测量误差分析见表 2.1。假定 $S=X'=20$ mm, $\theta=0.0003$ rad,则 $\delta_1=X'\theta^2/2=9\times10^{-4}$ $\mu$m,而 $\delta_2=S\theta=6$ $\mu$m。显然,千分尺的测量误差更小,精度更高。

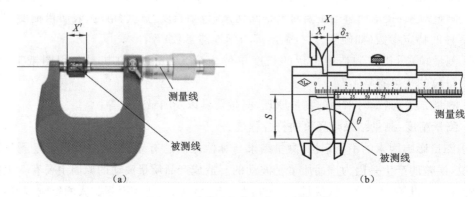

**图 2.1　千分尺和游标卡尺测量比较**

(a) 千分尺测长度;(b) 游标卡尺测直径

（5）闭合原则。以测量 $n$ 边形棱体角度为例,其棱体内角之和为 $(n-2)\times180°$,测量时内角会出现各个大小不同的值,但是按照闭合原则,最后的累积误差为零。

（6）重复原则。多次重复测量,不仅可以防止出现粗大误差,还可以判断测量的客观条件是否稳定。

**表 2.1　千分尺与游标卡尺测量误差比较**

| | 千　分　尺 | 游　标　卡　尺 |
|---|---|---|
| 设计是否符合"阿贝原则" | 是 | 否 |
| 测量时测量线与被测线 | 在一条直线上 | 不在一条直线上 |
| 测量误差 $\delta$ | $\delta_1=X'(1-\cos\theta)$,其中,$X'$ 为实际值。当 $\theta\to0$ 时,$(1-\cos\theta)\approx\theta^2/2$,即 $\delta_1=X'\theta^2/2$ | $\delta_2=X-X'=S\tan\theta$ 其中,$X$ 为理论值,$X'$ 为实际值。当 $\theta\to0$ 时,$\tan\theta\approx\theta$,$\delta_2=S\theta$ |

# 2.2　计量单位与量值传递

## 1. 长度计量单位与量值传递系统

### 1) 长度计量单位

所谓计量单位是用来量度同类量大小的一个标准量,机械中常用的计量单位包括长度计量单位和角度计量单位。1984 年国务院发布了《国务院关于在我国统一实行法定计量单位的命令》,并发布了《中华人民共和国法定计量单位》,其中规定长度的基本单位为米(m)。机械设计及制造过程中常用的单位为毫米(mm);精密测量时,多采用微米( $\mu m$ )为单位;超精密测量时,则用纳米(nm)为单位。其换算关系是:

$$1 \text{ m} = 10^3 \text{ mm} = 10^6 \text{ } \mu m = 10^9 \text{ nm}$$

1791 年,法国最初定义米:以通过巴黎的地球子午线的四千万分之一为 1 m。1889 年,第一届国际计量大会上规定,采用热胀系数小的铂铱合金制成具有刻线的基准尺,作为国际米原器保存在巴黎。但是,由于金属内部的不稳定性,以及外部环境的影响,国际米原器的可靠性并不理想,而且各国要定期将基准米尺送往巴黎与国际米原器进行校对,很不方便。1960 年,第十一届国际计量大会决定采用光波波长作为长度单位的基准,并通过了米的定义,1 m 是氪86( $^{86}$ Kr)原子 $2P_{10}$ 与 $5d_5$ 能级之间跃迁辐射在真空中波长的 1 650 763.73 倍的长度。1983 年,第十七届国际计量大会正式通过了米的新定义,米是光在真空中 1/299 792 458 s 时间间隔内所经路径的长度。

1985 年,我国采用自行研制的碘吸收稳定的 0.633 $\mu m$ 氦氖激光辐射波长,复现了国家长度基准——米。

### 2) 长度量值传递系统

采用光的行程作为长度基准,提高了测量精度,而且稳定可靠。但是,在实际生产制造及科研活动中,使用这么高精度的长度基准成本太高,也没有必要。所以,要把长度的基准量值准确地传递到生产中所使用的测量器具和被测量的工件上去,就必须建立一套完整的长度量值传递系统(quantity transmission system)。我国从组织上,自国家计量局到地方企业计量局(处、科室),已经建立起各级计量管理机构,负责其管辖范围内的计量工作和量值传递工作。在技术上,从国家波长基准开始,长度量值分两个平行的系统向下传递:一个是端面量具(量块)系统;另一个是刻线量具(线纹尺)系统。其中量块传递系统的应用十分广泛。长度量值传递系统如图 2.2 所示。

## 2. 量块

### 1) 量块长度

量块是没有刻度的、截面为矩形的平面平行的端面量具。量块用特殊合金钢制成,具有线胀系数小、不易变形、硬度高、耐磨性好、工作面表面粗糙度小以及研合性好等特点。量块除了作为传递长度尺寸的实物基准外,还用于测量器具(如游标卡尺、高度尺、千分尺等)的检定和校准,用于精密设备的调整、精密划线和精密工件的测量等。

量块通常制成长方形六面体,它有两个相互平行的测量面和四个非测量面。测量面的表面非常光滑平整,具有研合性,两个测量面间具有精确的尺寸。量块上标的尺寸称为量块的标

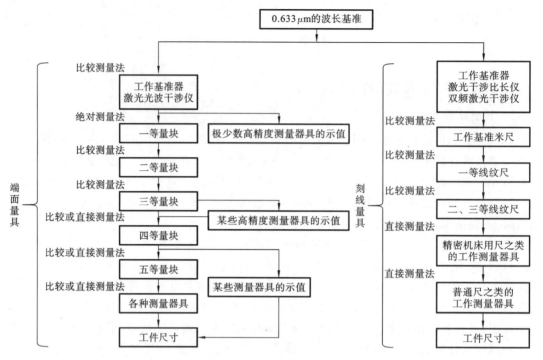

图 2.2　长度量值传递系统

称长度 $l_n$。$l_n<6$ mm 的量块可在测量面上作长度标记，$l_n>6$ mm 的量块，有数字的平面的右侧面为上测量面。如图 2.3 所示，从量块一个测量面上任意一点（边缘去锐角部分除外）到另一个平行面的垂直距离称为量块长度 $L_i$，从量块一个测量面上中心点到另一个平行面的垂直距离称为量块中心长度 $L$。

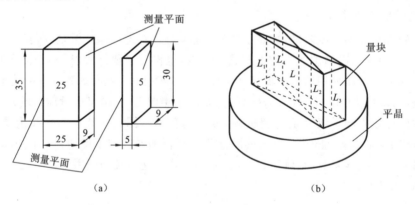

（a）　　　　　　　　　　　　　（b）

图 2.3　长度量块

2）量块的"级"和"等"

为了满足不同的使用场合对量块精度的要求，将量块做成不同的精度等级。划分量块精度有两种规定：按"级"划分和按"等"划分。GB/T 6093—2001 按制造精度将量块分为 0、1、2、3 和 K 级，共五级，其中 0 级精度最高，3 级精度最低，K 级为校准级。量块按级使用时，以量块的标称长度 $l_n$ 为工作尺寸，该尺寸包含了量块的制造误差，它们将被带入测量结果中，但因不需要加修正值，故使用比较方便。

国家计量标准 JJG 146—2011《量块》按检定精度将量块分为 1～5 等，精度依次降低。量块按等使用时,不再以标称长度作为工作尺寸,而是以量块经检定后所给出的实测中心长度 $L$ 作为工作尺寸,该尺寸排除了量块的制造误差,仅包含检定时较小的测量误差。

长度量块的分等,按长度量值传递系统进行,在日常的生产中,低等的量块必须用高一等的量块检定。

3)量块的组合

生产中,常常将几个量块组合成所需要的尺寸来使用,国家标准共规定了 17 种系列的成套量块。表 2.2 分别列出了 46 块和 83 块两种成套量块系列。

组合量块时,为减小量块组合的累积误差,按最短测量链原则,应尽量使用最少的块数获得所需要的尺寸,一般不超过 4 块,可以从消去尺寸的最末位数开始,逐一选取。例如,使用 46 块一套的量块组,从中选取 4 块组成 43.745 mm,查表 2.2,可按如下方法选择 4 块量块尺寸。

表 2.2　46 块和 83 块两种成套量块的尺寸(摘自 GB/T 6093—2001)

| 总块数 | 尺寸系列 | 间隔/mm | 块数 | 总块数 | 尺寸系列 | 间隔/mm | 块数 |
|---|---|---|---|---|---|---|---|
| 46 | 1.001~1.009 | 0.001 | 9 | 83 | 0.5 | | 1 |
| | 1.01~1.09 | 0.01 | 9 | | 1 | | 1 |
| | 1.1~1.9 | 0.1 | 9 | | 1.005 | | 1 |
| | 1~9 | 1 | 9 | | 1.01~1.49 | 0.01 | 49 |
| | 10~100 | 10 | 10 | | 1.5~1.9 | 0.1 | 5 |
| | | | | | 2.0~9.5 | 0.5 | 16 |
| | | | | | 10~100 | 10 | 10 |

量块需要组合的尺寸　　……………………………　43.745
第一块量块尺寸　　……………………………　－ 1.005
　　　　　　　　　　　　　　　　　　42.74
第二块量块尺寸　　……………………………　－ 1.04
　　　　　　　　　　　　　　　　　　41.7
第三块量块尺寸　　……………………………　－ 1.7
第四块量块尺寸　　……………………………　40

即所选择的 4 块量块分别是 1.005、1.04、1.7、40,共 4 块。

**3. 角度单位与量值传递系统**

1)角度单位

角度是机械制造中需要满足互换性要求的重要的几何参数之一。

我国法定计量单位规定平面角的角度单位为弧度(rad)及度(°)、分(′)、秒(″)。1 rad 是指在一个圆的圆周上截取的弧长与该圆的半径相等时所对应的中心平面角。$1°=\pi/180$ rad。度、分、秒的关系采用 60 进位制,即 $1°=60′,1′=60″$。

任何一个圆周均可形成封闭的 360°(2π rad)中心平面角,所以角度不需要和长度一样再建立一个自然基准。计量部门在高精度的分度中,常以多面棱体(见图 2.4)作为角度基准来建立角度传递系统。

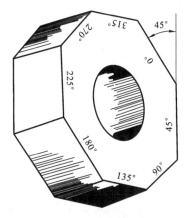

图 2.4　正八面棱体

2）角度量值传递系统

多面棱体是用特殊合金钢或石英玻璃精细加工而成的。常见的有 4、6、8、12、24、36、72 等正多面棱体。图 2.4 所示为常用的正八面棱体,其任意相邻两面法线间的夹角为 45°。以多面棱体为基准的角度量值传递系统如图 2.5 所示。

图 2.5　角度量值传递系统

3）角度量块

角度量块的性能与长度量块类似,除了作为传递角度尺寸的实物基准外,还用于测量器具（如万能角度尺、90°刀口角尺、钢角尺、角度样板等）的检定和校准,用于精密设备的调整、精密划线、精密和普通工件的直接测量等。

角度量块有三角形和四边形两种,图 2.6 所示是最常用的 7 件量块组合套装,三角形角度量块只有一个工作角,角度值在 10°～79°范围内。四边形角度量块有 4 个工作角,角度值在 80°～100°范围内,并且短边上相邻的两个工作角之和为 180°。各工作角均刻有标称角度值。

图 2.6　角度量块 7 块组合

成套供应的角度量块分 0 级、1 级、2 级 3 种精度,其测量工作角 $\alpha$ 的允许偏差分别为 ±3″、±10″ 和 ±30″,以满足测量不同角度的需要。角度量块可以单独使用,也可以在 10°～350° 范围内组合使用。

## 2.3　测量方法与测量器具

### 1. 测量方法

广义的测量方法是指测量时采用的测量原理、测量器具和测量条件的总和。实际生产工作中,测量方法（measuring method）就是指获得测量结果的某种方式。根据不同的标准,可以有不同的分类。

1）绝对测量和相对测量

绝对测量,是指被测量的全值从测量器具的读数装置中直接读出。例如,用高度尺测量零件,其尺寸由刻度尺直接读出。

相对测量,是指测量器具的示值仅表示被测量对已知标准量的偏差,实际测量值等于测量器具的示值与标准量的代数和。例如,用千分尺测较小尺寸,采用标准量块加工件组合的方法,可以缩短测量时间,所获得的示值减去量块的尺寸就是被测量尺寸。

一般说来,相对测量的测量精度比绝对测量的测量精度高,因为相对测量中的一个链环精度高。

2）直接测量与间接测量

直接测量,是指直接从测量器具获得被测量值的测量方法,如用游标卡尺、千分尺测量轴径。

间接测量,是指先测量与被测量有一定函数关系的量,然后通过函数关系计算出被测量的测量方法。如测量大孔零件周长时,先测出其直径 $D$,然后再按周长 $L$ 公式 $L=D\pi$ 求得零件的周长 $L$。

一般都采用直接测量,这样可以减小测量误差,必要时才采用间接测量。如周长函数公式中,无理数 $\pi$ 永远只能取近似值,故而采用间接测量的测量精度低。

3）单项测量和综合测量

单项测量,是指分别测量工件的各个参数,如分别测量螺纹的中径、螺距和牙型半角,分别测量渐开线齿轮的齿形、齿厚、齿距等。

综合测量,是指同时测量工件上某些相关的几何量的综合结果,以判断综合结果是否合格的测量。如用螺纹量规检验零件的螺纹,可以得到螺纹的多项参数。

综合测量的效率高,单项测量成本低。

4）接触测量和非接触测量

接触测量,是指在测量时,测量器具的测量头与被测表面直接接触的测量,如用游标卡尺、千分尺直接测量工件,用硬度计测量金属硬度等。

非接触测量,是指测量器具的测量头与被测表面不接触的测量,如用气动量仪测量孔径,用显微镜测量工件的表面粗糙度,用红外线测距离等。

由于接触测量有测量力,会使被测表面和测量器具接触部分产生弹性变形,因而影响测量精度,故测量时,需根据实际情况选择测量方法。

5）在线测量和离线测量

在线测量,是指在生产加工过程中对工件进行测量。其测量结果用于控制工件的加工过程,以便及时调整机床或者调整工艺方案,防止废品的产生,控制质量具有主动性。如数控机床实时数显工作状态。

离线测量,是指在加工完成后对工件进行测量。它主要用来发现并剔除废品,控制质量具有被动性。例如,汽车螺栓扭矩的在线检测系统可以检测汽车装配生产线上每一个螺栓的扭矩值,以保证产品质量,但是,测量时必须使用带感应器的拧紧工具和监测系统,成本高。

在新产品试制过程中,提倡多种方法并用,首、尾件必检,防止废品产生。

6）等精度测量和不等精度测量

等精度测量,指同一人,使用相同仪表与测量方法对同一被测量进行多次重复测量。

不等精度测量,指用不同精度的仪表或不同的测量方法,或在环境条件相差很大时,或者由不同的人对同一被测量进行多次重复测量。

一般都采用等精度测量,这样可以保证数据的可靠性,避免质量纠纷。

7）实测法与目测法

实测法是指应用测量仪器、工具,现场测量工件如工件的空间尺寸(包括长、宽、高等),从而得到能真实反映产品质量的数据的一种方法。

目测法是通过看、摸、敲、照等方法对工件的外观缺陷、表面粗糙度、直线度、平面度等进行初步判断的定性检测方法,在不需要量化检测数据的场合,这种方法非常实用、高效。

**2. 测量器具**

测量器具(measuring instrument)一般按测量原理、结构特点和用途分类。

1) 按结构特点和测量原理分类

（1）机械式。机械式测量器具是指通过机械结构实现对被测量的感受、传递和放大的测量器具，如机械式比较仪、百分表、千分表和扭簧比较仪等。

（2）光学式。光学式测量器具是指用光学方法实现对被测量的转换和放大的测量器具，如光学比较仪、投影仪、自准直仪和干涉仪等。

（3）气动式。气动式测量器具是指靠压缩空气通过气动系统时的状态（流量或压力）变化来实现对被测量的转换的测量器具，如水柱式、浮标式气动量仪等。

（4）电动式。电动式测量器具是指将被测量通过传感器转变为电量，再经变换而获得数显读数的测量器具，如测量汽车车身油漆厚度用的测厚仪等。

（5）光电式。光电式测量器具是指利用光学方法放大或瞄准被测量，再通过光电元件转换为电量进行检测，以实现几何量的测量的测量器具，如光电显微镜、光电测长仪等。

2) 按用途分类

（1）标准测量器具，是指测量时体现标准量的测量器具，通常用来校对和调整其他器具，或本身作为标准量与被测几何量进行比较，如长度和角度量块、多面棱体、各种线纹尺等。

（2）通用测量器具，是指使用面广、通用性大，可用来测量某一范围内各种尺寸（或其他几何量），并能获得具体读数值的测量器具，如带游标的量具、微动螺旋量具等。

（3）专用测量器具，是指用于专门测量某种或某个特定几何量的测量器具，如各种量规、基节仪、专用样板、专用检具等。

**3. 测量器具的基本度量指标**

基本度量指标是选择和使用测量器具，研究和判断测量方法正确性的依据，反映了测量器具的性能和功用。参看图 2.7，基本度量指标主要有以下几项。

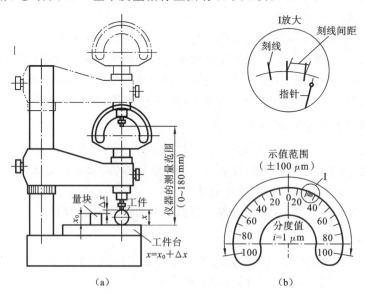

图 2.7　基本度量指标示意图

（1）测量范围，指测量器具所能测量的零件的最小值到最大值的范围。如某游标卡尺的测量范围为 0～200 mm，某扭矩扳手的测量范围为 75～300 N·m，图 2.7 所示的测量范围是 0～180 mm。

（2）示值范围，指测量器具的标尺上所能显示（或指示）的最小值到最大值的范围，一般来说，测量器具的示值范围应大于零部件的可实测的范围。如小汽车发动机在怠速时候转速一般为 700 r/min，正常运行时候可以达到 3000～4000 r/min，但是一般小汽车的转速表的示值范围却是 0～8000 r/min。

（3）测量力，指测量器具的测量头与被测表面之间的接触力。在接触测量中，要求有一定的、恒定的测量力。测量力太大会使零件或测量头产生变形，测量力不恒定会使示值不稳定。如检测金属硬度的硬度计，其测量力必须是恒定的。

（4）刻线间距，指测量器具的标尺或刻度盘上相邻两刻线中心之间的距离。为便于读数及目测估计，一般标尺间距为 1～2.5 mm。设计时，主要考虑可视性，同时兼顾成本和美观性，例如手表盘中刻线既不能太大，也不能太小。

（5）分度值，指在测量器具的标尺或刻度盘上，相邻两刻线间所代表的被测量的量值。如千分表的分度值为 0.001 mm，百分表的分度值为 0.01 mm。对于数显式仪器，其分度值也称为分辨率。一般地，分度值越小，测量器具的精度越高。图 2.7 所示的度盘分度值是 1 $\mu$m。

（6）灵敏度，指测量器具对被测量变化的反应能力。若被测量变化为 $\Delta L$，计量器具上相应变化为 $\Delta X$，则灵敏度 $S$ 为

$$S = \frac{\Delta X}{\Delta L} \tag{2.2}$$

当 $\Delta X$、$\Delta L$ 为同类量时，灵敏度又称放大比，其值为常数。放大比 $K$ 常用式（2.3）来表示，即

$$K = \frac{c}{i} \tag{2.3}$$

式中：$c$——测量器具的刻线间距；

　　　$i$——测量器具的分度值。

（7）灵敏限，也称为迟钝度，是指引起测量器具示值可察觉变化的被测量的最小变化值。

（8）示值误差，指测量器具上的示值与被测量真值的代数差。

（9）示值变动量，指在测量条件不变的情况下，用测量器具对同一被测量进行多次重复测量，所得到的示值中的最大差值。

（10）回程误差，指在相同条件下，对同一被测量进行正反两个方向测量时，测量器具示值的最大变动量。

（11）不确定度，指由于测量误差的存在而对被测量值不能肯定的程度。不确定度用极限误差表示，它是一个综合指标，包括示值误差、回程误差等。如分度值为 0.001 mm 的千分表（0 级在全程范围内），在正常条件下测量一个尺寸小于 115 mm 的零件时，其不确定度为0.005 mm。

## 2.4　测　量　误　差

### 1. 测量误差的概念

1）绝对误差

测量误差（error of measurement）是指测得值 $X$ 与真值 $Q$ 之差。由于测量过程会受到测量器具和测量条件的影响，测量误差会不可避免地产生。即

$$\delta = X - Q \tag{2.4}$$

式(2.4)所表达的测量误差,反映了测得值偏离真值的程度,也称绝对误差。

测量误差可以反映测量的精度。在测量尺寸相同的情况下,测量误差的绝对值越小,说明测得值越接近真值,测量精度也越高;反之,测量精度就越低。

2）相对误差

假如被测量大小不相同,绝对误差就不能准确反映测量的精度。因为测量精度不仅与绝对误差的大小有关,而且还与被测量的大小有关。对于不同大小的被测量,应用相对误差的概念,其更能表明测量精度。

相对误差 $\varepsilon$ 是指绝对误差的绝对值 $|\delta|$ 与被测量真值 $Q$ 之比,即

$$\varepsilon = \frac{|\delta|}{Q} \tag{2.5}$$

相对误差通常用百分数(%)表示。例如,某两种长度测得值分别为 $x_1 = 1000$ mm,$x_2 = 50$ mm;如果测量的绝对误差均为 0.005 mm,显然,两者的相对误差分别为 0.0005%,0.01%,由此可看出前者的测量精度要比后者高。

**2. 测量误差的来源**

产生测量误差的原因很多,一般可归纳为以下四个方面。

1）测量器具误差

测量器具误差是指测量器具本身在设计、制造和使用过程中造成的各项误差。它与测量零件及外部条件无关。如设计测量器具时,为了减重等简化结构或采用近似设计,或者设计的测量器具不符合"阿贝原则",测量器具的线膨胀系数大等,这些因素都会造成测量误差。

2）测量方法误差

测量方法误差是指测量方法不完善所引起的误差。它包括计算公式不准确、测量方法选择不当、测量基准不统一、夹具安装不合理以及测量力变化等引起的误差。例如,为了测大孔的周长 $L$,先测量直径 $D$,再按 $L=\pi D$ 计算周长,显然无理数 $\pi$ 总是一个近似值。

3）测量环境误差

测量环境误差是指测量时的环境条件不符合国家标准条件所引起的误差。环境条件是指湿度、温度、振动、气压、磁场和灰尘等。这些条件中,温度对测量结果的影响最大。在长度计量中,规定标准温度为 20 ℃。如果测量时,环境温度偏离标准温度,就会引起测量误差。

4）人员误差

人员误差是指由测量人员的主观因素(如技术熟练程度、视觉分辨能力、精神状态等)引起的误差。例如,测量人员视觉的最小分辨能力和调整能力、最值估读错误、瞄准误差等。

测量时应采取相应的措施,设法减小或消除各种因素对测量结果不利的影响,以保证测量的精度,达到质量管控的目标。

**3. 测量误差的种类和特性**

测量误差按其性质分为系统误差、随机误差和粗大误差(过失误差)。

1）系统误差的特性

系统误差是指在一定测量条件下,多次测量同一量值时,误差的大小和符号均不变或按一定规律变化的误差。前者称为定值(或常值)系统误差,如由游标卡尺测量爪磨损引起的测量误差;后者称为变值系统误差,按其变化规律的不同,变值系统误差又分为以下三种类型。

(1) 线性变化的系统误差。指在整个测量过程中,随着测量时间或量程的增减,误差值成

比例增大或减小的误差。例如,随着时间的推移,温度逐渐均匀变化,由于工件及量具的热膨胀,在连续测得值中就存在随时间变化的线性系统误差。

(2) 周期性变化的系统误差。指随着测得值或时间的变化呈周期性变化的误差。例如,由于机床的主轴轴线在空间的位置往往是周期性变化的,这使得机床加工的轴类或者孔类零件产生圆度误差,测量的结果也会周期性变化。

(3) 复杂变化的系统误差。按复杂函数变化或按实验得到的曲线图变化的误差。

2) 随机误差的特性

随机误差是指在一定测量条件下,多次测量同一量值时,其数值大小和符号以不可预定的方式变化的误差。它是由测量中的偶然因素综合造成的,是不可避免的。例如,测量过程中温度的波动、振动、测量力的不稳定、量仪的示值变动、读数不一致等。对于某一次测量结果无规律可循,但如果进行大量、多次重复测量,随机误差分布则服从统计规律——正态分布规律。

随机误差的特性及分布规律:以机械加工为例,实践证明,当加工条件正常且不存在任何优势的误差因素时,其加工尺寸测量值近似于正态分布,其误差分析可以用正态分布曲线代替实际分布曲线。

正态分布曲线如图 2.8 所示,其方程式为:

$$y = \frac{1}{\sigma\sqrt{2\pi}} e^{-\frac{1}{2}\left(\frac{x-\mu}{\sigma}\right)^2} \tag{2.6}$$

式中:$y$——正态分布的概率密度;

$\sigma$——正态分布随机变量的标准差;

$\mu$——正态分布随机变量的均值;

$x$—— 随机变量;

e——自然对数的底,e=2.71828…。

在式(2.6)中,令 $\delta = x - \mu$,$\delta$ 即是随机误差,得到随机误差的概率密度:

$$y = \frac{1}{\sigma\sqrt{2\pi}} e^{-\frac{\delta^2}{2\sigma^2}} \tag{2.7}$$

理论上,正态分布曲线是向两边无限延伸的,而在实际生产中产生的特征值却是有限的。因此,在质量问题中,用有限的样本平均值和样本标准差作为理论均值 $\mu$ 和标准差 $\sigma$ 的估计值。在图 2.8 中,以 $\delta$ 代替 $x$,可得到随机误差 $\delta$ 的分布曲线图,如图 2.9 所示。

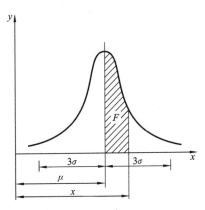

图 2.8　正分布曲线图

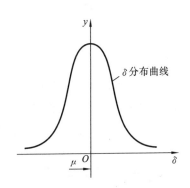

图 2.9　$\delta$ 正态分布曲线图

随机误差 $\delta$ 的分布曲线具有以下特点。

① 曲线呈单峰状,具有对称性。说明测量时,尺寸靠近分散中心(平均值 $\bar{x}$)的工件占大多数,而远离分散中心的是极少数,在大于或小于 $\mu$ 的范围内,相同间距工件尺寸的误差的概率相等。换句话说,多次重复测量,随机误差的代数和趋近于零。

② 算术平均值 $\mu(\bar{x})$ 决定了一批工件尺寸的分散中心的位置,其值受常值系统误差的影响,$\sigma$ 不变,改变 $\mu$ 的值,分布曲线将沿着横坐标移动,但是曲线的形状不会改变,如图 2.10(a) 所示。

③ 标准差 $\sigma$ 是确定分布曲线形状的参数,$\sigma$ 越小,曲线越陡峭,尺寸越集中,说明制造精度也越高,同时测量精度也越高,如图 2.10(b) 所示。

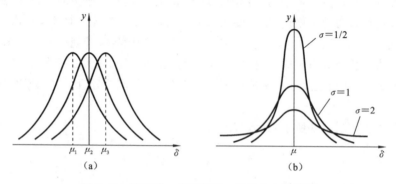

**图 2.10　不同的 $\mu$ 值和不同 $\sigma$ 值的分布曲线图**

④ 正态分布曲线所包含的面积代表了全部的工件尺寸的概率,即 100%。

$$\int_{-\infty}^{+\infty} \frac{1}{\sigma\sqrt{2\pi}} e^{-\frac{1}{2}\left(\frac{x-\mu}{\sigma}\right)^2} \mathrm{d}x = 1 \tag{2.8}$$

即随机误差 $\delta$ 在整个分布范围($-\infty \sim +\infty$)内的概率 $P$ 为

$$P(-\infty, +\infty) = \int_{-\infty}^{+\infty} y\,\mathrm{d}\delta = \int_{-\infty}^{+\infty} \frac{1}{\sigma\sqrt{2\pi}} e^{-\frac{\delta^2}{2\sigma^2}}\,\mathrm{d}\delta = 1 \tag{2.9}$$

随机误差落在($-\delta \sim +\delta$)之间的概率为

$$P(-\delta, +\delta) = \int_{-\delta}^{+\delta} y\,\mathrm{d}\delta = \int_{-\delta}^{+\delta} \frac{1}{\sigma\sqrt{2\pi}} e^{-\frac{\delta^2}{2\sigma^2}}\,\mathrm{d}\delta \tag{2.10}$$

随机误差 $\delta = x - \mu$,在图 2.8 中,随机变量 $\mu$ 到 $x$ 之间的工件尺寸的概率为图中阴影部分的面积 $F$,由式(2.11) 计算:

$$F(x) = \frac{1}{\sigma\sqrt{2\pi}} \int_{\mu}^{x} e^{-\frac{1}{2}\left(\frac{x-\mu}{\sigma}\right)^2}\,\mathrm{d}x \tag{2.11}$$

当 $\delta = x - \mu = \pm 3\sigma$ 时,$F = 49.865\%$,$2F = 49.865\% \times 2 = 99.73\%$,这说明随机变量 $x$ 落在 $\pm 3\sigma$ 范围内的概率为 99.73%,即工件尺寸在 $\pm 3\sigma$ 以外的概率只占 0.27%,可以忽略不计。因此,一般随机误差 $\delta$ 正态分布曲线的分散范围为 $\pm 3\sigma$(见图 2.8)。$\pm 3\sigma$ 代表了某种加工及测量方法在一定条件下的精度,同时可以认为产品加工工序具有足够的保证能力和良好的经济性。

在式(2.11)中,$2F$ 称为置信概率,如果置信概率取 99.73%,那么,单次测量时,随机变量 $x$ 的表达式为

$$x = x_i \pm 3\sigma \tag{2.12}$$

式中：$x_i$——某次测量的结果。

　　3）粗大误差的特性

　　粗大误差又称为过失误差，指由于主观疏忽大意或客观条件发生剧变而产生的误差。在正常情况下，一般不会产生这类误差。例如，由于操作者的粗心大意，在测量时看错、读错、写错或由于突然的冲击振动引起的测量误差，通常情况下，这类误差的数值会超出规定条件下的预计结果。例如，正常体检测量正常人体体温，某人某次记得的结果为 47 ℃，这显然与人体正常体温 37 ℃不相符，令人难以置信，统计时可以直接剔除。

## 2.5　测量误差的处理

　　前述提到，由于测量要素的不稳定性，测量结果与真值之间总有差别，这个差别就是测量误差。测量误差包括系统误差、随机误差和粗大误差。在一系列的测量数据中，可能同时存在这三种误差，需要认真分析与评定。

### 1. 粗大误差的处理

　　粗大误差的特点是其数值超出了规定条件下的预计的结果，往往数值偏差比较大，对测量结果产生明显的歪曲，应从测量数据中将其剔除。剔除粗大误差的简便方法是 $3\sigma$ 准则，即拉依达准则；而比较可靠且相对简单的方法是狄克逊准则；此外还有肖维勒准则、罗马诺夫斯基准则等等。本节重点介绍 $3\sigma$ 准则。

　　由随机误差的特性可知，随机误差服从正态分布规律。测量误差值越大，出现的概率越小，误差的绝对值超过 $3\sigma$ 的概率仅为 0.27%，可认为是不可能出现的。因此，只要剩余误差的绝对值大于 $3\sigma$，都可以作为粗大误差予以剔除。

　　其判断式为

$$|v_i| > 3\sigma \tag{2.13}$$

　　其中标准偏差

$$\sigma = \sqrt{\frac{{\delta_1}^2 + {\delta_2}^2 + \cdots + {\delta_n}^2}{n}} = \sqrt{\frac{\sum\limits_{i=1}^{n} \delta^2}{n}} \approx \sqrt{\frac{1}{n-1}\sum\limits_{i=1}^{n} v_i^2} \tag{2.14}$$

式中：$v_i$——剩余误差（简称残差）。

　　生产及科研实践中，常用算术平均值 $\bar{x}$ 代替真值 $Q$ 计算得到误差，测量次数越多（不少于 50 次），$\bar{x}$ 越接近真值 $Q$。

$$v_i = x_i - \bar{x} \tag{2.15}$$

$$\sum_{i=1}^{n} v_i \approx 0 \tag{2.16}$$

　　同时，剔除具有粗大误差的测量值后，再对剩下的测量值重新计算标准差 $\sigma$，然后再根据 $3\sigma$ 准则再次判断剩下的测量值中是否还存在粗大误差。每次只能剔除一个，直到剔除完为止。只有在重复测量次数大于等于 50 次时，采用该准则剔除粗大误差才比较可靠。

### 2. 随机误差的处理

1）测量结果的算术平均值与真值

　　前述提到的随机误差，对于某一次测量结果无规律可循，但如果进行大量、多次的重复测

量,随机误差分布服从统计规律——正态分布规律。设测量值为 $x_1,x_2,\cdots,x_n$,则算术平均值为

$$\bar{x}=\frac{1}{n}\sum_{i=1}^{n}x_i \tag{2.17}$$

式中:$n$——测量次数。当 $n\rightarrow\infty$ 时,在没有系统误差或已消除系统误差的前提下,均值 $\bar{x}$ 表示被测量的真值 $Q$。实际上由于受到测量条件的制约,$n$ 也是有限的次数,测量的次数 $n$ 越大,$\bar{x}$ 越接近真值 $Q$。

2)测量结果的标准偏差 $\sigma$

$$\sigma=\sqrt{\frac{\delta_1^2+\delta_2^2+\cdots+\delta_n^2}{n}}=\sqrt{\frac{\sum_{i=1}^{n}\delta_i^2}{n}}\approx\sqrt{\frac{1}{n-1}\sum_{i=1}^{n}(x_i-\bar{x})^2}=\sqrt{\frac{1}{n-1}\sum_{i=1}^{n}v_i^2} \tag{2.18}$$

根据式(2.4),随机误差 $\delta=x-Q$,而真值 $Q$ 只是一个理想值,在实际生产及科研实践中,常用平均值代替真值,用残差近似代替随机误差来求解。

3)算术平均值的标准偏差和测量结果

对于测量结果的统计分析一般是采取多次重复测量,并以算术平均值代替真值的方法进行的。因此,有必要知道算术平均值接近真值的程度,这可用算术平均值的标准偏差表示。根据误差理论,算术平均值的标准偏差可用式(2.19)计算

$$\sigma_{\bar{x}}=\frac{\sigma}{\sqrt{n}}\approx\sqrt{\frac{\sum_{i=1}^{n}v^2}{n(n-1)}} \tag{2.19}$$

测量结果的极限误差为

$$\delta_{\lim(\bar{x})}=\pm3\sigma_{\bar{x}} \tag{2.20}$$

综合测量的结果真值 $Q$ 可以表示为

$$Q=\bar{x}\pm\delta_{\lim(\bar{x})}=\bar{x}\pm3\sigma_{\bar{x}}=\bar{x}\pm3\frac{\sigma}{\sqrt{n}} \tag{2.21}$$

按照概率理论,式(2.21)中真值 $Q$ 求解结果的置信概率为 99.73%。

**3. 系统误差的处理**

前面提到,系统误差是指在一定测量条件下,多次重复测量同一量值时,误差的大小和符号均不变或按一定规律变化的误差。系统误差包括产品制造时产生的系统误差和测量过程中产生的系统误差,及时发现系统误差,有利于改进工艺、调整设备、改善测量过程,提高产品质量。本节重点介绍测量过程中产生的系统误差。

1)系统误差的发现

(1)定值系统误差的发现。

定值系统误差不像粗大误差那么明显,但是可以用实验对比的方法来发现,即通过改变测量条件进行不等精度的测量来发现系统误差。例如,游标卡尺由于测量爪磨损,测量时导致工件尺寸的测量结果偏小,这个固定的、偏小的值就是定值系统误差。这时可用高精度量块对游标卡尺进行检定来发现。定值系统误差常常使正态分布曲线左移或者右移,该曲线与原曲线叠加后产生双峰(即非正态分布),如图 2.11 所示,双峰之间的距离就是定值系统误差 $\delta$。

（2）变值系统误差的发现。

变值系统误差的发现常采用剩余误差（残差）$v_i$ 观察法。先根据公式（2.15），求出每次测量结果的剩余误差，再作 $n$-$v$ 图观察各剩余误差的变化规律。在应用剩余误差观察法时，应注意两点，一是作图时严格按照各测量值的先后顺序，二是重复测量次数 $n$ 应尽可能大，否则观察时无变化规律或者规律不明显，容易导致判断失真。

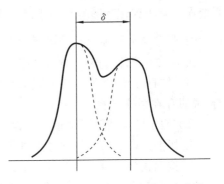

图 2.11　定值系统误差产生双峰曲线

各剩余误差正负值数量大体上相等，无明显的变化规律，如图 2.12（a）所示，则不存在变值系统误差；若各剩余误差有规律地递增或递减，且在测量开始与结束时符号相反，如图 2.12（b）所示，则存在线性系统误差；若各剩余误差的符号有规律地周期性变化，如图 2.12（c）所示，则存在周期性系统误差。

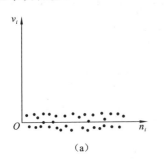
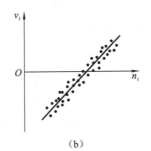
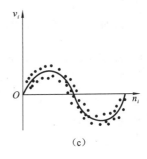

图 2.12　作图观察法发现变值系统误差

### 2）系统误差的消除

系统误差常用以下方法消除或减小。

（1）从误差产生的根源上消除。

在测量前，应对测量过程中可能产生系统误差的各个方面做仔细分析，将误差从产生根源上加以消除。如每次测量前要仔细将示值的零位调整到位（即调零）。

（2）用加修正值的方法消除。

这种方法是预先检定出测量器具的系统误差，将其数值反号后作为修正值，用代数法加到实际测得值上，即可得到不包含该系统误差的测量结果。例如，由于卷尺的测量零起点损坏，很多测量者把 100 mm 处作为测量起始点，那么只要每次测量后将结果减去 100 mm，就可避免此项误差的产生。

（3）用抵消的方法消除。

若两次测量产生的系统误差大小相等（或相近）、符号相反，则取两次测量的平均值作为测量结果，就可消除系统误差。例如，在工具显微镜上测量螺纹的中径时，可以实测螺牙左、右两边的轮廓上的中径，取二者的算术平均值作为测得值。

（4）用半波法消除。

对于周期性变化的系统误差，可采用半波法消除，即取相隔半个周期的两次测量值的平均值作为测量结果。

事实上，由于设计计算、加工、测量等的精度是有限的，系统误差不可能完全消除，只能将系统误差减小到使其影响相当于随机误差的程度。

3）测量结果的数据处理步骤和方法

实际质量统计工作中，对零件测量结果的数据处理通常按照以下步骤进行。

（1）作直方图，观察零件测量数据的分散中心（平均值）与公差带中心是否重合，如果不重合，说明存在系统误差。

（2）假定已经消除了常值系统误差，则按照以下步骤进行：

① 按照式（2.17）计算测量值的算术平均值 $\bar{x}$；

② 按照式（2.15）计算测量值的剩余误差 $v_i$；

③ 按照剩余误差观察法，作 $nv$ 图，判断有无变值系统误差；

④ 按照式（2.14）计算标准偏差 $\sigma$，按照式（2.20）计算极限误差 $\delta_{lim}$；

⑤ 用 $3\sigma$ 准则，判断有无粗大误差，即比较 $v_i$ 与 $\delta_{lim}$ 的大小，若有粗大误差则应予以剔除，并重新组成新的测量数据，重复上述计算，直到剔除完为止；

⑥ 按照式（2.19）、式（2.20）计算测量结果的算术平均值的标准偏差 $\sigma_{\bar{x}}$ 和极限误差 $\delta_{lim}$；

⑦ 按照式（2.21）确定测量结果 $Q$，即 $Q = \bar{x} \pm \delta_{lim(\bar{x})} = \bar{x} \pm 3\sigma_{\bar{x}} = \bar{x} \pm 3\dfrac{\sigma}{\sqrt{n}}$。

**【本章主要内容及学习要求】**

本章主要介绍了测量的基本概念及测量四要素；测量与质量的关系；长度的基本单位和长度量值传递系统；角度的基本单位和角度量值传递系统；量块基本知识及组合方法；测量的基本原则；测量误差的概念；测量误差的分类；随机误差的正态分布规律及其特性，以及测量数据中各类误差的处理等。读者应了解相关标准，并能进行初步的误差统计分析。

本章主要涉及的标准有 GB/T 6093—2001《几何量技术规范（GPS）长度标准　量块》，JJG 146—2011《量块》等。

# 习　题　二

2-1　填空题

（1）一个完整的测量过程包括_____、_____、_____、_____四个要素。

（2）我国长度的基本单位是_____；精密测量中常用的长度单位有_____和_____等。

（3）剔除粗大误差的简便方法是_____准则。

2-2　什么是量值传递系统？为什么要建立量值传递系统？

2-3　测量的基本原则有哪些？

2-4　什么是测量误差？其主要来源有哪些？

2-5　我国法定的平面角角度单位有哪些？它们有何换算关系？

2-6　什么是随机误差、系统误差和粗大误差？三者有何区别？如何进行处理？

2-7　从 83 块一套的量块中，同时组合下列尺寸：58.784 mm，19.785 mm，10.456 mm。

2-8　分别测量 180 mm 和 380 mm 的两段长度，绝对误差分别为 5 $\mu$m 和 10 $\mu$m，试问两者的测量精度哪个高？

# 第3章 尺寸的公差、配合及检测

孔和轴的结合是机械制造中应用最广泛的一种结合,这种结合主要由尺寸参数决定。零件在加工过程中,其尺寸一定存在着误差。误差太大会导致零件不合格;误差太小,对工艺和技术的要求太高,经济性不好。公差主要反映机器零件使用要求与制造要求之间的矛盾;而配合则反映组成机器的零件之间的关系。因此,用合理的公差控制零件的加工尺寸是非常必要的。为了满足孔、轴结合的使用要求,保证零部件的互换性,并考虑便于国际交流,我国的极限与配合标准采用国际公差制,其基本结构如图3.1所示。

**图 3.1 极限与配合标准的基本结构**

尺寸公差与配合的标准化是一项综合性的技术基础工作,是推行科学管理、推动企业技术进步和提高企业管理水平的重要手段。它不仅可避免产品尺寸设计中的混乱,有利于产品的使用和维修,还利于刀具、量具的标准化,提高工艺过程的经济性。

## 3.1 基本概念

**1. 孔、轴的定义**

(1)孔:通常是指圆柱形的内尺寸要素,也包括非圆柱形的内尺寸要素(由二平行平面或切面形成的包容面),如图3.2所示。一般来说,对孔的尺寸箭头所指的面进行切削加工,孔的尺寸会越来越大。

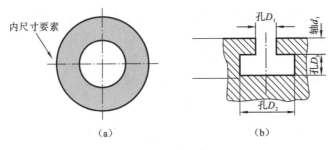

**图 3.2 孔的示意图**

(2)轴:通常是指圆柱形的外尺寸要素,也包括非圆柱形的外尺寸要素(由二平行平面或切面形成的被包容面),如图3.3所示。一般来说,对轴的尺寸箭头所指的面进行切削加工,轴的尺寸会越来越小。

**2. 有关尺寸的定义**

(1)尺寸:用特定单位表示线性尺寸的数值,如长、宽、高、直径、深度等均是尺寸。从广义

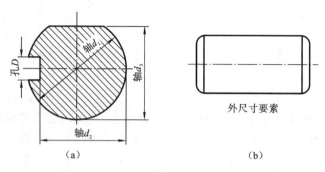

（a）　　　　　　　　　　　　　　　　　（b）

图 3.3　轴的示意图

上讲,尺寸还包括角度。当本章长度尺寸的单位省略时,其表示国际标准单位 mm。

（2）公称尺寸是设计者给定的尺寸,它是指图纸绘制的理想形状要素的尺寸。孔的公称尺寸用大写字母表示（直径 $D$）,轴的公称尺寸用小写字母表示（直径 $d$）。

（3）实际尺寸:指通过测量得到的尺寸,近似真值。孔（轴）的实际尺寸表示为 $D_a(d_a)$。

（4）极限尺寸:是指允许尺寸变化的两个极端值。孔和轴的最大（小）极限尺寸分别用 $D_{max}$ 和 $d_{max}$ 表示,最小尺寸分别用 $D_{min}$ 和 $d_{min}$ 表示。

可知,合格的零件尺寸必须满足:孔,$D_{min} \leqslant D_a \leqslant D_{max}$;轴,$d_{min} \leqslant d_a \leqslant d_{max}$。

**3. 有关偏差和公差的定义**

（1）偏差:指某一尺寸（实际尺寸、极限尺寸）减其公称尺寸所得的代数差,其值可以为正数、负数、零。极限尺寸减其公称尺寸所得的代数差为极限偏差。

① 极限偏差＝极限尺寸－公称尺寸。

上极限偏差（简称上偏差）是指上极限尺寸减其公称尺寸所得的代数差（ES、es）。

下极限偏差（简称下偏差）是指下极限尺寸减其公称尺寸所得的代数差（EI、ei）。

$$孔:\qquad\qquad ES=D_{max}-D;\quad EI=D_{min}-D \qquad\qquad (3.1)$$

$$轴:\qquad\qquad es=d_{max}-d;\quad ei=d_{min}-d \qquad\qquad (3.2)$$

② 实际偏差＝实际尺寸－公称尺寸。

实际偏差是零件实际存在的,能测出大小的偏差;对一批零件而言,它是一个随机变量。极限偏差可以控制一批零件的实际偏差在一定范围内,换句话说:用偏差判定零件尺寸是否合格时,只要零件尺寸的实际偏差在极限偏差范围内,即对于孔,$EI \leqslant E_a \leqslant ES$,对于轴,$ei \leqslant e_a \leqslant es$,零件就合格。

③ 偏差的标注:上偏差标在公称尺寸右上角,下偏差标在公称尺寸右下角。即分别用 $D_{EI}^{ES}$ 和 $d_{ei}^{es}$ 代替图样中的有公差要求的 $D$ 和 $d$ 即可。

④ 偏差是以公称尺寸为基数,从偏离公称尺寸的角度来表述有关尺寸的术语。极限偏差（上、下偏差）用于限制实际偏差的变动范围,且影响配合的松紧程度。

（2）尺寸公差:允许尺寸的变动量。给定公差（$T$）越小（$T \neq 0$）,精度要求越高,制造越困难。

公差（$T$）＝上极限偏差－下极限偏差＝ 最大极限尺寸－最小极限尺寸

$$轴的公差 \qquad\qquad T_s=d_{max}-d_{min}=es-ei \qquad\qquad (3.3)$$

$$孔的公差 \qquad\qquad T_h=D_{max}-D_{min}=ES-EI \qquad\qquad (3.4)$$

公差是设计时根据零件要求的精度（加工后的几何参数与理想几何参数相符合的程度）,

并考虑加工的经济性,对尺寸的变动范围给定的允许值。公差用以限制误差,针对的是一批零件,影响配合的精度;偏差用来限制单一零件,主要影响零件配合的松紧程度。二者的作用并不相同。

**4. 基本偏差、标准公差及公差带图**

1) 基本偏差与标准公差

标准公差(IT):标准 GB/T 1800.1—2009 所列的用以确定公差带大小的任一公差。

基本偏差:用于确定公差带相对零线位置的上偏差或下偏差称为基本偏差。

标准 GB/T 1800.1—2009 规定:一般以靠近零线的那个极限偏差作为基本偏差;但跨在零线上(对称分布)的 ES(es)或 EI(ei)均可作为基本偏差。

2) 公差带图

用以表明两个相互结合的孔、轴的公称尺寸、极限尺寸与公差关系的图形(见图 3.4),其绘制简图如图 3.5 所示。标准公差给出公差值大小,确定公差带的大小,基本偏差确定公差带的位置。

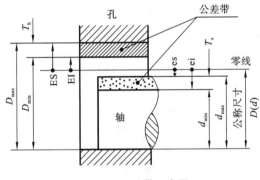

图 3.4　公差带示意图

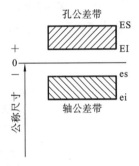

图 3.5　公差带绘制简图

**例 3.1**　已知 $D(d) = \phi25$,$D_{max} = \phi25.021$,$D_{min} = \phi25$,$d_{max} = \phi24.980$,$d_{min} = \phi24.967$。求孔、轴的极限偏差和公差,画出尺寸公差带图并写出极限偏差在图样上的标注。

**解**　根据式(3.1)、式(3.2)可知,孔尺寸的极限偏差、公差分别为

$$ES = D_{max} - D = +0.021, \quad EI = 0$$
$$T_h = D_{max} - D_{min} = ES - EI = 0.021$$

同理,轴尺寸的极限偏差、公差分别为

$$es = -0.020, \quad ei = -0.033$$
$$T_s = 0.013$$

在图样上的标注表示为:$D = \phi25^{+0.021}_{0}$,$d = \phi25^{-0.020}_{-0.033}$。

公差带图的画法如图 3.6 所示。

**5. 有关配合的术语及定义**

(1) 配合:指公称尺寸相同,相互配合的孔、轴公差带之间的关系。配合条件:一孔一轴相结合时,孔、轴公称尺寸相同。配合的性质:反映装配后松紧程度和松紧变化程度,以相互结合的孔和轴公差带之间的关系来确定。

(2) 间隙与过盈:孔的实际尺寸 - 相配合轴的尺寸 = +X(间隙)(-Y(过盈))。特别注意:"+""-"号在配合中仅代表间隙与过盈之意,不可与一般数值大小符号相混。

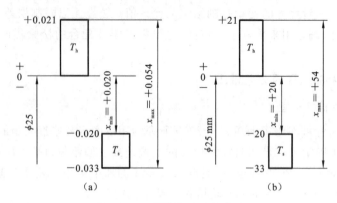

图 3.6  公差带图的两种画法

### 6. 配合种类

**1) 间隙配合**

指具有间隙(包括最小间隙等于零)的配合,此时孔公差带在轴公差带之上(包括 $X_{min}=0$),如图 3.7 所示。最大间隙 $X_{max}$、最小间隙 $X_{min}$ 是间隙配合中间隙变动的两个界限值。$X_{max}$ 表示配合中最松状态;$X_{min}$ 表示配合中最紧状态。

$$X_{max}=D_{max}-d_{min}=ES-ei \tag{3.5}$$

$$X_{min}=D_{min}-d_{max}=EI-es \tag{3.6}$$

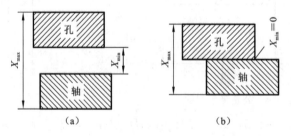

图 3.7  间隙配合

**2) 过盈配合**

指具有过盈(包括最小过盈等于零)的配合,此时孔公差带在轴公差带之下(包括 $Y_{min}=0$),如图 3.8 所示。最大过盈 $Y_{max}$、最小过盈 $Y_{min}$ 是过盈配合中过盈变动的两个界限值。$Y_{max}$ 表示配合中最紧状态;$Y_{min}$ 表示配合中最松状态。

$$Y_{max}=D_{min}-d_{max}=EI-es \tag{3.7}$$

$$Y_{min}=D_{max}-d_{min}=ES-ei \tag{3.8}$$

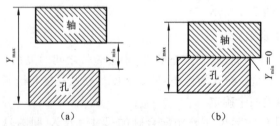

图 3.8  过盈配合

特别注意：$Y_{\min}=0$、$X_{\min}=0$，两者表达的含义不同。

$X_{\min}=D_{\min}-d_{\max}=0$ 对应间隙配合中最紧状态，孔公差带在轴公差带之上；

$Y_{\min}=D_{\max}-d_{\min}=0$ 对应过盈配合中最松状态，轴公差带在孔公差带之上。

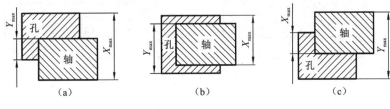

图 3.9 过渡配合

3）过渡配合

指可能具有间隙或过盈的配合。孔公差带与轴公差带相互交叠，如图 3.9 所示。最大间隙 $X_{\max}$、最大过盈 $Y_{\max}$ 分别表示过渡配合中允许间隙和过盈变动的两个界限值。$X_{\max}$ 表示配合中最松状态；$Y_{\max}$ 表示配合中最紧状态。

$$X_{\max}=D_{\max}-d_{\min}=\text{ES}-\text{ei} \tag{3.9}$$

$$Y_{\max}=D_{\min}-d_{\max}=\text{EI}-\text{es} \tag{3.10}$$

4）配合公差与配合制

（1）配合公差（$T_f$）是国家标准允许间隙或过盈的变动量，是设计人员根据机器配合部位使用性能的要求对配合松紧变动的程度给定的允许值。对于某一具体的配合，$T_f$ 值越大，间隙或过盈可能出现的差别越大，其松紧差别的程度越大，配合精度越低。在数值方面，国家标准以处于最松状态的极限间隙或极限过盈与处于最紧状态的极限间隙或极限过盈的代数差的绝对值为配合公差值，配合公差没有正负含义。

各类配合的配合公差数值如下。

间隙配合：
$$T_f=|X_{\max}-X_{\min}|=T_h+T_s \tag{3.11}$$

过渡配合：
$$T_f=|X_{\max}-Y_{\max}|=T_h+T_s \tag{3.12}$$

过盈配合：
$$T_f=|Y_{\max}-Y_{\min}|=T_h+T_s \tag{3.13}$$

对于各类配合，其配合公差都等于相互配合的孔公差和轴公差之和，即 $T_f=T_h+T_s$，这说明配合精度的高低是由相互配合的孔和轴的精度决定的。配合公差反映配合精度，配合种类反映配合性质。

（2）配合制是指同一极限制的孔和轴组成的一种配合制度。

改变孔和轴的公差带位置可以得到很多种配合，为便于现代化大生产，简化标准，国家标准对配合规定了两种配合制：基孔制和基轴制，如图 3.10 所示。

基孔制：基本偏差为一定的孔的公差带与不同基本偏差轴的公差带形成各种配合的一种制度。基孔制中的孔为基准孔，其下偏差为零，代号 H。

基轴制：基本偏差为一定的轴的公差带与不同基本偏差孔的公差带形成各种配合的一种制度。基轴制中的轴为基准轴，其上偏差为零，代号 h。

如果孔与轴的配合中，同时出现 H 和 h，一般判断为基孔制；但是，如果轴是标准件，或者先制造一批轴，再加工不同的孔与轴配合，则判定为基轴制。

**例 3.2** 已知过渡配合中，孔的直径为 $\phi 50_{0}^{+0.039}$，轴的直径为 $\phi 50_{+0.009}^{+0.034}$，求 $X_{\max}$、$Y_{\max}$ 及 $T_f$。

**解** 根据式（3.9）、式（3.10）和式（3.12）可知：

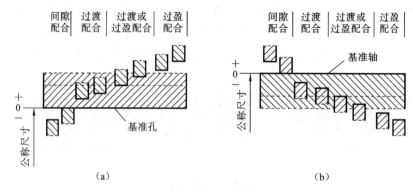

图 3.10　两种配合制的公差带图示

(a) 基孔制;(b) 基轴制

$$X_{max} = D_{max} - d_{min} = (50.039 - 50.009) \text{ mm} = 0.030 \text{ mm}$$

$$Y_{max} = D_{min} - d_{max} = (50 - 50.034) \text{ mm} = -0.034 \text{ mm}$$

$$T_f = |X_{max} - Y_{max}| = |0.030 - (-0.034)| \text{ mm} = 0.064 \text{ mm}$$

**例 3.3**　已知过盈配合中,孔的直径为 $\phi 50^{+0.039}_{0}$,轴的直径为 $\phi 50^{+0.079}_{+0.054}$,求 $Y_{max}$、$Y_{min}$ 及 $T_f$。

**解**　根据式(3.7)、式(3.8)和式(3.13)可知:

$$Y_{max} = D_{min} - d_{max} = (50 - 50.079) \text{ mm} = -0.079 \text{ mm}$$

$$Y_{min} = D_{max} - d_{min} = (50.039 - 50.054) \text{ mm} = -0.015 \text{ mm}$$

$$T_f = |Y_{max} - Y_{min}| = |-0.079 - (-0.015)| \text{ mm} = 0.064 \text{ mm}$$

**例 3.4**　已知间隙配合中,孔的直径为 $\phi 50^{+0.039}_{0}$,轴的直径为 $\phi 50^{-0.025}_{-0.050}$,求 $X_{max}$、$X_{min}$ 及 $T_f$。

**解**　根据式(3.5)、式(3.6)和式(3.11)可知:

$$X_{max} = D_{max} - d_{min} = (50.039 - 49.95) \text{ mm} = 0.089 \text{ mm}$$

$$X_{min} = D_{min} - d_{max} = (50 - 49.975) \text{ mm} = 0.025 \text{ mm}$$

或者

$$X_{max} = ES - ei = +0.039 - (-0.050) \text{ mm} = 0.089 \text{ mm}$$

$$X_{min} = EI - es = 0 - (-0.025) \text{ mm} = 0.025 \text{ mm}$$

$$T_f = |X_{max} - X_{min}| = |0.089 - 0.025| \text{ mm} = 0.064 \text{ mm}$$

# 3.2　尺寸的公差与配合国家标准

**1. 标准公差**

在设计零件时,一个零件的尺寸公差总是有多个数值可以选择,这给设计带来了极大的方便性,同时,为了规范尺寸公差,国家对公差的数值进行了标准化,即对公差数值的大小进行了分级。为了简化标准公差数值表格,国家标准采用按公称尺寸分段的方法,对同一尺寸段内的所有公称尺寸,在公差等级相同的情况下,规定相同的标准公差。

在公称尺寸至 500 mm 范围内,国家标准将标准公差等级规定为 20 个等级,依次为 IT01,IT0,IT1,…,IT18,其等级由高到低。在公称尺寸大于 500 mm 至 3150 mm 内规定了 18 个标准公差等级,依次为 IT1,IT2,…,IT18,其等级由高到低(说明:>IT7 称为低于 IT7 级,<IT7 称为高于 IT7 级),公差值由小到大,若公差等级相同,则尺寸的精确程度相同。表 3.1 所示为尺寸小于 3150 mm 的标准公差数值。

**表 3.1　尺寸小于 3150 mm 的标准公差数值**

| 公称尺寸/mm | | 标准公差等级 | | | | | | | | | | | | | | | | | |
|---|---|---|---|---|---|---|---|---|---|---|---|---|---|---|---|---|---|---|---|
| | | IT1 | IT2 | IT3 | IT4 | IT5 | IT6 | IT7 | IT8 | IT9 | IT10 | IT11 | IT12 | IT13 | IT14 | IT15 | IT16 | IT17 | IT18 |
| 大于 | 至 | $\mu$m | | | | | | | | | | | mm | | | | | | |
| — | 3 | 0.8 | 1.2 | 2 | 3 | 4 | 6 | 10 | 14 | 25 | 40 | 60 | 0.1 | 0.14 | 0.25 | 0.4 | 0.6 | 1 | 1.4 |
| 3 | 6 | 1 | 1.5 | 2.5 | 4 | 5 | 8 | 12 | 18 | 30 | 48 | 75 | 0.12 | 0.18 | 0.3 | 0.48 | 0.75 | 1.2 | 1.8 |
| 6 | 10 | 1 | 1.5 | 2.5 | 4 | 6 | 9 | 15 | 22 | 36 | 58 | 90 | 0.15 | 0.22 | 0.36 | 0.58 | 0.9 | 1.5 | 2.2 |
| 10 | 18 | 1.2 | 2 | 3 | 5 | 8 | 11 | 18 | 27 | 43 | 70 | 110 | 0.18 | 0.27 | 0.13 | 0.7 | 1.1 | 1.8 | 2.7 |
| 18 | 30 | 1.5 | 2.5 | 4 | 6 | 9 | 13 | 21 | 33 | 52 | 84 | 130 | 0.21 | 0.33 | 0.52 | 0.84 | 1.3 | 2.1 | 3.3 |
| 30 | 50 | 1.5 | 2.5 | 4 | 7 | 11 | 16 | 25 | 39 | 62 | 100 | 160 | 0.25 | 0.39 | 0.62 | 1 | 1.6 | 2.5 | 3.9 |
| 50 | 80 | 2 | 3 | 5 | 8 | 13 | 19 | 30 | 46 | 74 | 120 | 190 | 0.3 | 0.46 | 0.74 | 1.2 | 1.9 | 3 | 4.6 |
| 80 | 120 | 2.5 | 4 | 6 | 10 | 15 | 22 | 35 | 54 | 87 | 140 | 220 | 0.35 | 0.54 | 0.87 | 1.4 | 2.2 | 3.5 | 5.4 |
| 120 | 180 | 3.5 | 5 | 8 | 12 | 18 | 25 | 40 | 63 | 100 | 160 | 250 | 0.4 | 0.63 | 1 | 1.6 | 2.5 | 4 | 6.3 |
| 180 | 250 | 4.5 | 7 | 10 | 14 | 20 | 29 | 46 | 72 | 115 | 185 | 290 | 0.46 | 0.72 | 1.15 | 1.85 | 2.9 | 4.6 | 7.2 |
| 250 | 315 | 6 | 8 | 12 | 16 | 23 | 32 | 52 | 81 | 130 | 210 | 320 | 0.52 | 0.81 | 1.3 | 2.1 | 3.2 | 5.2 | 8.1 |
| 315 | 400 | 7 | 9 | 13 | 18 | 25 | 36 | 57 | 89 | 140 | 230 | 360 | 0.57 | 0.89 | 1.4 | 2.3 | 3.6 | 5.7 | 8.9 |
| 400 | 500 | 8 | 10 | 15 | 20 | 27 | 40 | 63 | 97 | 155 | 250 | 400 | 0.63 | 0.97 | 1.55 | 2.5 | 1 | 6.3 | 9.7 |
| 500 | 630 | 9 | 11 | 16 | 22 | 32 | 44 | 70 | 110 | 175 | 280 | 440 | 0.7 | 1.1 | 1.75 | 2.8 | 4.4 | 7 | 11 |
| 630 | 800 | 10 | 13 | 18 | 25 | 36 | 50 | 80 | 125 | 200 | 320 | 500 | 0.8 | 1.25 | 2 | 3.2 | 5 | 8 | 12.5 |
| 800 | 1000 | 11 | 15 | 21 | 28 | 40 | 56 | 90 | 140 | 230 | 360 | 560 | 0.9 | 1.4 | 2.3 | 3.6 | 5.6 | 9 | 14 |
| 1000 | 1250 | 13 | 18 | 24 | 33 | 47 | 66 | 105 | 165 | 260 | 420 | 660 | 1.05 | 1.65 | 2.6 | 4.2 | 6.6 | 10.5 | 16.5 |
| 1250 | 1600 | 15 | 21 | 29 | 39 | 55 | 78 | 125 | 195 | 310 | 500 | 780 | 1.25 | 1.95 | 3.1 | 5 | 7.8 | 12.5 | 19.5 |
| 1600 | 2000 | 18 | 25 | 35 | 46 | 65 | 92 | 150 | 230 | 370 | 600 | 920 | 1.5 | 2.3 | 3.7 | 6 | 9.2 | 15 | 23 |
| 2000 | 2500 | 22 | 30 | 41 | 55 | 78 | 110 | 175 | 280 | 440 | 700 | 1100 | 1.75 | 2.8 | 4.4 | 7 | 11 | 17.5 | 28 |
| 2500 | 3150 | 26 | 36 | 50 | 68 | 96 | 135 | 210 | 330 | 540 | 860 | 1350 | 2.1 | 3.3 | 5.4 | 8.6 | 13.5 | 21 | 33 |

注:1. 公称尺寸小于或等于 1 mm 时,无 IT14～IT18;

　　2. 公称尺寸大于 500 mm 的 IT1～IT15 的标准公差数值为试行的。

　　从表 3.1 可以看出:相同的公称尺寸,随着公差等级的降低,其公差值越来越大;相同的公差等级,随着公称尺寸的增大,其公差值越来越大。这给我们设计和校对图样,以及技术测量提供了一个重要的经验。

　　**例 3.5**　已知 $D=\phi30$,求公差等级 IT7,IT8 对应的公差值。

　　**解**　如图 3.11 所示,知 IT7 对应的公差值为 21 $\mu$m ,IT8 对应的公差值为 33 $\mu$m。

**2. 基本偏差系列**

　　在对公差带的大小进行标准化后,还需对公差带相对于零线的位置(即基本偏差)进行标准化。国家标准中已将基本偏差标准化,为了满足各种不同配合的需要,规定了孔、轴各 28 种公差带位置,分别用拉丁字母表示,在 26 个拉丁字母中去掉易与其他含义混淆的五个字

| 公称尺寸/mm | | 标准公差等级 | | | | | | | | | | | |
|---|---|---|---|---|---|---|---|---|---|---|---|---|---|
| | | IT01 | IT0 | IT1 | IT2 | IT3 | IT4 | IT5 | IT6 | IT7 | IT8 | IT9 | IT10 |
| 大于 | 至 | /μm | | | | | | | | | | | |
| — | 3 | 0.3 | 0.5 | 0.8 | 1.2 | 2 | 3 | 4 | 6 | 10 | 14 | 25 | 40 |
| 3 | 6 | 0.4 | 0.6 | 1 | 1.5 | 2.5 | 4 | 5 | 8 | 12 | 18 | 30 | 48 |
| 6 | 10 | 0.4 | 0.6 | 1 | 1.5 | 2.5 | 4 | 6 | 9 | 15 | 22 | 36 | 58 |
| 10 | 18 | 0.5 | 0.8 | 1.2 | 2 | 3 | 5 | 8 | 11 | 18 | 27 | 43 | 70 |
| 18 | 30 | 0.6 | 1 | 1.5 | 2.5 | 4 | 6 | 9 | 13 | 21 | 33 | 52 | 84 |

图 3.11 查公差数值表过程

母,即 I、L、O、Q、W (i、l、o、q、w),同时增加 CD、EF、FG、JS、ZA、ZB、ZC(cd、ef、fg、js、za、zb、zc)七个双字母,共 28 种(见图 3.12)。基本偏差系列中的 H(h)的基本偏差为零,JS(js)与零线对称,上偏差 ES(es)＝＋IT/2,下偏差 EI(ei)＝－IT/2,上下偏差均可作为基本偏差,并且逐渐代替近似对称的基本偏差 J 和 j。

由图 3.12 可知以下几点。

(1) 孔的基本偏差系列中,A～H 的基本偏差为下偏差,J～ZC 的基本偏差为上偏差;轴的基本偏差中,a～h 的基本偏差为上偏差,j～zc 的基本偏差为下偏差。A～H (a～h),基本偏差的绝对值逐渐减小,J～ZC(j～zc),绝对值一般为逐渐增大。

(2) 公差带的另一极限偏差"开口",表示其公差等级未定。

(3) 孔、轴的绝大多数基本偏差数值不随公差等级变化,只有极少数基本偏差(js、k、j)的数值随公差等级变化。

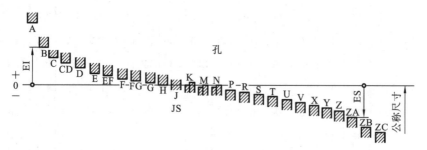

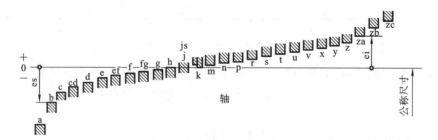

图 3.12 基本偏差系列

轴的基本偏差数值是在基孔制的基础上,结合在生产实践和大量试验中总结出的公式计算得到的,其具体数值见表 3.2,孔的基本偏差数值表见表 3.3。

例 3.6 画出孔 $\phi$20C7 尺寸公差带图。

解 (1) 查表 3.3 可知,C 基本偏差为下偏差,孔的直径为 20 mm 时,EI＝＋0.11 mm;

## 表 3.2 轴的基本偏差数值表（摘自 GB/T 1800.1—2009）

单位：μm

基本偏差数值

上偏差 es（所有标准公差等级） ｜ 下偏差 ei（所有标准公差等级）

js 列：偏差 = ±$\frac{IT_n}{2}$，式中 $IT_n$ 是 IT 值数。

| 公称尺寸/mm 大于 | 至 | a | b | c | cd | d | e | ef | f | fg | g | h | js | j (IT5与IT6) | j (IT7) | k (IT4至IT7) | k (≤IT3 >IT7) | m | n | p | r | s | t | u | v | x | y | z | za | zb | zc |
|---|---|---|---|---|---|---|---|---|---|---|---|---|---|---|---|---|---|---|---|---|---|---|---|---|---|---|---|---|---|---|---|---|
| — | 3 | −270 | −140 | −60 | −34 | −20 | −14 | −10 | −6 | −4 | −2 | 0 | 偏差 = ±$\frac{IT_n}{2}$ | −2 | −4 | 0 | 0 | +2 | +4 | +6 | +10 | +14 | — | +18 | — | +20 | — | +26 | +32 | +40 | +60 |
| 3 | 6 | −270 | −140 | −70 | −46 | −30 | −20 | −14 | −10 | −6 | −4 | 0 | | −2 | −4 | +1 | 0 | +4 | +8 | +12 | +15 | +19 | — | +23 | — | +28 | — | +35 | +42 | +50 | +80 |
| 6 | 10 | −280 | −150 | −80 | −56 | −40 | −25 | −18 | −13 | −8 | −5 | 0 | | −2 | −5 | +1 | 0 | +6 | +10 | +15 | +19 | +23 | — | +28 | — | +34 | — | +42 | +52 | +67 | +97 |
| 10 | 14 | −290 | −150 | −95 | | −50 | −32 | | −16 | | −6 | 0 | | −3 | −6 | +1 | 0 | +7 | +12 | +18 | +23 | +28 | — | +33 | — | +40 | — | +50 | +64 | +90 | +130 |
| 14 | 18 | −290 | −150 | −95 | | −50 | −32 | | −16 | | −6 | 0 | | −3 | −6 | +1 | 0 | +7 | +12 | +18 | +23 | +28 | — | +33 | +39 | +45 | — | +60 | +77 | +108 | +150 |
| 18 | 24 | −300 | −160 | −110 | | −65 | −40 | | −20 | | −7 | 0 | | −4 | −8 | +2 | 0 | +8 | +15 | +22 | +28 | +35 | — | +41 | +47 | +54 | +63 | +73 | +98 | +136 | +188 |
| 24 | 30 | −300 | −160 | −110 | | −65 | −40 | | −20 | | −7 | 0 | | −4 | −8 | +2 | 0 | +8 | +15 | +22 | +28 | +35 | +41 | +48 | +55 | +64 | +75 | +88 | +118 | +160 | +218 |
| 30 | 40 | −310 | −170 | −120 | | −80 | −50 | | −25 | | −9 | 0 | | −5 | −10 | +2 | 0 | +9 | +17 | +26 | +34 | +43 | +48 | +60 | +68 | +80 | +94 | +112 | +148 | +200 | +274 |
| 40 | 50 | −320 | −180 | −130 | | −80 | −50 | | −25 | | −9 | 0 | | −5 | −10 | +2 | 0 | +9 | +17 | +26 | +34 | +43 | +54 | +70 | +81 | +97 | +114 | +136 | +180 | +242 | +325 |
| 50 | 65 | −340 | −190 | −140 | | −100 | −60 | | −30 | | −10 | 0 | | −7 | −12 | +2 | 0 | +11 | +20 | +32 | +41 | +53 | +66 | +87 | +102 | +122 | +144 | +172 | +226 | +300 | +405 |
| 65 | 80 | −360 | −200 | −150 | | −100 | −60 | | −30 | | −10 | 0 | | −7 | −12 | +2 | 0 | +11 | +20 | +32 | +43 | +59 | +75 | +102 | +120 | +146 | +174 | +210 | +274 | +360 | +480 |
| 80 | 100 | −380 | −220 | −170 | | −120 | −72 | | −36 | | −12 | 0 | | −9 | −15 | +3 | 0 | +13 | +23 | +37 | +51 | +71 | +91 | +124 | +146 | +178 | +214 | +258 | +335 | +445 | +585 |
| 100 | 120 | −410 | −240 | −180 | | −120 | −72 | | −36 | | −12 | 0 | | −9 | −15 | +3 | 0 | +13 | +23 | +37 | +54 | +79 | +104 | +144 | +172 | +210 | +254 | +310 | +400 | +525 | +690 |
| 120 | 140 | −460 | −260 | −200 | | −145 | −85 | | −43 | | −14 | 0 | | −11 | −18 | +3 | 0 | +15 | +27 | +43 | +63 | +92 | +122 | +170 | +202 | +248 | +300 | +365 | +470 | +620 | +800 |
| 140 | 160 | −520 | −280 | −210 | | −145 | −85 | | −43 | | −14 | 0 | | −11 | −18 | +3 | 0 | +15 | +27 | +43 | +65 | +100 | +134 | +190 | +228 | +280 | +340 | +415 | +535 | +700 | +900 |
| 160 | 180 | −580 | −310 | −230 | | −145 | −85 | | −43 | | −14 | 0 | | −11 | −18 | +3 | 0 | +15 | +27 | +43 | +68 | +108 | +146 | +210 | +252 | +310 | +380 | +465 | +600 | +780 | +1000 |
| 180 | 200 | −660 | −340 | −240 | | −170 | −100 | | −50 | | −15 | 0 | | −13 | −21 | +4 | 0 | +17 | +31 | +50 | +77 | +122 | +166 | +236 | +284 | +350 | +425 | +520 | +670 | +880 | +1150 |
| 200 | 225 | −740 | −380 | −260 | | −170 | −100 | | −50 | | −15 | 0 | | −13 | −21 | +4 | 0 | +17 | +31 | +50 | +80 | +130 | +180 | +258 | +310 | +385 | +470 | +575 | +740 | +960 | +1250 |
| 225 | 250 | −820 | −420 | −280 | | −170 | −100 | | −50 | | −15 | 0 | | −13 | −21 | +4 | 0 | +17 | +31 | +50 | +84 | +140 | +196 | +284 | +340 | +425 | +520 | +640 | +820 | +1050 | +1350 |
| 250 | 280 | −920 | −480 | −300 | | −190 | −110 | | −56 | | −17 | 0 | | −16 | −26 | +4 | 0 | +20 | +34 | +56 | +94 | +158 | +218 | +315 | +385 | +475 | +580 | +710 | +920 | +1200 | +1550 |
| 280 | 315 | −1050 | −540 | −330 | | −190 | −110 | | −56 | | −17 | 0 | | −16 | −26 | +4 | 0 | +20 | +34 | +56 | +98 | +170 | +240 | +350 | +425 | +525 | +650 | +790 | +1000 | +1300 | +1700 |
| 315 | 355 | −1200 | −600 | −360 | | −210 | −125 | | −62 | | −18 | 0 | | −18 | −28 | +4 | 0 | +21 | +37 | +62 | +108 | +190 | +268 | +390 | +475 | +590 | +730 | +900 | +1150 | +1500 | +1900 |
| 355 | 400 | −1350 | −680 | −400 | | −210 | −125 | | −62 | | −18 | 0 | | −18 | −28 | +4 | 0 | +21 | +37 | +62 | +114 | +208 | +294 | +435 | +530 | +660 | +820 | +1000 | +1300 | +1650 | +2100 |
| 400 | 450 | −1500 | −760 | −440 | | −230 | −135 | | −68 | | −20 | 0 | | −20 | −32 | +5 | 0 | +23 | +40 | +68 | +126 | +232 | +330 | +490 | +595 | +740 | +920 | +1100 | +1450 | +1850 | +2400 |
| 450 | 500 | −1650 | −840 | −480 | | −230 | −135 | | −68 | | −20 | 0 | | −20 | −32 | +5 | 0 | +23 | +40 | +68 | +132 | +252 | +360 | +540 | +660 | +820 | +1000 | +1250 | +1600 | +2100 | +2600 |
| 500 | 560 | | | | | −260 | −145 | | −76 | | −22 | 0 | | | | | | +26 | +44 | +78 | +150 | +280 | +400 | +600 | | | | | | | |
| 560 | 630 | | | | | −260 | −145 | | −76 | | −22 | 0 | | | | | | +26 | +44 | +78 | +155 | +310 | +450 | +660 | | | | | | | |
| 630 | 710 | | | | | −290 | −160 | | −80 | | −24 | 0 | | | | | | +30 | +50 | +88 | +175 | +340 | +500 | +740 | | | | | | | |
| 710 | 800 | | | | | −290 | −160 | | −80 | | −24 | 0 | | | | | | +30 | +50 | +88 | +185 | +380 | +560 | +840 | | | | | | | |
| 800 | 900 | | | | | −320 | −170 | | −86 | | −26 | 0 | | | | | | +34 | +56 | +100 | +210 | +430 | +620 | +940 | | | | | | | |
| 900 | 1000 | | | | | −320 | −170 | | −86 | | −26 | 0 | | | | | | +34 | +56 | +100 | +220 | +470 | +680 | +1050 | | | | | | | |
| 1000 | 1120 | | | | | −350 | −195 | | −98 | | −28 | 0 | | | | | | +40 | +66 | +120 | +250 | +520 | +780 | +1150 | | | | | | | |
| 1120 | 1250 | | | | | −350 | −195 | | −98 | | −28 | 0 | | | | | | +40 | +66 | +120 | +260 | +580 | +840 | +1300 | | | | | | | |
| 1250 | 1400 | | | | | −390 | −220 | | −110 | | −30 | 0 | | | | | | +48 | +78 | +140 | +300 | +640 | +960 | +1450 | | | | | | | |
| 1400 | 1600 | | | | | −390 | −220 | | −110 | | −30 | 0 | | | | | | +48 | +78 | +140 | +330 | +720 | +1050 | +1600 | | | | | | | |
| 1600 | 1800 | | | | | −430 | −240 | | −120 | | −32 | 0 | | | | | | +58 | +92 | +170 | +370 | +820 | +1200 | +1850 | | | | | | | |
| 1800 | 2000 | | | | | −430 | −240 | | −120 | | −32 | 0 | | | | | | +58 | +92 | +170 | +400 | +920 | +1350 | +2000 | | | | | | | |
| 2000 | 2240 | | | | | −480 | −260 | | −130 | | −34 | 0 | | | | | | +68 | +110 | +195 | +440 | +1000 | +1500 | +2300 | | | | | | | |
| 2240 | 2500 | | | | | −480 | −260 | | −130 | | −34 | 0 | | | | | | +68 | +110 | +195 | +460 | +1100 | +1650 | +2500 | | | | | | | |
| 2500 | 2800 | | | | | −520 | −290 | | −145 | | −38 | 0 | | | | | | +76 | +135 | +240 | +550 | +1250 | +1900 | +2900 | | | | | | | |
| 2800 | 3150 | | | | | −520 | −290 | | −145 | | −38 | 0 | | | | | | +76 | +135 | +240 | +580 | +1400 | +2100 | +3200 | | | | | | | |

注：1. 公称尺寸小于或等于 1 mm 时，基本偏差 a 和 b 均不采用。

2. 公差带 js7 至 js11，若 $IT_n$ 值数是奇数，则取偏差 = ±$\frac{IT_n-1}{2}$。

表 3.3　孔的基本偏差数值表（摘自 GB/T 1800.1—2009）

单位：μm

基本偏差数值

下极限偏差 EI（所有标准公差等级）；上极限偏差 ES

JS：偏差 $=\pm IT_n/2$，式中，$IT_n$ 是 IT 值数

P 至 ZC（≤IT7）：在大于 IT7 的相应数值上增加一个 Δ 值

| 公称尺寸/mm 大于 | 至 | A | B | C | CD | D | E | EF | F | FG | G | H | J (IT6) | J (IT7) | J (IT8) | K (≤IT8) | K (>IT8) | M (≤IT8) | M (>IT8) | N (≤IT8) | N (>IT8) |
|---|---|---|---|---|---|---|---|---|---|---|---|---|---|---|---|---|---|---|---|---|---|
| — | 3 | +270 | +140 | +60 | +34 | +20 | +14 | +10 | +6 | +4 | +2 | 0 | +2 | +4 | +6 | 0 | 0 | −2 | −2 | −4 | −4 |
| 3 | 6 | +270 | +140 | +70 | +46 | +30 | +20 | +14 | +10 | +6 | +4 | 0 | +5 | +6 | +10 | −1+Δ | — | −4+Δ | −4 | −8+Δ | 0 |
| 6 | 10 | +280 | +150 | +80 | +56 | +40 | +25 | +18 | +13 | +8 | +5 | 0 | +5 | +8 | +12 | −1+Δ | — | −6+Δ | −6 | −10+Δ | 0 |
| 10 | 14 | +290 | +150 | +95 | — | +50 | +32 | — | +16 | — | +6 | 0 | +6 | +10 | +15 | −1+Δ | — | −7+Δ | −7 | −12+Δ | 0 |
| 14 | 18 | +290 | +150 | +95 | — | +50 | +32 | — | +16 | — | +6 | 0 | +6 | +10 | +15 | −1+Δ | — | −7+Δ | −7 | −12+Δ | 0 |
| 18 | 24 | +300 | +160 | +110 | — | +65 | +40 | — | +20 | — | +7 | 0 | +8 | +12 | +20 | −2+Δ | — | −8+Δ | −8 | −15+Δ | 0 |
| 24 | 30 | +300 | +160 | +110 | — | +65 | +40 | — | +20 | — | +7 | 0 | +8 | +12 | +20 | −2+Δ | — | −8+Δ | −8 | −15+Δ | 0 |
| 30 | 40 | +310 | +170 | +120 | — | +80 | +50 | — | +25 | — | +9 | 0 | +10 | +14 | +24 | −2+Δ | — | −9+Δ | −9 | −17+Δ | 0 |
| 40 | 50 | +320 | +180 | +130 | — | +80 | +50 | — | +25 | — | +9 | 0 | +10 | +14 | +24 | −2+Δ | — | −9+Δ | −9 | −17+Δ | 0 |
| 50 | 65 | +340 | +190 | +140 | — | +100 | +60 | — | +30 | — | +10 | 0 | +13 | +18 | +28 | −2+Δ | — | −11+Δ | −11 | −20+Δ | 0 |
| 65 | 80 | +360 | +200 | +150 | — | +100 | +60 | — | +30 | — | +10 | 0 | +13 | +18 | +28 | −2+Δ | — | −11+Δ | −11 | −20+Δ | 0 |
| 80 | 100 | +380 | +220 | +170 | — | +120 | +72 | — | +36 | — | +12 | 0 | +16 | +22 | +34 | −3+Δ | — | −13+Δ | −13 | −23+Δ | 0 |
| 100 | 120 | +410 | +240 | +180 | — | +120 | +72 | — | +36 | — | +12 | 0 | +16 | +22 | +34 | −3+Δ | — | −13+Δ | −13 | −23+Δ | 0 |
| 120 | 140 | +460 | +260 | +200 | — | +145 | +85 | — | +43 | — | +14 | 0 | +18 | +26 | +41 | −3+Δ | — | −15+Δ | −15 | −27+Δ | 0 |
| 140 | 160 | +520 | +280 | +210 | — | +145 | +85 | — | +43 | — | +14 | 0 | +18 | +26 | +41 | −3+Δ | — | −15+Δ | −15 | −27+Δ | 0 |
| 160 | 180 | +580 | +310 | +230 | — | +145 | +85 | — | +43 | — | +14 | 0 | +18 | +26 | +41 | −3+Δ | — | −15+Δ | −15 | −27+Δ | 0 |
| 180 | 200 | +660 | +340 | +240 | — | +170 | +100 | — | +50 | — | +15 | 0 | +22 | +30 | +47 | −4+Δ | — | −17+Δ | −17 | −31+Δ | 0 |
| 200 | 225 | +740 | +380 | +260 | — | +170 | +100 | — | +50 | — | +15 | 0 | +22 | +30 | +47 | −4+Δ | — | −17+Δ | −17 | −31+Δ | 0 |
| 225 | 250 | +820 | +420 | +280 | — | +170 | +100 | — | +50 | — | +15 | 0 | +22 | +30 | +47 | −4+Δ | — | −17+Δ | −17 | −31+Δ | 0 |
| 250 | 280 | +920 | +480 | +300 | — | +190 | +110 | — | +56 | — | +17 | 0 | +25 | +36 | +55 | −4+Δ | — | −20+Δ | −20 | −34+Δ | 0 |
| 280 | 315 | +1050 | +540 | +330 | — | +190 | +110 | — | +56 | — | +17 | 0 | +25 | +36 | +55 | −4+Δ | — | −20+Δ | −20 | −34+Δ | 0 |
| 315 | 355 | +1200 | +600 | +360 | — | +210 | +125 | — | +62 | — | +18 | 0 | +29 | +39 | +60 | −4+Δ | — | −21+Δ | −21 | −37+Δ | 0 |
| 355 | 400 | +1350 | +680 | +400 | — | +210 | +125 | — | +62 | — | +18 | 0 | +29 | +39 | +60 | −4+Δ | — | −21+Δ | −21 | −37+Δ | 0 |

续表

| 公称尺寸/mm 大于 | 至 | A | B | C | CD | D | E | EF | F | FG | G | H | JS | J IT6 | J IT7 | J IT8 | K ≤IT8 | K >IT8 | M ≤IT8 | M >IT8 | N ≤IT8 | N >IT8 | P至ZC ≤IT7 |
|---|---|---|---|---|---|---|---|---|---|---|---|---|---|---|---|---|---|---|---|---|---|---|---|
| | | | | | | 下极限偏差 EI（所有标准公差等级） | | | | | | | | 基本偏差数值 上极限偏差 ES | | | | | | | | | |
| 400 | 450 | +1 500 | +760 | 440 | — | +230 | +135 | — | +68 | — | +20 | 0 | 偏差 $=\pm IT_n/2$，式中，$IT_n$ 是 IT 值数 | +33 | +43 | +66 | −5+Δ | — | −23+Δ | −23 | −40+Δ | 0 | 在大于 IT7 的相应数值上增加一个 Δ 值 |
| 450 | 500 | +1 650 | +840 | +480 | — | | | | | | | | | | | | | | | | | | |
| 500 | 560 | — | — | — | — | +260 | +145 | — | +76 | — | +22 | 0 | | — | — | — | 0 | — | −26 | — | −44 | — | |
| 560 | 630 | — | — | — | — | | | | | | | | | | | | | | | | | | |
| 630 | 710 | — | — | — | — | +290 | +160 | — | +80 | — | +24 | 0 | | — | — | — | 0 | — | −30 | — | −50 | — | |
| 710 | 800 | — | — | — | — | | | | | | | | | | | | | | | | | | |
| 800 | 900 | — | — | — | — | +320 | +170 | — | +86 | — | +26 | 0 | | — | — | — | 0 | — | −34 | — | −56 | — | |
| 900 | 1 000 | — | — | — | — | | | | | | | | | | | | | | | | | | |
| 1 000 | 1 120 | — | — | — | — | +350 | +195 | — | +98 | — | +28 | 0 | | — | — | — | 0 | — | −40 | — | −66 | — | |
| 1 120 | 1 250 | — | — | — | — | | | | | | | | | | | | | | | | | | |
| 1 250 | 1 400 | — | — | — | — | +390 | +220 | — | +110 | — | +30 | 0 | | — | — | — | 0 | — | −48 | — | −78 | — | |
| 1 400 | 1 600 | — | — | — | — | | | | | | | | | | | | | | | | | | |
| 1 600 | 1 800 | — | — | — | — | +430 | +240 | — | +120 | — | +32 | 0 | | — | — | — | 0 | — | −58 | — | −92 | — | |
| 1 800 | 2 000 | — | — | — | — | | | | | | | | | | | | | | | | | | |
| 2 000 | 2 240 | — | — | — | — | +480 | +260 | — | +130 | — | +34 | 0 | | — | — | — | 0 | — | −68 | — | −110 | — | |
| 2 240 | 2 500 | — | — | — | — | | | | | | | | | | | | | | | | | | |
| 2 500 | 2 800 | — | — | — | — | +520 | +290 | — | +145 | — | +38 | 0 | | — | — | — | 0 | — | −76 | — | −135 | — | |
| 2 800 | 3 150 | — | — | — | — | | | | | | | | | | | | | | | | | | |

续表

| 公称尺寸/mm | | 基本偏差数值　上极限偏差 ES　标准公差等级大于 IT7 | | | | | | | | | | | | Δ值　标准公差等级 | | | | | |
|---|---|---|---|---|---|---|---|---|---|---|---|---|---|---|---|---|---|---|---|
| 大于 | 至 | P | R | S | T | U | V | X | Y | Z | ZA | ZB | ZC | IT3 | IT4 | IT5 | IT6 | IT7 | IT8 |
| — | 3 | −6 | −10 | −14 | — | −18 | — | −20 | — | −26 | −32 | −40 | −60 | 0 | 0 | 0 | 0 | 0 | 0 |
| 3 | 6 | −12 | −15 | −19 | — | −23 | — | −28 | — | −35 | −42 | −50 | −80 | 1 | 1.5 | 1 | 3 | 4 | 6 |
| 6 | 10 | −15 | −19 | −23 | — | −28 | — | −34 | — | −42 | −52 | −67 | −97 | 1 | 1.5 | 2 | 3 | 6 | 7 |
| 10 | 14 | −18 | −23 | −28 | — | −33 | — | −40 | — | −50 | −64 | −90 | −130 | 1 | 2 | 3 | 3 | 7 | 9 |
| 14 | 18 |  |  |  | — |  | −39 | −45 | — | −60 | −77 | −108 | −150 |  |  |  |  |  |  |
| 18 | 24 | −22 | −28 | −35 | — | −41 | −47 | −54 | −63 | −73 | −98 | −136 | −188 | 1.5 | 2 | 3 | 4 | 8 | 12 |
| 24 | 30 |  |  |  | −41 | −48 | −55 | −64 | −75 | −88 | −118 | −160 | −218 |  |  |  |  |  |  |
| 30 | 40 | −26 | −34 | −43 | −48 | −60 | −68 | −80 | −94 | −112 | −148 | −200 | −274 | 1.5 | 3 | 4 | 5 | 9 | 14 |
| 40 | 50 |  |  |  | −54 | −70 | −81 | −97 | −114 | −136 | −180 | −242 | −325 |  |  |  |  |  |  |
| 50 | 65 | −32 | −41 | −53 | −66 | −87 | −102 | −122 | −144 | −172 | −226 | −300 | −405 | 2 | 3 | 5 | 6 | 11 | 16 |
| 65 | 80 |  | −43 | −59 | −75 | −102 | −120 | −146 | −174 | −210 | −274 | −360 | −480 |  |  |  |  |  |  |
| 80 | 100 | −37 | −51 | −71 | −91 | −124 | −146 | −178 | −214 | −258 | −335 | −445 | −585 | 2 | 4 | 5 | 7 | 13 | 19 |
| 100 | 120 |  | −54 | −79 | −104 | −144 | −172 | −210 | −254 | −310 | −400 | −525 | −690 |  |  |  |  |  |  |
| 120 | 140 | −43 | −63 | −92 | −122 | −170 | −202 | −248 | −300 | −365 | −470 | −620 | −800 | 3 | 4 | 6 | 7 | 15 | 23 |
| 140 | 160 |  | −65 | −100 | −134 | −190 | −228 | −280 | −340 | −415 | −535 | −700 | −900 |  |  |  |  |  |  |
| 160 | 180 |  | −68 | −108 | −146 | −210 | −252 | −310 | −380 | −465 | −600 | −780 | −1 000 |  |  |  |  |  |  |
| 180 | 200 | −50 | −77 | −122 | −166 | −236 | −284 | −350 | −425 | −520 | −670 | −880 | −1 150 | 3 | 4 | 6 | 9 | 17 | 26 |
| 200 | 225 |  | −80 | −130 | −180 | −258 | −310 | −385 | −470 | −575 | −740 | −960 | −1 250 |  |  |  |  |  |  |
| 225 | 250 |  | −84 | −140 | −196 | −284 | −340 | −425 | −520 | −640 | −820 | −1 050 | −1 350 |  |  |  |  |  |  |
| 250 | 280 | −56 | −94 | −158 | −218 | −315 | −385 | −475 | −580 | −710 | −920 | −1 200 | −1 550 | 4 | 4 | 7 | 9 | 20 | 29 |
| 280 | 315 |  | −98 | −170 | −240 | −350 | −425 | −525 | −650 | −790 | −1 000 | −1 300 | −1 700 |  |  |  |  |  |  |
| 315 | 355 | −62 | −108 | −190 | −268 | −390 | −475 | −590 | −730 | −900 | −1 150 | −1 500 | −1 900 | 4 | 5 | 7 | 11 | 21 | 32 |
| 355 | 400 |  | −114 | −208 | −294 | −435 | −530 | −660 | −820 | −1 000 | −1 300 | −1 650 | −2 100 |  |  |  |  |  |  |
| 400 | 450 | −68 | −126 | −232 | −330 | −490 | −595 | −740 | −920 | −1 100 | −1 450 | −1 850 | −2 400 | 5 | 5 | 7 | 13 | 23 | 34 |
| 450 | 500 |  | −132 | −252 | −360 | −540 | −660 | −820 | −1 000 | −1 250 | −1 600 | −2 100 | −2 600 |  |  |  |  |  |  |

续表

| 公称尺寸/mm | | 基本偏差数值 上极限偏差 ES 标准公差等级大于 IT7 | | | | | | | | | | | | Δ值 标准公差等级 | | | | | |
|---|---|---|---|---|---|---|---|---|---|---|---|---|---|---|---|---|---|---|---|
| 大于 | 至 | P | R | S | T | U | V | X | Y | Z | ZA | ZB | ZC | IT3 | IT4 | IT5 | IT6 | IT7 | IT8 |
| 500 | 560 | −78 | −150 | −280 | −400 | −600 | — | — | — | — | — | — | — | — | — | — | — | — | — |
| 560 | 630 | −78 | −155 | −310 | −450 | −660 | — | — | — | — | — | — | — | — | — | — | — | — | — |
| 630 | 710 | −88 | −175 | −340 | −500 | −740 | — | — | — | — | — | — | — | — | — | — | — | — | — |
| 710 | 800 | −88 | −185 | −380 | −560 | −840 | — | — | — | — | — | — | — | — | — | — | — | — | — |
| 800 | 900 | −100 | −210 | −430 | −620 | −940 | — | — | — | — | — | — | — | — | — | — | — | — | — |
| 900 | 1 000 | −100 | −220 | −470 | −680 | −1 050 | — | — | — | — | — | — | — | — | — | — | — | — | — |
| 1 000 | 1 120 | −120 | −250 | −520 | −780 | −1 150 | — | — | — | — | — | — | — | — | — | — | — | — | — |
| 1 120 | 1 250 | −120 | −260 | −580 | −840 | −1 300 | — | — | — | — | — | — | — | — | — | — | — | — | — |
| 1 250 | 1 400 | −140 | −300 | −640 | −960 | −1 450 | — | — | — | — | — | — | — | — | — | — | — | — | — |
| 1 400 | 1 600 | −140 | −330 | −720 | −1 050 | −1 600 | — | — | — | — | — | — | — | — | — | — | — | — | — |
| 1 600 | 1 800 | −170 | −370 | −820 | −1 200 | −1 850 | — | — | — | — | — | — | — | — | — | — | — | — | — |
| 1 800 | 2 000 | −170 | −400 | −920 | −1 350 | −2 000 | — | — | — | — | — | — | — | — | — | — | — | — | — |
| 2 000 | 2 240 | −195 | −440 | −1 000 | −1 500 | −2 300 | — | — | — | — | — | — | — | — | — | — | — | — | — |
| 2 240 | 2 500 | −195 | −460 | −1 100 | −1 650 | −2 500 | — | — | — | — | — | — | — | — | — | — | — | — | — |
| 2 500 | 2 800 | −240 | −550 | −1 250 | −1 900 | −2 900 | — | — | — | — | — | — | — | — | — | — | — | — | — |
| 2 800 | 3 150 | −240 | −580 | −1 400 | −2 100 | −3 200 | — | — | — | — | — | — | — | — | — | — | — | — | — |

注:①公称尺寸小于或等于 1 mm 时,基本偏差 A 和 B 及大于 IT8 的 N 均不采用,公差带 JS7 至 JS11,若 $IT_n$ 值数是奇数,则取偏差 $=\pm\dfrac{IT_n-1}{2}$;

②对小于或等于 IT8 的 K、M、N 和小于或等于 IT7 的 P 至 ZC 的所需 Δ 值从表内右侧选取,例如:18~30 mm 段的 K7,Δ=8 μm,所以 ES=(−2+8) μm=+6 μm;18~30 mm 段的 S6,Δ=4 μm,所以 ES=(−35+4) μm=−31 μm;特殊情况是 250~315 mm 段的 M6,ES=−9 μm(代替−11 μm)。

（2）查表 3.1 知，轴 $\phi20$ 的 IT7 级公差为 $T_h=0.021$ mm；

（3）上偏差 ES$=T_h+$EI，则 ES$=0.021+(+0.11)$ mm$=+0.311$ mm；

（4）画出公差带图，如图 3.13 所示。

**例 3.7** 画出轴 $\phi25$h6 的尺寸公差带图。

**解** （1）查表 3.2 知，h 基本偏差为上偏差，es$=0$ mm；

（2）查表 3.1 知，轴 $\phi25$ 的 IT6 级公差为 $T_s=0.013$ mm；

（3）下偏差 ei$=$es$-T_s$，则 ei$=(0-0.013)$ mm$=-0.013$ mm；

（4）画公差带图，如图 3.14 所示。

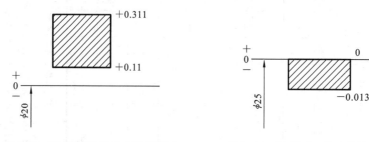

图 3.13　孔 $\phi20$C7 尺寸公差带图　　　　图 3.14　轴 $\phi25$h6 尺寸公差带图

表 3.2 和表 3.3 分别给出了轴和孔的其中一个偏差，即基本偏差，由例 3.6 和例 3.7 可知，这个偏差可能是上偏差，也可能是下偏差，轴和孔的两个极限偏差中的另外一个偏差要根据式（3.3）或式（3.4）求得，即轴的公差 $T_s=$es$-$ei，孔的公差 $T_h=$ES$-$EI，其中 $T_s$ 和 $T_h$ 要通过查表 3.1 中对应的标准公差数值得到。

**3. 一般公差（线性尺寸的未注公差）**

一般公差是指在普通工艺条件下机床设备一般加工能力可保证的公差。在正常维护和操作情况下，它代表车间的一般的经济加工精度。国家标准 GB/T 1804—2000《一般公差　未注公差的线性和角度尺寸的公差》等效地采用了国际标准中的有关部分，替代了 GB/T 1804—1992《一般公差　线性尺寸的未注公差》。

GB/T 1804—2000 对线性尺寸的一般公差规定了 4 个公差等级：精密级、中等级、粗糙级和最粗级，分别用字母 f、m、c 和 v 表示，同时对尺寸采用了大的分段，其极限偏差的取值均采用对称分布的公差带，具体数据见表 3.4。这 4 个公差等级相当于 1T12、IT14、IT16 和 IT17。该标准同时也对倒圆半径与倒角高度尺寸的极限偏差的数值做了规定，见表 3.5。

一般公差主要用于精度较低的非配合尺寸。当采用一般公差时，图样上只需标注公称尺寸，不标注极限偏差，而在图样的技术要求或有关技术文件中，应用标准号和公差等级代号做出总的表示。例如，当选用中等级 m 时，则表示为 GB/T 1804—m。在毛坯制作、材料下料等

表 3.4　未注公差的线性尺寸极限偏差的数值（摘自 GB/T 1804—2000）　　　　单位：mm

| 公差等级 | 尺 寸 分 段 | | | | | | | |
|---|---|---|---|---|---|---|---|---|
| | 0.5～3 | >3～6 | >6～30 | >3～120 | >120～400 | >400～1000 | >1000～2000 | >2000～4000 |
| f（精密级） | ±0.05 | ±0.05 | ±0.1 | ±0.15 | ±0.2 | ±0.3 | ±0.5 | — |
| m（中等级） | ±0.1 | ±0.1 | ±0.2 | ±0.3 | ±0.5 | ±0.8 | ±1.2 | ±2 |
| c（粗糙级） | ±0.2 | ±0.3 | ±0.5 | ±0.8 | ±1.2 | ±2 | ±3 | ±4 |
| v（最粗级） | — | ±0.5 | ±1 | ±1.5 | ±2.5 | ±4 | ±6 | ±8 |

**表 3.5　倒圆半径与倒角高度尺寸的极限偏差的数值**（摘自 GB/T 1804—2000）　　　单位：mm

| 公差等级 | 尺寸分段 | | | |
|---|---|---|---|---|
| | 0.5~3 | >3~6 | >6~30 | >30 |
| f（精密级） | ±0.2 | ±0.5 | ±1 | ±2 |
| m（中等级） | ±0.2 | ±0.5 | ±1 | ±2 |
| c（粗糙级） | ±0.4 | ±1 | ±2 | ±4 |
| V（最粗级） | ±0.4 | ±1 | ±2 | ±4 |

工序中，零件的功能要求的公差比一般（未注）公差大，而工艺给出的公差更经济，应在公称尺寸后直接注出具体的极限偏差数值，如剪床下料可以根据实际情况取 $L±2$、$L_0^{+5}$、$L±3$ 等。

一般公差的线性尺寸是在保证车间加工精度的情况下加工出来的，一般可以不检验。若生产方和使用方有争议，应以从表 3.4 和表 3.5 中查得的极限偏差作为依据来进行质量仲裁。

## 3.3　尺寸公差与配合的选用

公差与配合的选择是机械设计与制造中至关重要的一环。公差与配合的选用是否恰当，对机械的使用性能和制造成本都有很大的影响，有时甚至起决定性的作用。公差与配合的选择，实质上是尺寸的精度设计。

**1. 公差与配合的选用内容**

公差与配合的选用，包括孔的偏差代号、轴的偏差代号、孔和轴的公差等级 4 个部分。

**2. 孔、轴公差带代号选择的国家标准**

根据生产实际情况，国家标准对常用尺寸段推荐了孔、轴的一般、常用和优先公差带。国家标准规定了一般、常用和优先轴公差带 116 种，如图 3.15 所示。其中方框内的 59 种为常用公差带，圆圈内的 13 种为优先公差带。同时，国家标准规定了一般、常用和优先孔公差带 105 种，如图 3.16 所示。其中方框内的 44 种为常用公差带，圆圈内的 13 种为优先公差带。

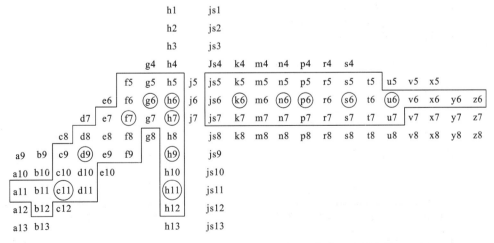

**图 3.15　尺寸≤500 mm 轴的一般、常用、优先尺寸公差带**

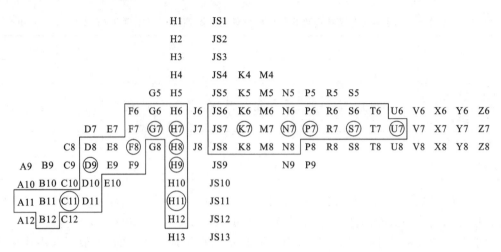

**图 3.16　尺寸≤500 mm 孔的一般、常用、优先尺寸公差带**

　　国家标准在规定孔、轴公差带选用的基础上，还规定了孔、轴公差带的组合。基孔制配合中常用配合有 59 种，如表 3.6 所示，其中涂有黑三角符号的 13 种为优先配合。基轴制配合中常用配合有 47 种，如表 3.7 所示，其中涂有黑三角符号的 13 种为优先配合。

**表 3.6　基孔制的优先、常用配合**

| 基准孔 | 轴 | | | | | | | | | | | | | | | | | | | | |
|---|---|---|---|---|---|---|---|---|---|---|---|---|---|---|---|---|---|---|---|---|---|
| | a | b | c | d | e | f | g | h | js | k | m | n | p | r | s | t | u | v | x | y | z |
| | 间隙配合 | | | | | | | | 过渡配合 | | | 过盈配合 | | | | | | | | | |
| H6 | | | | | | $\frac{H6}{f5}$ | $\frac{H6}{g5}$ | $\frac{H6}{h5}$ | $\frac{H6}{js5}$ | $\frac{H6}{k5}$ | $\frac{H6}{m5}$ | $\frac{H6}{n5}$ | $\frac{H6}{p5}$ | $\frac{H6}{r5}$ | $\frac{H6}{s5}$ | $\frac{H6}{t5}$ | | | | | |
| H7 | | | | | | $\frac{H7}{f6}$ | $\frac{H7}{g6}$ | $\frac{H7}{h6}$ | $\frac{H7}{js6}$ | $\frac{H7}{k6}$ | $\frac{H7}{m6}$ | $\frac{H7}{n6}$ | $\frac{H7}{p6}$ | $\frac{H7}{r6}$ | $\frac{H7}{s6}$ | $\frac{H7}{t6}$ | $\frac{H7}{u6}$ | $\frac{H7}{v6}$ | $\frac{H7}{x6}$ | $\frac{H7}{y6}$ | $\frac{H7}{z6}$ |
| H8 | | | | | $\frac{H8}{e7}$ | $\frac{H8}{f7}$ | $\frac{H8}{g7}$ | $\frac{H8}{h7}$ | $\frac{H8}{js7}$ | $\frac{H8}{k7}$ | $\frac{H8}{m7}$ | $\frac{H8}{n7}$ | $\frac{H8}{p7}$ | $\frac{H8}{r7}$ | $\frac{H8}{s7}$ | $\frac{H8}{t7}$ | $\frac{H8}{u7}$ | | | | |
| | | | | $\frac{H8}{d8}$ | $\frac{H8}{e8}$ | $\frac{H8}{f8}$ | | $\frac{H8}{h8}$ | | | | | | | | | | | | | |
| H9 | | | $\frac{H9}{c9}$ | $\frac{H9}{d9}$ | $\frac{H9}{e9}$ | $\frac{H9}{f9}$ | | $\frac{H9}{h9}$ | | | | | | | | | | | | | |
| H10 | | | $\frac{H10}{c10}$ | $\frac{H10}{d10}$ | | | | $\frac{H10}{h10}$ | | | | | | | | | | | | | |
| H11 | $\frac{H11}{a11}$ | $\frac{H11}{b11}$ | $\frac{H11}{c11}$ | $\frac{H11}{d11}$ | | | | $\frac{H11}{h11}$ | | | | | | | | | | | | | |
| H12 | | $\frac{H12}{b12}$ | | | | | | $\frac{H12}{h12}$ | | | | | | | | | | | | | |

注：H6/n5、H7/p6 在公称尺寸≤3 mm，H8/r7 在公称尺寸≤100 mm 时，为过渡配合。

**3. 基准制的选用原则**

　　选择基准制时，应从结构、工艺、经济几方面来综合考虑。

**表 3.7 基轴制的优先、常用配合**

| 基准轴 | 孔 | | | | | | | | | | | | | | | | | | | | |
|---|---|---|---|---|---|---|---|---|---|---|---|---|---|---|---|---|---|---|---|---|---|
| | A | B | C | D | E | F | G | H | JS | K | M | N | P | R | S | T | U | V | X | Y | Z |
| | 间隙配合 | | | | | | | | 过渡配合 | | | 过盈配合 | | | | | | | | | |
| h5 | | | | | | $\frac{F6}{h5}$ | $\frac{G6}{h5}$ | $\frac{H6}{h5}$ | $\frac{JS6}{h5}$ | $\frac{K6}{h5}$ | $\frac{M6}{h5}$ | $\frac{N6}{h5}$ | $\frac{P6}{h5}$ | $\frac{R6}{h5}$ | $\frac{S6}{h5}$ | $\frac{T6}{h5}$ | | | | | |
| h6 | | | | | | $\frac{F7}{h6}$ | $\frac{G7}{h6}$ | $\frac{H7}{h6}$ | $\frac{JS7}{h6}$ | $\frac{K7}{h6}$ | $\frac{M7}{h6}$ | $\frac{N7}{h6}$ | $\frac{P7}{h6}$ | $\frac{R7}{h6}$ | $\frac{S7}{h6}$ | $\frac{T7}{h6}$ | $\frac{U7}{h6}$ | | | | |
| h7 | | | | | $\frac{E8}{h7}$ | $\frac{F8}{h7}$ | | $\frac{H8}{h7}$ | $\frac{JS8}{h7}$ | $\frac{K8}{h7}$ | $\frac{M8}{h7}$ | $\frac{N8}{h7}$ | | | | | | | | | |
| h8 | | | | $\frac{D8}{h8}$ | $\frac{E8}{h8}$ | $\frac{F8}{h8}$ | | $\frac{H8}{h8}$ | | | | | | | | | | | | | |
| h9 | | | | $\frac{D9}{h9}$ | $\frac{E9}{h9}$ | $\frac{F9}{h9}$ | | $\frac{H9}{h9}$ | | | | | | | | | | | | | |
| h10 | | | | $\frac{D10}{h10}$ | | | | $\frac{H10}{h10}$ | | | | | | | | | | | | | |
| h11 | $\frac{A11}{h11}$ | $\frac{B11}{h11}$ | $\frac{C11}{h11}$ | $\frac{D11}{h11}$ | | | | $\frac{H11}{h11}$ | | | | | | | | | | | | | |
| h12 | | $\frac{B12}{h12}$ | | | | | | $\frac{H12}{h12}$ | | | | | | | | | | | | | |

　　(1) 一般情况下,应优先选用基孔制。因加工孔比加工轴相对要困难些,而且所用的刀、量具尺寸规格也多些,采用基孔制,可大大缩减定值刀、量具的规格和数量。只有在具有明显经济效果的情况下,如用冷拔钢直接做轴,不必对轴进行加工,或在同一公称尺寸的轴上要装配几个不同配合的零件时,才采用基轴制(见图 3.17)。从图中可以看出,活塞销分别与连杆和活塞形成配合关系,属于"一轴配多孔"的情形。如果采用基孔制,势必形成如图 3.17(b)所示的情况,尽管这种活塞销能够加工出来,但是却无法装配。显然此处采用基轴制更加合理,

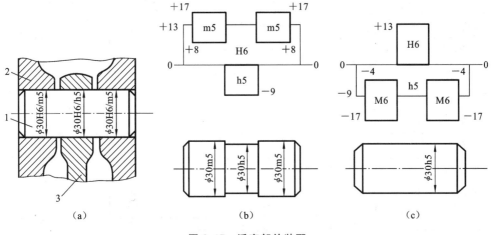

**图 3.17 活塞部件装配**

1—活塞销;2—活塞;3—连杆

如图 3.17(c)所示,先加工大批量的销轴,再加工孔与销轴配合。

(2) 与标准件配合时,基准制的选择通常依标准件而定。例如,与滚动轴承内圈配合的轴应按基孔制,与滚动轴承外圈配合的孔应按基轴制。

(3) 加工尺寸小于 1 mm 的精密轴比加工同级孔困难,在仪器制造、钟表生产、无线电工程中,常使用经过光轧成形的钢丝直接做轴,这样比较经济。

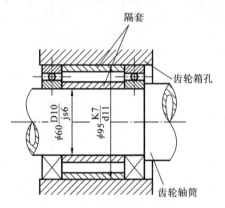

图 3.18 非基准制配合

(4) 为了满足配合的特殊需要,允许采用非基准制的孔、轴公差带组成配合,例如,C6160 车床中齿轮箱轴筒的外径根据和滚动轴承配合的要求选定为 $\phi$60js6,而隔套的作用只是隔开两个滚动轴承,作轴向定位用,为了装拆方便,它只要松套后在齿轮轴筒的外径上即可,公差等级也可选用更低的,所以隔套与齿轮轴筒的配合时,隔套的尺寸选定为 $\phi$60D10,如图 3.18 所示。

**4. 公差等级的选用原则**

选择公差等级时要考虑使用要求、制造工艺和成本之间的关系。

公差等级选用的一般原则为:在满足使用要求的前提下,尽可能选用较大的公差值即较低的公差等级。选择中应注意的问题有:① 应用范围;② 应用情况;③ 工艺方法的加工精度;④ 配合零件的精度协调;⑤ 工艺等价性;⑥ 精度要求不高的,允许相差 2～3 级。具体来讲,对于公称尺寸≤500 mm 的较高等级的配合,由于孔比同级轴加工困难,标准公差等级≤IT8时,国家标准推荐孔比轴低一级相配合;但对标准公差等级＞IT8 级或公称尺寸＞500 mm 的配合,由于孔的测量精度比轴容易保证,推荐采用同级孔、轴配合。

常用的公差等级为 IT5～IT12。表 3.8 列出了常用的加工方法能达到的公差等级,在设计、工艺及质量管理过程中参考运用。

表 3.8 常用加工方法能达到的公差等级

| 加工方法 | 公差等级 | | | | | | | | | | | | | | | | | | |
|---|---|---|---|---|---|---|---|---|---|---|---|---|---|---|---|---|---|---|---|
| | 01 | 0 | 1 | 2 | 3 | 4 | 5 | 6 | 7 | 8 | 9 | 10 | 11 | 12 | 13 | 14 | 15 | 16 | 17 | 18 |
| 研磨 | | | | | | | | | | | | | | | | | | | |
| 珩磨 | | | | | | | | | | | | | | | | | | | |
| 圆(平)磨 | | | | | | | | | | | | | | | | | | | |
| 金刚石车(镗) | | | | | | | | | | | | | | | | | | | |
| 拉削 | | | | | | | | | | | | | | | | | | | |
| 铰孔 | | | | | | | | | | | | | | | | | | | |
| 精车精镗 | | | | | | | | | | | | | | | | | | | |
| 粗车(镗) | | | | | | | | | | | | | | | | | | | |
| 铣 | | | | | | | | | | | | | | | | | | | |
| 刨、插、滚(挤)压 | | | | | | | | | | | | | | | | | | | |

续表

| 加工方法 | 公差等级 | | | | | | | | | | | | | | | | | | | |
|---|---|---|---|---|---|---|---|---|---|---|---|---|---|---|---|---|---|---|---|---|
| | 01 | 0 | 1 | 2 | 3 | 4 | 5 | 6 | 7 | 8 | 9 | 10 | 11 | 12 | 13 | 14 | 15 | 16 | 17 | 18 |
| 钻削 | | | | | | | | | | | | —— | —— | —— | —— | | | | | |
| 冲压 | | | | | | | | | | | | —— | —— | —— | —— | —— | | | | |
| 锻造 | | | | | | | | | | | | | | | | | —— | —— | | |
| 砂型(金属型)铸造 | | | | | | | | | | | | | | | | —— | —— | —— | | |
| 气割 | | | | | | | | | | | | | | | | | —— | —— | —— | |

**5. 配合的选用**

机器的质量大多取决于对其零部件所规定的配合及其技术条件是否合理,许多零件的尺寸公差,都是由配合的要求决定的。一般选用配合的方法有三种:计算法、试验法和类比法。确定了基准制之后,选择配合就是根据使用要求——配合公差(间隙或过盈)的大小,确定与基准件相配合的孔、轴的基本偏差代号,同时确定基准件及配合件的公差等级。对于间隙配合,由于基本偏差的绝对值等于最小间隙,故可按最小间隙确定基本偏差代号;对于过盈配合,在确定基准件的公差带等级后,即可按最小过盈选定配合件的基本偏差代号,并根据配合公差的要求确定孔、轴公差等级。生产实践中,一般根据经验,采用试验和类比的方法来确定。

**例 3.8**　设有一孔、轴配合,公称尺寸为 $\phi40$ mm,要求配合的间隙为 $0.025\sim0.066$ mm,试确定基准制,孔、轴公差等级和配合种类。

**解**　(1) $T_f = |X_{max} - X_{min}| = |0.066 - 0.025| = 0.041$。

(2) 设 $T_h = T_s$,因 $T_h + T_s = T_f$,故 $T_h = T_s = 0.5T_f = 0.0205$。

(3) 查表 3.1 知,当公称尺寸为 $\phi40$ mm 时,IT6=16 $\mu m$,IT7=5 $\mu m$,由于孔比同级轴加工困难,标准公差等级≤IT8 时,国家标准推荐孔比轴低一级相配合,故轴选 IT6,孔选 IT7。

(4) 无特殊要求,选用基孔制,则孔的基本偏差代号为 H7,EI=0。

(5) 由 $X_{min} = EI - es = 0.025$,代入数据得 es=$-0.025$。查表 3.3 知,轴的基本偏差代号为 f,故轴的公差带代号为 f6。

(6) 所以配合为 $\phi40 \dfrac{H7}{f6}$。

(7) 经验算知配合极限间隙在要求的范围内,故满足设计要求。

**例 3.9**　有一孔、轴配合,公称尺寸为 $\phi100$ mm,要求配合的过盈或间隙在 $-0.058\sim +0.041$ mm 范围内。试确定此配合的孔、轴公差等级,孔、轴公差带代号和配合。

**解**　(1) 确定孔、轴公差等级。由给定的条件知,孔、轴配合为过渡配合,其允许的配合公差为

$$T_f = |X_{max} - Y_{max}| = |+0.041 - (-0.048)| \text{ mm} = 0.089 \text{ mm}$$

假设孔、轴同级配合,则 $T_h = T_s = 0.5T_f = 0.0445$ mm,查表 3.1 知,44.5 $\mu m$ 介于 IT7=35 $\mu m$ 和 IT8=54 $\mu m$ 之间,在这个公差等级范围内,国家标准要求孔比轴低一级相配合,故轴取 IT7,孔取 IT8。

(2) 确定孔和轴的公差带代号。由于没有特殊要求,故选用基孔制配合。孔的基本偏差代号为 H,则孔的公差代号为 $\phi100H8$,EI=0,ES=EI+IT8=0.054 mm。根据 ES-ei≤

0.041 mm,得轴的下偏差 ei $\geqslant$ (0.054－0.041) mm＝0.013 mm,查表 3.3 知,公差带代号 m 的下偏差为 0.013 mm,正好满足要求,即轴的代号为 $\phi$100m7。则轴的 es＝ei＋IT7＝(0.013 ＋0.035) mm＝0.048mm。即选择的配合为 $\phi$100 $\dfrac{H8}{m7}$。

(3) 验算 $X_{max}$＝(0.054－0.013) mm＝0.041 mm;$Y_{max}$＝(0－0.048) mm＝－0.048 mm,因此所选的配合满足要求。

**6. 配合的标注**

1) 装配图

装配图上,除了标注联系尺寸,总体长、宽、高尺寸外,具有相互联系的配合零件之间还应该标注公差与配合关系。公差与配合的标注形式是在公称尺寸后边加注基本偏差代号和相应的公差等级数字,孔与轴以分数的形式表示,孔为分子,轴为分母,有以下三种形式。其中标注形式(2)一目了然,可以有效避免生产中查找图表,减少辅助作业时间,适合大批量生产,参看图 3.17、图 3.18。

(1) $\phi$40 $\dfrac{H7}{f6}$ 或者 $\phi$40H7/f6。

(2) $\phi$40 $\dfrac{H7(^{+0.025}_{0})}{f6(^{-0.025}_{-0.041})}$ 或者 $\phi$40H7($^{+0.025}_{0}$)/f6($^{-0.025}_{-0.041}$)。

(3) $\phi$40 $\left(\dfrac{^{+0.025}_{0}}{^{-0.025}_{-0.041}}\right)$ 或者 $\phi$40($^{+0.025}_{0}$)/($^{-0.025}_{-0.041}$)。

2) 零件图

由装配图拆画的零件图上,除了标注必需的尺寸外,重要的尺寸和配合处应该标注极限偏差、几何公差(参看第 4 章)和表面粗糙度(参看第 5 章)。重要的尺寸和配合关系处的标注形式是在公称尺寸后边加注基本偏差代号和相应的公差等级数字,孔与轴分别标注在各自的零件图上,有以下三种形式。其中标注形式(2)一目了然,可以有效避免生产中查找图表,减少辅助作业时间,适合大批量生产,参看图 3.17、图 3.18。

(1) 孔:$\phi$40H7　　轴:$\phi$40f6。

(2) 孔:$\phi$40H7($^{+0.025}_{0}$)　　轴:$\phi$40f6($^{-0.025}_{-0.041}$)。

(3) 孔:$\phi$40$^{+0.025}_{0}$　　轴:$\phi$40$^{-0.025}_{-0.041}$。

# 3.4　尺寸的检测

**1. 尺寸检测的意义**

前文提到,检测就是确定产品是否满足设计要求的过程,即判断产品合格性的过程。

检测的方法可以分为两类:定性检验和定量测试。定性检验的方法只能得到被检验对象合格与否的结论,而不能得到其具体的量值。但其检验效率高、检验成本低,因而在大批量生产中得到广泛应用。定量测试的方法是在对被检验对象进行测量后,得到其实际值并判断其是否合格的方法。零件在加工过程中的加工误差是不可避免的,故加工完成后需要对零件进行技术测量。

**2. 尺寸检测常用的工具**

常用的检测公称尺寸的工具有游标卡尺、外径千分尺、内径指示表、立式光学计等。

（1）游标卡尺：用于测量零件的长、宽、高、外径和内径尺寸。它的主要类型有三种，如图 3.19 所示。游标卡尺的应用如图 3.20 所示。游标卡尺的常用的测量范围有 0~125 mm、0~150 mm、0~300 mm、0~500 mm 等几种；分度值有 0.01 mm、0.02 mm、0.05 mm 三种，其中最常用的是 0.02 mm 的分度值。高度游标卡尺由于有可以作为基准的支承底座，常用于钳工划线及检验工装、模具质量等，其使用非常方便。游标卡尺的读数规则如图 3.21 所示。

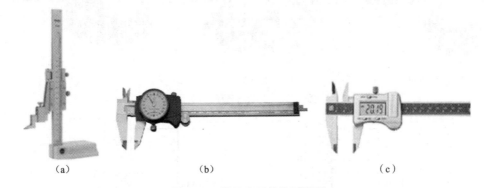

（a）　　　　　　　　　（b）　　　　　　　　　（c）

**图 3.19　游标卡尺的常用类型**

（a）普通高度游标卡尺；（b）卡尺；（c）数显游标卡尺

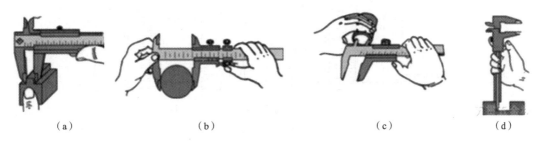

（a）　　　　　　　（b）　　　　　　　（c）　　　　　　　（d）

**图 3.20　游标卡尺的应用**

（a）测量长度；（b）测量外径；（c）测量内径；（d）测量深度

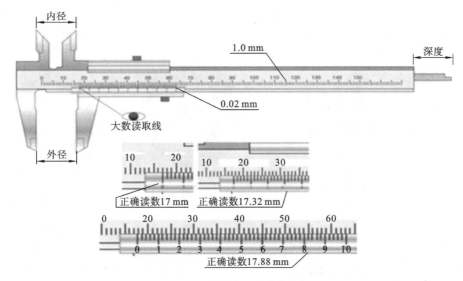

**图 3.21　游标卡尺的读数示例**

（2）外径千分尺：主要用于测量零件长、厚（宽）、外径尺寸。它的主要类型有三种，如图 3.22 所示。外径千分尺常用的测量范围有 0～25 mm、25～50 mm、…、275～300 mm 等；分度值有 0.01 mm、0.002 mm、0.001 mm 等。实际使用时，根据测量工件的精度要求选取。外径千分尺的读数如图 3.23 所示。

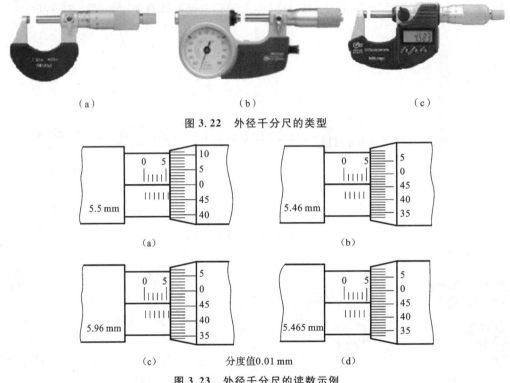

图 3.22　外径千分尺的类型

（a）　　　　　　　　　　（b）　　　　　　　　　　（c）

图 3.23　外径千分尺的读数示例

（3）内径指示表：它有普通内径指示表和数显内径指示表两种，如图 3.24 所示。其作用是用来测量内孔尺寸，尤其是深孔内径。其量程由测头决定，一般可以测量 10～450 mm 的孔内径，测量时根据不同的孔径大小选择适合的测头。其指示表常用的分度值有 0.01 mm（即百分表）和 0.001 mm（即千分表）两种，如图 3.25 所示。百分表测量读数如图 3.26 所示。

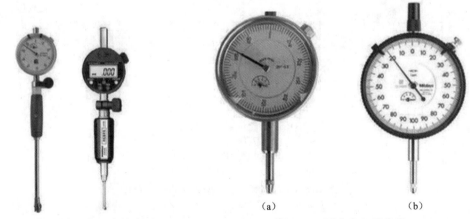

图 3.24　三爪内径指示表的类型

图 3.25　百分表与千分表

（a）百分表；（b）千分表

　　（4）立式光学计：它是一种精度较高且结构简单的常用光学计量仪器，如图 3.27 所示，按比较测量法能够测量各种工件的外尺寸。它的示值范围是 ±0.1 mm，分度值为 0.001 mm，具体测量及读数方法可参考相关操作说明。

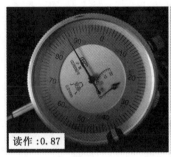

读作：0.87　　　读作：1.65

图 3.26　内径指示表测量读数示例　　　图 3.27　立式光学计

### 3. 测量仪器的选用与验收标准

1）测量仪器的选用

机械制造中，对加工完的工件进行尺寸验收包括两个内容：

（1）根据工件的公差等级确定测量器具；

（2）根据工件的公称尺寸和公差确定验收极限。

测量仪器的选用主要考虑两个方面的因素，即仪器的技术指标和经济指标，主要包括下面两点要求。

（1）按照被测工件的部位、外形尺寸选择测量仪器，使得所选的测量仪器的测量范围满足工件的要求。

（2）按照被测件的公差选择测量仪器的精度。所选的测量器具的精度必须满足被测对象的精度要求，这样才能保证测量的准确度。被测对象的精度要求主要由其公差的大小来体现。公差值越大，对测量的精度要求就越低；公差值越小，对测量的精度要求就越高。对于标准件可按照国家标准 GB/T 3177—2009 进行检测，标准规定，应使选用的测量器具的测量不确定度（常见测量仪器的测量不确定度见表 3.9、表 3.10、表 3.11）不大于其测量不确定度的允许值（见表 3.12）；对于没有标准的工件，一般情况下，所选测量器具的测量不确定度只能占被测零件尺寸公差的 1/10～1/3，精度低时取 1/10，精度高时取 1/3。所谓的测量不确定度是指测量结果中合理赋予被测量值的一个分散性参数，也就是说测量不确定度是表征被测量的真值所处量值范围的估计。由于各种测量误差的存在，采用不同的测量方法、测量器具、测量条件和不同的测量人员，其测得值的可靠性是不同的。因而引入"测量不确定度"来定量说明测量的质量。标准工件的验收国家标准规定了内缩和不内缩两种验收极限。

　　内缩方式（见图 3.28）规定：验收极限是从工件的最大实体尺寸和最小实体尺寸分别向公差带内缩一个安全裕度 A。这种验收方式用于单一要素包容要求和公差等级较高的场合。安

**表 3.9　千分尺和游标卡尺的测量不确定度**　　　　　　　　单位:mm

| 尺寸范围 | 测量器具类型 | | | |
|---|---|---|---|---|
| | 分度值为 0.01 的外径千分尺 | 分度值为 0.01 的内径千分尺 | 分度值为 0.02 的游标卡尺 | 分度值为 0.05 的游标卡尺 |
| | 测量不确定度 | | | |
| 0~50 | 0.004 | | | |
| 50~100 | 0.005 | 0.008 | | 0.050 |
| 100~150 | 0.006 | | 0.020 | |
| 150~200 | 0.007 | | | |
| 200~250 | 0.008 | 0.013 | | |
| 250~300 | 0.009 | | | |
| 300~350 | 0.010 | | | 0.100 |
| 350~400 | 0.011 | 0.020 | | |
| 400~450 | 0.012 | | | |
| 450~500 | 0.013 | 0.025 | | |
| 500~600 | | | | |
| 600~700 | | 0.030 | | |
| 700~1000 | | | | 0.150 |

注:当千分尺采用微差比较测量时,其测量不确定度可小于表列数值,约为 60%。

**表 3.10　比较仪的测量不确定度**　　　　　　　　单位:mm

| 尺寸范围 | | 所使用的测量器具 | | | |
|---|---|---|---|---|---|
| | | 分度值为 0.0005(相当于放大倍数为 2000)的比较仪 | 分度值为 0.001(相当于放大倍数为 1000)的比较仪 | 分度值为 0.002(相当于放大倍数为 500)的比较仪 | 分度值为 0.005(相当于放大倍数为 200)的比较仪 |
| 大于 | 至 | 不确定度 | | | |
| — | 25 | 0.000 6 | 0.001 0 | 0.001 7 | 0.003 0 |
| 25 | 40 | 0.000 7 | | | |
| 40 | 65 | 0.000 8 | 0.001 1 | 0.001 8 | |
| 65 | 90 | | | | |
| 90 | 115 | 0.000 9 | 0.001 2 | 0.001 9 | |
| 115 | 165 | 0.001 0 | 0.001 3 | | |
| 165 | 215 | 0.001 2 | 0.001 4 | 0.002 0 | |
| 215 | 265 | 0.001 4 | 0.001 6 | 0.002 1 | 0.003 5 |
| 265 | 315 | 0.001 6 | 0.001 7 | 0.002 2 | |

注:测量时,使用的标准器具由 4 块 4 等量块组成。

全裕度 A 是为了避免在测量工件时,由于测量误差的存在,而将尺寸已经超出公差带的零件误判为合格件而设置的一个参数。

不内缩方式规定安全裕度 A=0。验收极限为工件的最大实体尺寸和最小实体尺寸。

表 3.11　　指示表的测量不确定度　　　　　　　　　　　　　　　单位:mm

| 尺 寸 范 围 | | 所使用的测量器具 | | | |
| --- | --- | --- | --- | --- | --- |
| | | 分度值为 0.001 的千分表(0 级在全程范围内,1 级在 0.2 mm 内) 分度值为 0.002 的千分表(在 1 转范围内) | 分度值为 0.001、0.002、0.005 的千分表(1 级在全程范围内),分度值为 0.01 的百分表(0 级在任意 1 mm 内) | 分度值为 0.01 的百分表(0 级在全程范围内,1 级在任意 1 mm 内) | 分度值为 0.01 的百分表(1 级在全程范围内) |
| 大于 | 至 | 不确定度 | | | |
| | 25 | 0.005 | 0.010 | 0.018 | 0.030 |
| 25 | 40 | | | | |
| 40 | 65 | | | | |
| 65 | 90 | | | | |
| 90 | 115 | | | | |
| 115 | 165 | 0.006 | | | |
| 165 | 215 | | | | |
| 215 | 265 | | | | |
| 265 | 315 | | | | |

注:测量时,使用的标准器具由 4 块 4 等量块组成。

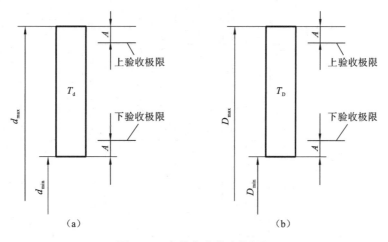

图 3.28　内缩方式的验收极限

(a) 轴的公差带;(b) 孔的公差带

2) 验收方法的确定

(1) 对采用包容要求的尺寸及公差等级较高的尺寸,采用内缩方式。

(2) 当工艺能力指数 $C_p \geq 1$($C_p = T/6\sigma$,$T$ 为工件的公差,$\sigma$ 为工件尺寸的标准偏差)时,可采用不内缩方式,但当采用包容要求时,在最大实体尺寸的一侧仍采用内缩方式。

(3) 当工件的实际尺寸服从偏态分布时,可只对尺寸偏向的一侧选用内缩方式。

(4) 对于非配合尺寸和一般公差(也叫未注公差,即图纸上未标出公差要求)尺寸,可采用非内缩方式。

**表 3.12　安全裕度 A 与测量器具的测量不确定度允许值 u₁**

单位：μm

| 公差等级 | | 6 | | | | | 7 | | | | | 8 | | | | | 9 | | | | | 10 | | | | | 11 | | | | |
|---|---|---|---|---|---|---|---|---|---|---|---|---|---|---|---|---|---|---|---|---|---|---|---|---|---|---|---|---|---|---|---|
| 公称尺寸/mm | | T | A | $u_1$ | | | T | A | $u_1$ | | | T | A | $u_1$ | | | T | A | $u_1$ | | | T | A | $u_1$ | | | T | A | $u_1$ | | |
| 大于 | 至 | | | Ⅰ | Ⅱ | Ⅲ | | | Ⅰ | Ⅱ | Ⅲ | | | Ⅰ | Ⅱ | Ⅲ | | | Ⅰ | Ⅱ | Ⅲ | | | Ⅰ | Ⅱ | Ⅲ | | | Ⅰ | Ⅱ | Ⅲ |
| — | 3 | 6 | 0.6 | 0.5 | 0.9 | 1.4 | 10 | 1.0 | 0.9 | 1.5 | 2.3 | 14 | 1.4 | 1.3 | 2.1 | 3.2 | 25 | 2.5 | 2.3 | 3.8 | 5.6 | 40 | 4.0 | 3.6 | 6.0 | 9.0 | 60 | 6.0 | 5.4 | 9.0 | 14 |
| 3 | 6 | 8 | 0.8 | 0.7 | 1.2 | 1.8 | 12 | 1.2 | 1.1 | 1.8 | 2.7 | 18 | 1.8 | 1.6 | 2.7 | 4.1 | 30 | 3.0 | 2.7 | 4.5 | 6.8 | 48 | 4.8 | 4.3 | 7.2 | 11 | 75 | 7.5 | 6.8 | 11 | 17 |
| 6 | 10 | 9 | 0.9 | 0.8 | 1.4 | 2.0 | 15 | 1.5 | 1.4 | 2.3 | 3.4 | 22 | 2.2 | 2.0 | 3.3 | 5.0 | 36 | 3.6 | 3.3 | 5.4 | 8.1 | 58 | 5.8 | 5.2 | 8.7 | 13 | 90 | 9.0 | 8.1 | 14 | 20 |
| 10 | 18 | 11 | 1.1 | 1.0 | 1.7 | 2.5 | 18 | 1.8 | 1.7 | 2.7 | 4.1 | 27 | 2.7 | 2.4 | 4.1 | 6.1 | 43 | 4.3 | 3.9 | 6.5 | 9.7 | 70 | 7.0 | 6.3 | 11 | 16 | 110 | 11 | 10 | 17 | 25 |
| 18 | 30 | 13 | 1.3 | 1.2 | 2.0 | 2.9 | 21 | 2.1 | 1.9 | 3.2 | 4.7 | 33 | 3.3 | 3.0 | 5.0 | 7.4 | 52 | 5.2 | 4.7 | 7.8 | 12 | 84 | 8.4 | 7.6 | 13 | 19 | 130 | 13 | 12 | 20 | 29 |
| 30 | 50 | 16 | 1.6 | 1.4 | 2.4 | 3.6 | 25 | 2.5 | 2.3 | 3.8 | 5.6 | 39 | 3.9 | 3.5 | 5.9 | 8.8 | 62 | 6.2 | 5.6 | 9.3 | 14 | 100 | 10 | 9.0 | 15 | 23 | 160 | 16 | 14 | 24 | 36 |
| 50 | 80 | 19 | 1.9 | 1.7 | 2.9 | 4.3 | 30 | 3.0 | 2.7 | 4.5 | 5.8 | 46 | 4.6 | 4.1 | 6.9 | 10 | 74 | 7.4 | 6.7 | 11 | 17 | 120 | 12 | 11 | 18 | 27 | 190 | 19 | 17 | 29 | 43 |
| 80 | 120 | 22 | 2.2 | 2.0 | 3.3 | 5.0 | 35 | 3.5 | 3.2 | 5.3 | 7.9 | 54 | 5.4 | 4.9 | 8.1 | 12 | 87 | 8.7 | 7.8 | 13 | 20 | 140 | 14 | 13 | 21 | 32 | 220 | 22 | 20 | 33 | 50 |
| 120 | 180 | 25 | 2.5 | 2.3 | 3.8 | 5.6 | 40 | 4.0 | 3.6 | 6.0 | 9.0 | 63 | 6.3 | 5.7 | 9.5 | 14 | 100 | 10 | 9.0 | 15 | 23 | 160 | 16 | 15 | 24 | 36 | 250 | 25 | 23 | 38 | 56 |
| 180 | 250 | 29 | 2.9 | 2.6 | 4.4 | 6.5 | 46 | 4.6 | 4.1 | 6.9 | 10 | 72 | 7.2 | 6.5 | 11 | 16 | 115 | 12 | 10 | 17 | 26 | 185 | 19 | 17 | 28 | 42 | 290 | 29 | 26 | 44 | 65 |
| 250 | 315 | 32 | 3.2 | 2.9 | 4.8 | 7.2 | 52 | 5.2 | 4.7 | 7.8 | 12 | 81 | 8.1 | 7.3 | 12 | 18 | 130 | 13 | 12 | 19 | 29 | 210 | 21 | 19 | 32 | 47 | 320 | 32 | 29 | 48 | 72 |
| 315 | 400 | 36 | 3.6 | 3.2 | 5.4 | 8.1 | 57 | 5.7 | 5.1 | 8.4 | 13 | 89 | 8.9 | 8.0 | 13 | 20 | 140 | 14 | 13 | 21 | 32 | 230 | 23 | 21 | 35 | 52 | 360 | 36 | 32 | 54 | 81 |
| 400 | 500 | 40 | 4.0 | 3.6 | 6.0 | 9.0 | 63 | 6.3 | 5.7 | 9.5 | 14 | 97 | 9.7 | 8.7 | 15 | 22 | 155 | 16 | 14 | 23 | 35 | 250 | 25 | 23 | 38 | 56 | 400 | 40 | 36 | 60 | 90 |

续表

| 公称尺寸/mm | 12 | | | | 13 | | | | 14 | | | | 15 | | | | 16 | | | | 17 | | | | 18 | | | |
|---|---|---|---|---|---|---|---|---|---|---|---|---|---|---|---|---|---|---|---|---|---|---|---|---|---|---|---|---|
| 大于～至 | T | A | $u_1$ Ⅰ | $u_1$ Ⅱ | T | A | $u_1$ Ⅰ | $u_1$ Ⅱ | T | A | $u_1$ Ⅰ | $u_1$ Ⅱ | T | A | $u_1$ Ⅰ | $u_1$ Ⅱ | T | A | $u_1$ Ⅰ | $u_1$ Ⅱ | T | A | $u_1$ Ⅰ | $u_1$ Ⅱ | T | A | $u_1$ Ⅰ | $u_1$ Ⅱ |
| —～3 | 100 | 10 | 9.0 | 15 | 140 | 14 | 13 | 21 | 250 | 25 | 23 | 38 | 400 | 40 | 36 | 60 | 600 | 60 | 54 | 90 | 1000 | 100 | 90 | 150 | 1400 | 140 | 135 | 200 |
| 3～6 | 120 | 12 | 11 | 18 | 180 | 18 | 16 | 27 | 300 | 30 | 27 | 45 | 480 | 48 | 43 | 72 | 750 | 75 | 60 | 110 | 1200 | 120 | 110 | 180 | 1600 | 180 | 160 | 250 |
| 6～10 | 150 | 15 | 14 | 23 | 220 | 22 | 20 | 33 | 360 | 36 | 32 | 54 | 580 | 58 | 52 | 87 | 900 | 90 | 80 | 140 | 1500 | 150 | 140 | 230 | 2200 | 220 | 200 | 300 |
| 10～18 | 180 | 18 | 16 | 27 | 270 | 27 | 24 | 41 | 430 | 43 | 39 | 65 | 700 | 70 | 63 | 110 | 1100 | 110 | 100 | 170 | 1800 | 180 | 160 | 270 | 2700 | 270 | 240 | 400 |
| 18～30 | 210 | 21 | 19 | 32 | 330 | 33 | 30 | 50 | 520 | 52 | 47 | 78 | 840 | 84 | 76 | 130 | 1300 | 130 | 120 | 200 | 2100 | 210 | 190 | 320 | 3300 | 330 | 300 | 450 |
| 30～50 | 250 | 25 | 23 | 38 | 390 | 39 | 35 | 59 | 620 | 62 | 55 | 93 | 1000 | 100 | 90 | 150 | 1600 | 180 | 140 | 240 | 2500 | 250 | 220 | 380 | 3900 | 390 | 350 | 500 |
| 50～80 | 300 | 30 | 27 | 45 | 460 | 46 | 41 | 69 | 740 | 74 | 67 | 110 | 1200 | 120 | 110 | 180 | 1900 | 190 | 170 | 280 | 3000 | 300 | 270 | 450 | 4600 | 400 | 410 | 600 |
| 80～120 | 350 | 35 | 32 | 53 | 540 | 54 | 49 | 81 | 870 | 87 | 78 | 130 | 1400 | 140 | 130 | 210 | 2200 | 220 | 200 | 320 | 3500 | 350 | 320 | 530 | 5400 | 540 | 480 | 700 |
| 120～180 | 400 | 40 | 36 | 60 | 630 | 63 | 57 | 95 | 1000 | 100 | 90 | 150 | 1600 | 160 | 150 | 240 | 2500 | 250 | 220 | 380 | 4000 | 400 | 360 | 600 | 6300 | 630 | 570 | 800 |
| 180～250 | 460 | 46 | 41 | 69 | 720 | 72 | 65 | 110 | 1150 | 115 | 100 | 170 | 1800 | 180 | 170 | 280 | 2900 | 290 | 250 | 440 | 4600 | 460 | 410 | 650 | 7200 | 720 | 650 | 1000 |
| 250～315 | 520 | 52 | 47 | 78 | 810 | 81 | 73 | 120 | 1300 | 130 | 120 | 190 | 2100 | 210 | 190 | 320 | 3200 | 320 | 290 | 480 | 5200 | 520 | 470 | 780 | 8100 | 810 | 730 | 1200 |
| 315～400 | 570 | 57 | 51 | 86 | 890 | 89 | 80 | 130 | 1400 | 140 | 130 | 210 | 2300 | 230 | 210 | 350 | 3600 | 360 | 320 | 540 | 5700 | 570 | 510 | 800 | 9000 | 890 | 800 | 1400 |

注：允许值 $u_1$ 分为 Ⅰ、Ⅱ、Ⅲ 三挡。一般情况下，优选 Ⅰ 挡。

**例 3.10**　被检验工件尺寸为 $\phi65e9$Ⓔ，试确定其验收极限，选择适当的测量器具。

**解**　(1) 查表 3.1 和表 3.2 并由式(3.3)计算得，$\phi65e9$ 的极限偏差为 $\phi 65^{-0.060}_{-0.134}$。

(2) 由表 3.12 知，$A=7.4\ \mu m$，测量不确定度的允许值 $u_1=6.7\ \mu m$。因工件尺寸遵守包容要求，应按照内缩方式来确定验收极限，则：上验收极限 $=(65-0.060-0.0074)\ mm=\phi64.9326\ mm$，下验收极限 $=(65-0.0134+0.0074)\ mm=\phi64.994\ mm$。

(4) 由表 3.9 知，分度值为 0.01 mm 的外径千分尺，当尺寸在 20～100 mm 范围内时，不确定度 $u_1'=0.005\ mm$。因为，$0.005\ mm<u_1=0.0067\ mm$，故满足使用要求。

**【本章主要内容及学习要求】**

本章主要介绍了机械零件孔、轴关于尺寸、公差、偏差等基本知识；孔、轴配合的性质、选用及尺寸的常用检测仪器。要求理解并掌握广义孔、轴及有关尺寸的基本术语，有关偏差和公差的概念，尺寸公差带和配合公差带及其绘制；掌握国家标准及公差等级代号、基本偏差代号、公差带代号和配合代号；了解极限与配合的选用，对公称尺寸的测量能够选用合适的测量仪器。读者应了解相关国家标准，能够合理选择并正确标注尺寸公差、配合公差。

本章涉及的标准主要有 GB/T 1800.1—2009《产品几何技术规范(GPS)　极限与配合　第 1 部分：公差、偏差和配合的基础》；GB/T 1800.2—2009《产品几何技术规范(GPS)　极限与配合　第 2 部分：标准公差等级和孔、轴极限偏差表》；GB/T 1801—2009《产品几何技术规范(GPS)　极限与配合　公差带和配合的选择》、GB/T 1803—2003《极限与配合　尺小至 18 mm 孔、轴公差带》；GB/T 1804—2000《一般公差　未注公差的线性和角度尺寸的公差》等。

# 习　题　三

3-1　判断题(在括号里填"√"和"×")

(1) 最大极限尺寸一定大于公称尺寸，最小极限尺寸一定小于公称尺寸。(　　　)

(2) 公差是指允许尺寸的变动量。(　　　)

(3) 一般以靠近零线的那个偏差作为基本偏差。(　　　)

(4) 在间隙配合中，孔的公差带都处于轴的公差带的下方。(　　　)

(5) 孔和轴的加工精度越高，其配合精度也越高。(　　　)

3-2　已知下列配合，画出其公差带图，指出其基准制、配合种类，并求出其配合的极限过盈或间隙。

(1) $\phi50H8(^{+0.033}_{0})/f7(^{-0.020}_{-0.041})$　(2) $\phi30H6(^{+0.016}_{0})/m5(^{+0.020}_{+0.009})$

3-3　利用标准公差和基本偏差表查出下列各代号的极限偏差。

(1) $\phi32d9$　(2) $\phi80p6$　(3) $\phi40C11$　(4) $\phi25Z6$　(5) $\phi140M8$

3-4　根据已知条件将表 3.13 填写完整。

表 3.13　习题 3-4 表

| 公称尺寸 | 孔 | | | 轴 | | | $X_{max}$ 或 $Y_{min}$ | $X_{min}$ 或 $Y_{max}$ | $T_f$ |
|---|---|---|---|---|---|---|---|---|---|
| | ES | EI | $T_D$ | es | ei | $T_d$ | | | |
| $\phi50$ | 0.025 | | | | | 0.016 | −0.009 | −0.050 | |

3-5　已知孔、轴的公称尺寸为 30 mm，配合的最小间隙为 20 $\mu$m ，最大间隙 55 $\mu$m ，采用基孔制配合，试确定：

（1）孔和轴的基本偏差；（2）配合公差代号；（3）画出孔和轴的公差带图。

3-6　试确定 $\phi$50P6 孔的验收极限，并选用合适的检验器具。

# 第4章 几何公差与检测

## 4.1 基 本 概 念

任何机械产品都要经过图样设计、机械加工和装配调试等过程。在加工过程中,无论加工设备如何精密、可靠,无论加工方法如何先进,都不可避免地会出现误差。除了尺寸误差外,还会存在各种形状和位置方面的误差。例如,要求直、平、圆的地方达不到理想程度,要求同轴、对称的地方达不到绝对的同轴、对称。实际加工所得到的零件形状和几何体的相互位置相对于理想的形状和位置关系存在差异,这就是几何误差(geometric error)。几何误差包括形状误差、方向误差、位置误差和跳动误差。

几何误差是不可避免的,零件在使用过程中也并不需要绝对消除这些误差,只需根据具体的功能要求,把误差控制在一定的范围内即可,有了允许的变动范围便可实现互换性生产。因此,在机械产品设计过程中,要对零件进行几何公差(geometric tolerance)设计,以保证产品质量满足所需要的性能要求。零件的几何公差在旧的公差标准体系中称为形位公差。

我国已将几何公差及几何误差的检测等实现了标准化。

**1. 几何公差的研究对象**

几何公差的研究对象是构成零件几何特征的点、线、面。这些点、线、面统称为要素。几何公差就是研究这些要素在形状方面以及相互间在方向或位置方面的精度问题。

几何要素可从以下方面进行分类。

1) 按结构特征分类

(1) 组成要素:零件轮廓上的点、线、面各要素(见图4.1),即可触及的要素。

组成要素分为提取组成要素和拟合组成要素。提取组成要素是按规定的方法,由实际(组成)要素提取有限数目的点形成的实际(组成)要素近似替代的组成要素。拟合组成要素是按规定方法,由提取组成要素形成的并具有理想形状的组成要素。

(2) 导出要素:可由组成要素导出的要素(见图4.1),如中心点、中心面。国家标准规定:轴线、中心平面用于表述理想形状的导出要素,"中心线""中心面"用于表述非理想形状的导出要素。

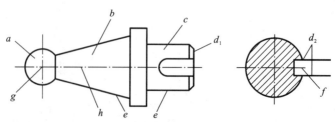

**图 4.1　组成要素和导出要素**

$a$—球面;$b$—圆锥面;$c$—圆柱面;$d_1$、$d_2$—平面;$e$—素线;$f$—中心平面;$g$—球心;$h$—轴线

　　导出要素分为提取导出要素和拟合导出要素。提取导出要素是指由一个或几个提取组成要素得到的中心点、中心线或中心面。拟合导出要素是指由一个或几个拟合组成要素得到的中心点、轴线或中心平面。

　　2）按存在状态分类

　　(1) 实际要素：零件上实际存在的要素，可以由测量出来的要素代替。

　　(2) 公称要素(理想要素)：具有几何意义的要素，是按设计要求，由图样给定的点、线、面的理想形态。它不存在任何误差，是绝对正确的几何要素。理想要素是评定实际要素的依据，在生产中是不可能得到的。

　　3）按所处地位分类

　　(1) 被测要素：指图样中给出了几何公差要求的要素，是测量的对象。如图 4.2 中 $\phi26$ 孔的轴线。

　　(2) 基准要素：指用来确定被测要素方向和位置的要素。如图 4.2 中 $\phi40$ 轴的轴线。

　　4）按功能关系分类

　　(1) 单一要素：指仅对被测要素本身有形状公差要求的要素。

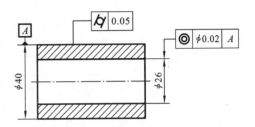

**图 4.2　基准要素和被测要素**

　　(2) 关联要素：指对零件基准要素有功能要求的要素。如图 4.2 中 $\phi26$ 孔的轴线，如相对于 $\phi40$ 轴的轴线有同轴度公差要求，则 $\phi26$ 孔的轴线属关联要素；如对 $\phi26$ 孔的轴线提出直线度要求，则 $\phi26$ 孔属于单一要素。

**2. 几何公差的特征项目及其符号**

　　国家标准 GB/T 1182—2008 规定的几何公差的特征项目分为形状公差、方向公差、位置公差和跳动公差四大类，共有 19 个项目，其中形状公差特征项目有 6 个，方向公差特征项目有 5 个，位置公差特征项目有 6 个，跳动公差特征项目有 2 个。几何公差的每个特征项目都规定了专门的符号，见表 4.1。

**表 4.1　几何公差特征项目及其符号**(摘自 GB/T 1182—2008)

| 公差类型 | 几何特征 | 符　　号 | 有无基准 |
|---|---|---|---|
| 形状公差 | 直线度 | — | 无 |
|  | 平面度 | ▱ | 无 |
|  | 圆度 | ○ | 无 |
|  | 圆柱度 | ⌭ | 无 |
|  | 线轮廓度 | ⌒ | 无 |
|  | 面轮廓度 | ⌓ | 无 |

续表

| 公差类型 | 几何特征 | 符　号 | 有无基准 |
|---|---|---|---|
| 方向公差 | 平行度 | // | 有 |
| | 垂直度 | ⊥ | 有 |
| | 倾斜度 | ∠ | 有 |
| | 线轮廓度 | ⌒ | 有 |
| | 面轮廓度 | ⌓ | 有 |
| 位置公差 | 位置度 | ⊕ | 有或无 |
| | 同心度(用于中心点) | ◎ | 有 |
| | 同轴度(用于轴线) | ◎ | 有 |
| | 对称度 | ≡ | 有 |
| | 线轮廓度 | ⌒ | 有 |
| | 面轮廓度 | ⌓ | 有 |
| 跳动公差 | 圆跳动 | ↗ | 有 |
| | 全跳动 | ↗↗ | 有 |

**3. 几何公差和几何公差带的特征**

几何公差是指实际被测要素与图样上给定的理想形状、理想位置之间的允许变动量,几何公差的公差带是用来限制实际被测要素变动的区域,是几何误差的最大允许值。只要实际被测要素完全落在给定的公差带内,就表示其形状和位置符合设计要求。除非有进一步限制要求,被测要素在公差带内可以具有任何形状、方向或处于任意位置。

几何公差带既然是一个区域,就一定具有形状、大小、方向和位置四个特征要素。

1) 公差带的形状

公差带的形状是由要素本身的特征和设计要求确定的,常用的公差带形状如图 4.3 所示。

公差带呈何种形状,取决于被测要素的形状特征、公差项目和设计要求。在某些情况下,被测要素的形状特征就决定了公差带形状。如被测要素是平面,其公差带只能是两平行平面。在多数情况下,除被测要素的特征外,设计要求对公差带形状起着重要的决定性作用。如对于轴线,其公差带可以是两平行直线、两平行平面或圆柱面,具体情况视设计时给出的要求而定。有时,几何公差的项目就已决定了几何公差带的形状。如同轴度,由于零件孔或轴的轴线是空间直线,同轴度要求公差带只有圆柱形一种。

2) 公差带的大小

公差带的大小取决于公差标注中公差值的大小,是指允许实际要素变动的全量,其大小表

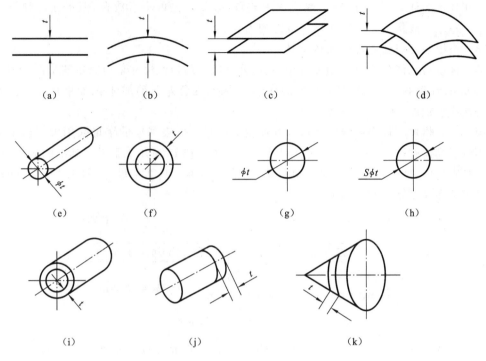

**图 4.3　几何公差带的主要形状**

(a) 两平行直线；(b) 两等距曲线；(c) 两平行平面；(d) 两等距曲面；(e) 圆柱面；(f) 两同心圆；

(g) 一个圆；(h) 一个球；(i) 两同心圆柱面；(j) 一段圆柱面；(k) 一段圆锥面

明形状位置精度的高低。按公差带形状的不同,公差值可以是指公差带的宽度或直径,这取决于被测要素的形状和设计的要求,设计时可在公差值前加或不加符号 $\phi$ 以示区别。

3) 公差带的方向

在评定几何误差时,形状公差带大小和方向、位置公差带的放置方向直接影响到误差评定的正确性。

对于形状公差带,其放置方向应符合最小条件(见 4.2 节)。对于方向位置公差带,由于其控制的是方向,故其放置方向要与基准要素成绝对理想的方向关系,即平行、垂直或理论准确的其他角度关系。对于位置公差,除点的位置度公差外,其他控制位置的公差带都有方向问题,其放置方向由相对于基准的理论正确尺寸来确定。

4) 公差带的位置

(1) 形状公差带只用来限制被测要素的形状误差,对公差带本身不做位置要求,实际上,只要求形状公差带在尺寸公差带内即可,允许其在公差带范围内任意浮动。

(2) 方向公差带强调的是相对于基准的方向关系,其对实际要素的位置是不做控制的,实际要素的位置由相对于基准的尺寸公差或理论正确尺寸控制。

(3) 位置公差带强调的是相对于基准的位置关系,其必包含方向,公差带的位置由相对于基准的理论正确尺寸确定,公差带位置是完全固定的。

**4. 几何公差框格和基准符号**

1) 公差框格及填写的内容

几何公差在图样上用框格的形式标注。如图 4.4 所示,几何公差框格由 2～5 个矩形框格组成。在技术图样上,公差框格一般应水平放置,必要时也可垂直放置,但不允许倾斜放置。框格中从左至右或从下到上依次填写规定的内容。

第1格填写几何公差特征项目符号。

第2格填写几何公差值及相关符号,几何公差值是用线性尺寸单位表示的量值,公差值的单位为 mm,省略不写。如果是圆形或圆柱形公差带,在公差值前加注 $\phi$,如果是球形公差带,则在公差值前加注 $S\phi$。

第3、4、5格填写代表基准的字母和其他相关符号。代表基准的字母采用大写拉丁字母,为了不致引起误解,规定不得采用 E、F、I、J、L、M、O、P 和 R 等九个字母。基准的顺序在公差框格中是固定的,即从第3格起依次填写第一、第二和第三基准字母(见图4.4),基准的顺序与基准字母在拉丁字母表中的顺序无关。

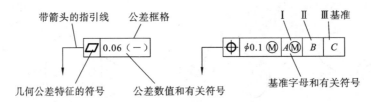

图 4.4    几何公差框格示例

除项目的特征符号外,如果需要限制被测要素在公差带内的形状,或有关于公差带的其他说明,则应在公差值后或框格上、下加注相应的符号,如表4.2所列。

表 4.2    几何公差的附加符号(摘自 GB/T 1182—2008)

| 符    号 | 说    明 | 符    号 | 说    明 |
|---|---|---|---|
| | 被测要素 | LE | 线素 |
| $\boxed{A}$    $\boxed{A}$ | 基准要素 | CZ | 公共公差带 |
| $\boxed{50}$ | 理论正确尺寸 | LD | 小径 |
| Ⓟ | 延伸公差带 | MD | 大径 |
| Ⓔ | 包容要求 | NC | 不凸起 |
| Ⓜ | 最大实体要求 | | 全周(轮廓) |
| Ⓛ | 最小实体要求 | PD | 中径、节径 |
| Ⓕ | 自由状态条件(非刚性零件) | ACS | 任意横截面 |

2)指引线

公差框格用指引线与被测要素联系起来,指引线由细实线和箭头构成,它从公差框格的一端引出,并与公差框格端线保持垂直,但不能自框格两端同时引出。引向被测要素时指引线允许弯折,但一般不得多于两次,如图 4.5 所示。

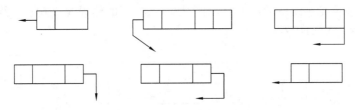

**图 4.5　指引线的标注方法**

指引线的箭头应指向公差带的宽度方向或直径方向,如图 4.6 所示。公差带的宽度方向为被测要素的法向(另有说明的除外)。圆度公差带的宽度应在垂直于公称轴线的平面内确定。

3) 基准符号与基准代号

与被测要素相关的基准用一个大写字母表示。字母标注在基准方格内,基准方格与一个涂黑的或空白的三角形相连以表示基准,如图 4.7 所示;表示基准的字母还应标注在公差框格内。涂黑的和空白的基准三角形含义相同。基准符号和字母都应水平书写。

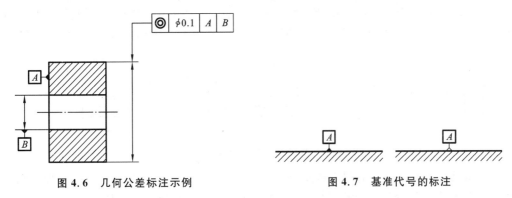

**图 4.6　几何公差标注示例**　　　　　**图 4.7　基准代号的标注**

无基准要素标注示例如图 4.8(a)所示;以单个要素作基准时,用一个大写字母表示,如 $A,B,C,\cdots$,如图 4.8(b)所示;以两个或三个基准建立基准体系(即采用多基准)时,表示基准的大写字母按基准的优先顺序自左至右填写在各框格内,如图 4.8(c)所示;以两个要素建立公共基准时,公共基准名称由组成公共基准的两基准名称字母在中间加一横线组成,如图 4.8 (d)所示。

**图 4.8　基准字母的标注方式**

(a) 无基准要素;(b) 单一基准要素;(c) 三基准要素;(d) 公共基准要素

无基准要素在表示直线度、平面度、圆度、圆柱度时使用;单一基准要素在表示平行度、垂直度、对称度时使用;三基准要素在表示位置度时使用;公共基准要素在表示同轴度时使用。

**5. 几何公差的标注方法**

1) 被测要素的标注方法

标注被测要素时,要特别注意公差框格的指引线箭头所指的位置和方向,箭头的位置和方向不同将有不同的公差要求解释,因此,要严格按国家标准的规定进行标注。

(1) 当公差涉及轮廓线或轮廓面时,箭头指向该要素的轮廓线或其延长线,且必须与尺寸线明显错开,如图 4.9(a)所示。

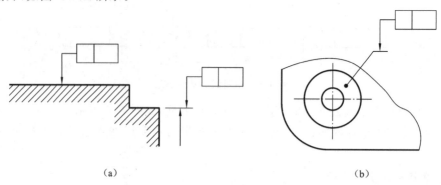

(a)　　　　　　　　　　　　　　　　　　　(b)

**图 4.9　被测要素为组成要素时的标注**

(2) 箭头也可指向引出线的水平线。对视图中的一个面提出几何公差要求,有时可在该面上用一小黑点引出参考线,公差框格的指引线箭头则指在参考线上,如图 4.9(b)所示。

(3) 当被测要素为中心点、中心线、中心面时,指引线的箭头应对准尺寸线,即与尺寸线的延长线重合,如图 4.10 所示。若指引线的箭头与尺寸线的箭头方向一致,可合并为一个。

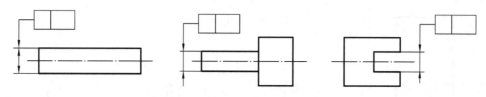

**图 4.10　被测要素为中心要素时的标注**

(4) 如果给出的公差仅适用于被测要素的某一指定局部,应采用粗点画线示出该局部的范围并加注大小和位置尺寸,指引线箭头应指在粗点画线上,如图 4.11 所示。

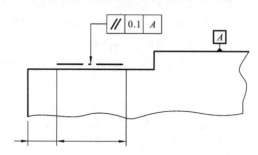

**图 4.11　被测要素为局部要素时的标注**

(5) 当某项公差应用于几个相同要素时,应在公差框格的上方、被测要素的尺寸之前注明要素的个数,并在两者之间加上符号"×",如图 4.12 所示。

(6) 如果需要就某个要素给出几种几何特征的公差,其标注方法又一致时,可将一个公差框格放在另一个的下面,如图 4.13 所示。

(7) 一个公差框格可以用于相同几何特征和公差数值的若干个分离要素,如图 4.14 所示;若干个分离要素给出单一公差带时,可在公差框格内公差值的后面加注公差带的符号 CZ,如图 4.15 所示。加注符号 CZ 表示保证这些要素共面或共线,若没有符号 CZ 则只表明用同一数值、形状的公差带,不须实现共面控制。

(a)　　　　　　　(b)

**图 4.12　被测要素数量的标注**

**图 4.13　几种公差标注方法一致时的标注示例**

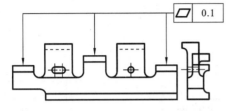

**图 4.14　几处用同一公差框格时的标注**

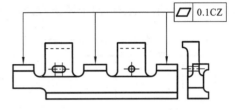

**图 4.15　公共公差带的标注**

2) 基准要素的标注方法

基准要素在图样上的表达方式如下所述。

(1) 当基准要素是轮廓线或轮廓面时,基准三角形放置在要素的轮廓线或其延长线上,并与尺寸线明显错开,如图 4.16(a)所示。当受到图形限制,基准代号必须注在某个面上时,基准三角形也可放置在该轮廓面引出线的水平线上,图 4.16(b)应为环形表面。

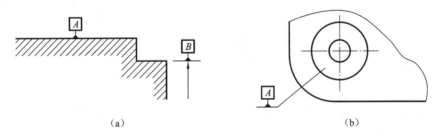

(a)　　　　　　　　　　　　　　　　　(b)

**图 4.16　轮廓基准要素**

(2) 当基准要素是由尺寸要素确定的轴线、中心平面或中心点时,基准三角形应放置在该尺寸线的延长线上,如图 4.17(a)~(c)所示。如果没有足够的位置标注基准要素尺寸的两个尺寸箭头,则其中一个箭头可用基准三角形代替,如图 4.17(b)和图 4.17(c)所示。

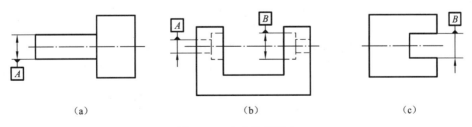

(a)　　　　　　　　　　(b)　　　　　　　　　　(c)

**图 4.17　中心基准要素**

(3) 如果只以基准要素的某一局部作基准,则应用粗点画线示出该部分,并标注相应的范围和位置尺寸,如图 4.18 所示。

3) 特殊表示方法

(1) 部分长度上的公差值标注。

由于功能要求,需要对整个被测要素上任意限定范围标注同样几何特征的公差时,可在公差值的后面加注限定范围的线性尺寸值,并在两者之间用斜线隔开。

对部分长度要求几何公差时的标注方法如图 4.19(a)所示。图 4.19(a)表示每 200 mm 的长度上,直线度公差值为 0.05 mm。即要求在被测要素整个范围内的任一个 200 mm 长度均应满足此要求。

如在部分长度内控制几何公差的同时,还需要控制整个范围内的几何公差值,其表示方法如图 4.19(b)所示。此时,两个要求应同时满足。

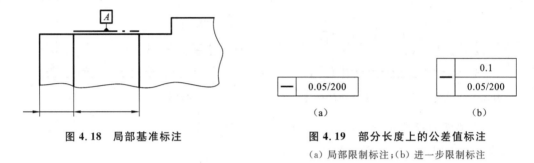

图 4.18 局部基准标注    图 4.19 部分长度上的公差值标注

(a)局部限制标注;(b)进一步限制标注

(2)螺纹、花键、齿轮的标注。

以螺纹轴线作为被测要素或基准要素时,默认以螺纹中径圆柱的轴线为基准要素,否则应另做说明。如指大径轴线,则应在公差框格下部加注大径代号"MD",如图 4.20(a)所示;小径代号则为"LD",如图 4.20(b)所示。

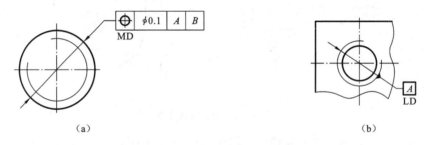

图 4.20 螺纹的几何公差标注

以齿轮和花键轴线为被测要素或基准要素时,需要说明所指的要素,如用"PD"表示节径,用"MD"表示大径,用"LD"表示小径。

(3)全周符号的标注。

对于所指为横截面周边的所有轮廓线或所有轮廓面的几何公差要求时,可在公差框格指引线的弯折处加注"全周"符号,如图 4.21 所示。图 4.21(a)为线轮廓度要求,图 4.21(b)为面

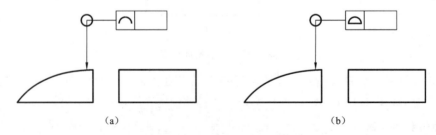

图 4.21 轮廓全周符号标注

轮廓度要求。"全周"并不包括整个工件的所有表面,只包括由轮廓和公差标注所表示的各个表面。

## 4.2　形状公差与误差

**1. 形状公差和公差带**

形状公差(shape tolerance)是指单一实际要素的形状所允许的变动全量。形状公差带是限制实际被测要素形状变动的一个区域。形状公差带的定义、标注及解释见表 4.3。

表 4.3　形状公差带的定义、标注和解释

| 符号 | 公差带的定义 | 标注及解释 |
|---|---|---|
| | 直线度公差 | |

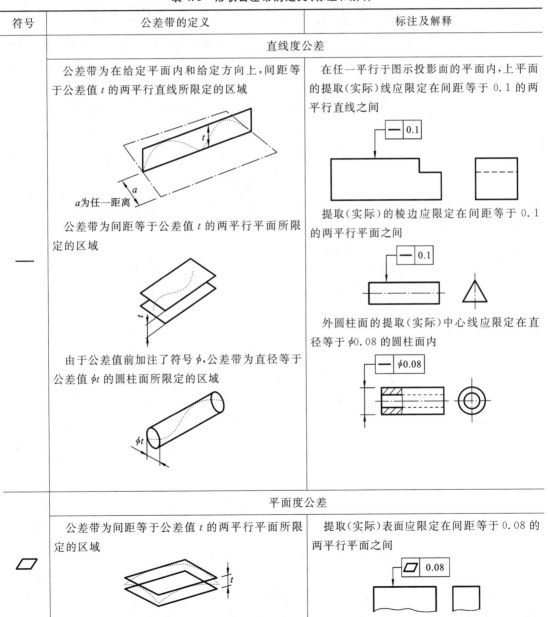

| 符号 | 公差带的定义 | 标注及解释 |
|---|---|---|
| ⬥ | 平面度公差 | |

| 符号 | 公差带的定义 | 标注及解释 |
|------|------------|-----------|
| | 圆度公差 | |
| ○ | 公差带为在给定横截面内、半径差等于公差值 $t$ 的两同心圆所限定的区域 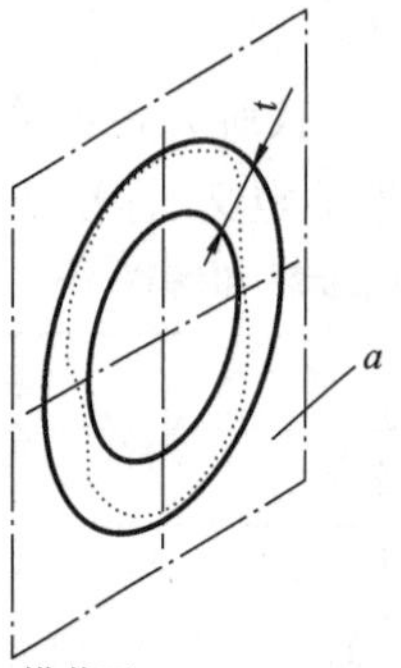<br><br><br><br>$a$为任一横截面 | 在圆柱面和圆锥面的任意横截面内，提取（实际）圆周应限定在半径差等于 0.03 的两共面同心圆之间 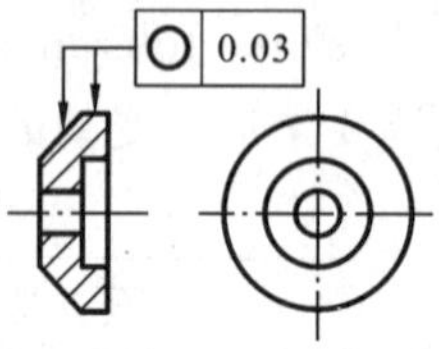<br><br><br><br>在圆锥面的任意横截面内，提取（实际）圆周应限定在半径差等于 0.1 的两圆心圆之间 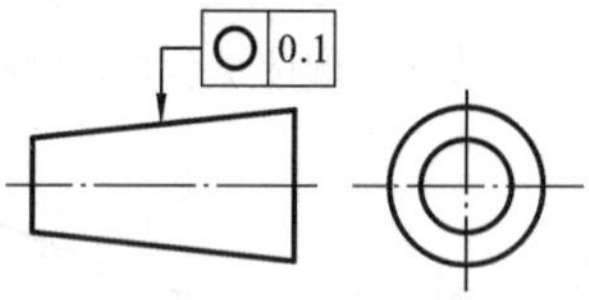<br><br><br><br>注：提取圆周的定义尚未标准化。 |
| | 圆柱度公差 | |
| ⌭ | 公差带为半径差等于公差值 $t$ 的两同轴圆柱面所限定的区域 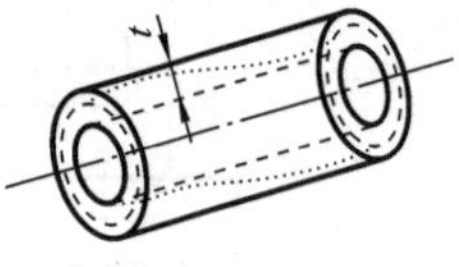<br><br> | 提取（实际）圆柱面应限定在半径差等于 0.1 的两同轴圆柱面之间 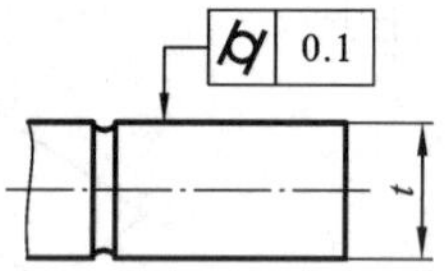<br><br> |

### 2. 轮廓度公差和公差带

轮廓度公差有线轮廓度公差和面轮廓度公差，均分为有基准和无基准两种情况。轮廓度公差无基准要求时为形状公差，有基准要求时为方向公差或位置公差。轮廓度公差带的定义、标注及解释见表 4.4。

### 3. 形状误差及其评定

几何误差是指被测实际要素对其理想要素的变动量。若几何误差值小于或等于相应的几何公差值，则认为被测要素合格。

形状误差是被测提取（实际）要素的形状对其拟合（理想）要素的变动量。当被测提取要素与拟合要素进行比较时，由于拟合要素所处的位置不同，得到的最大变动量也会不同。为了正确和统一地评定形状误差，必须明确拟合要素的位置，即规定形状误差的评定原则。

国家标准规定，最小条件是评定形状误差的基本原则。最小条件是指被测提取要素对其拟合要素的最大变动量为最小。如图 4.22(a)所示，评定给定平面内的直线度误差时，理想直线可能的方向为 $A_1$-$B_1$、$A_2$-$B_2$、$A_3$-$B_3$，相应评定的直线度误差值分别为 $f_1$、$f_2$、$f_3$。显然 $f_1 < f_3 < f_2$，理想直线应选择符合最小条件的方向 $A_1$-$B_1$，$f_1$ 即为实际被测直线的直线度误差值。

表 4.4  轮廓度公差带的定义、标注和解释

| 符号 | 公差带的定义 | 标注及解释 |
|---|---|---|
| | 无基准的线轮廓度公差 | |
| | 公差带为直径等于公差值 $t$、圆心位于具有理论正确几何形状上的一系列圆的两包络线所限定的区域<br><br>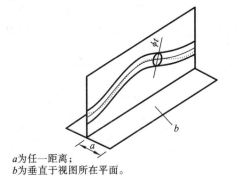<br><br>$a$ 为任一距离；<br>$b$ 为垂直于视图所在平面。 | 在任一平行于图示投影面的截面内，提取（实际）轮廓线应限定在直径等于 0.04、圆心位于被测要素理论正确几何形状上的一系列圆的两包络线之间<br><br>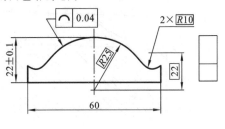 |
| | 相对于基准体系的线轮廓度公差 | |
| | 公差带为直径等于公差值 $t$、圆心位于由基准平面 $A$ 和基准平面 $B$ 确定的被测要素理论正确几何形状上的一系列圆的两包络线所限定的区域<br><br>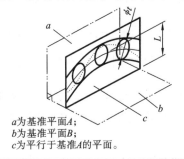<br><br>$a$ 为基准平面 $A$；<br>$b$ 为基准平面 $B$；<br>$c$ 为平行于基准 $A$ 的平面。 | 在任一平行于图示投影平面的截面内，提取（实际）轮廓线应限定在直径等于 0.04、圆心位于由基准平面 $A$ 和基准平面 $B$ 确定的被测要素理论正确几何形状上的一系列圆的两等距包络线之间<br><br>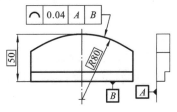 |
| | 面轮廓度公差 | |
| | 公差带为直径等于公差值 $t$、球心位于被测要素理论正确形状上的一系列圆球的两包络面所限定的区域<br><br>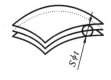 | 提取（实际）轮廓面应限定在直径等于 0.02、球心位于被测要素理论正确几何形状上的一系列圆球的两等距包络面之间<br><br>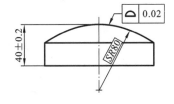 |

　　评定形状误差时，按最小条件的要求，形状误差值用最小包容区域的宽度或直径来表示。所谓最小包容区域，是指包容实际被测要素时具有最小宽度或直径的包容区域。各个形状误差项目最小包容区域的形状分别与各自的公差带形状相同，但最小包容区域的宽度或直径则由实际被测要素本身决定。此外，在满足零件功能要求的前提下，也允许采用其他方法来评定

形状误差值。

1) 直线度误差值的评定

直线度误差值用最小包容区域法来评定。包容区域为两条平行直线时,实际被测直线上至少与包容直线有高、低相间三点分别接触,这称为"相间准则",这两条平行直线之间的区域即为最小包容区域,该区域的宽度 $f$ 即为符合定义的直线度误差值,如图 4.22(b)所示。

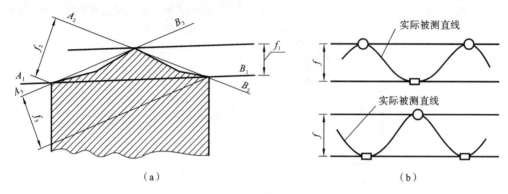

图 4.22　直线度最小条件和最小包容区域

(a) 最小条件;(b) 相间准则

包容区域为两条平行直线时,直线度误差值还可以用两端点连线法来评定。

包容区域为两平行平面和圆柱面的误差评定,可参考相关国家标准。

2) 平面度误差值的评定

平面度误差值用最小包容区域法来评定。如图 4.23 所示,由两个平行平面包容实际被测平面时,实际被测平面上至少有三点或者四点分别与这两个平行平面接触,且具有下列形式之一:

(1) 至少有三个极高(低)点与一个平面接触,有一个极低(高)点与另一个平面接触,并且这一个极点的投影落在上述三个极点连成的三角形内,这称为"三角形准则",如图 4.23(a)所示;

(2)至少有两个极高点和两个极低点分别与这两个平行平面接触,并且极高点连线与极低点连线在包容平面上的投影相交,这称为"交叉准则",如图 4.23(b)所示;

(3) 两平行包容平面与实际被测表面的接触点为高低相间的三点,且它们在包容平面上的投影位于同一直线上,这称为"直线准则",如图 4.23(c)所示,这两个平行平面之间的区域即为最小包容区域,该区域的宽度即为符合定义的平面度误差值。

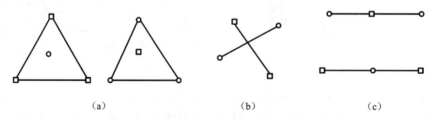

图 4.23　平面度误差最小包容区域判别准则

(a) 三角形准则;(b) 交叉准则;(c) 直线准则

平面度误差值的评定方法还有三点法和对角线法。三点法以实际被测平面上任意选定的三点所形成的平面作为评定基准,并以平行于此基准平面的两包容平面之间的最小距离作为平面度误差值;对角线法以通过实际被测平面一条对角线的两端点连线,且平行于另一条对角线的两端点连线的平面作为评定基准,并以平行于此基准平面的两包容平面之间的最小距离作为平面度误差值。

　　3) 圆度误差值的评定

　　圆度误差值用最小包容区域法来评定。如图 4.24 所示,由两个同心圆包容实际被测圆时,实际被测圆上至少有四个极点内、外相间与这两个同心圆接触,则这两个同心圆之间的区域即为最小包容区域,该区域的宽度 $f$ 即这两个同心圆的半径差就是符合定义的圆度误差值。

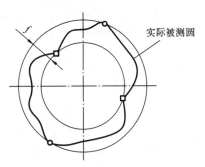

图 4.24　圆度误差最小包容区域判别准则

　　圆度误差值还可以用最小二乘法、最小外接圆法或最大内接圆法来评定。

　　4) 圆柱度误差值的评定

　　圆柱度误差值可按最小包容区域法评定,即作半径差为最小的两同轴圆柱面包容实际被测圆柱面,构成最小包容区域,最小包容区域的径向宽度即为符合定义的圆柱度误差值。但是按最小包容区域法评定圆柱度误差值比较麻烦,通常采用近似法评定。

　　采用近似法评定圆柱度误差值,是将测得的实际轮廓投影于与测量轴线相垂直平面上,然后按评定圆度误差值的方法,用透明模板上的同心圆去包容实际轮廓的投影,并使其构成最小包容区域,即内、外同心圆与实际轮廓线投影至少有四点接触,内、外同心圆的半径差即为圆柱度误差值,显然,这样的内、外同心圆是假定的共轴圆柱面,而所构成的最小包容区域的轴线又与测量基准轴线的方向一致,因而评定的圆柱度误差值略有增大。

　　**例 4.1**　用合像水平仪测量一窄长平面的直线度误差,仪器的分度值为 0.01 mm/m,选用的板桥节距 $L=165$ mm,测量记录数据见表 4.5,要求用作图法求被测平面的直线度误差。

　　**解**　表 4.5 中相对值为 $a_c - a_i$,$a_i$ 为读数值,$a_c$ 可取任意数,但要有利于数字的简化,以便作图,本例取 $a_c = 497$ 格,累计值为将各点相对值顺序累加所得的值。

表 4.5　测量读数值

| 测点序号 | 0 | 1 | 2 | 3 | 4 | 5 |
|---|---|---|---|---|---|---|
| 读数值/格 | — | 497 | 495 | 496 | 495 | 499 |
| 相对值/格 | 0 | 0 | +2 | +1 | +2 | −2 |
| 累计值/格 | 0 | 0 | +2 | +3 | +5 | +3 |

　　作图方法如下。

　　以 0 点为原点,累计值(格数)为纵坐标 $y$,被测点到 0 点的距离为横坐标 $x$,按适当的比例建立直角坐标系。根据各测点对应的累计值在坐标上描点,将各点依次用直线连接起来,即得误差折线,如图 4.25 所示。

　　(1) 用两端点的连线法评定误差值(见图 4.25(a))。以折线首尾两点的连线作为评定基准(理想要素),折线上最高点和最低点到该连线的 $y$ 坐标绝对值之和就是直线度误差的格数,即

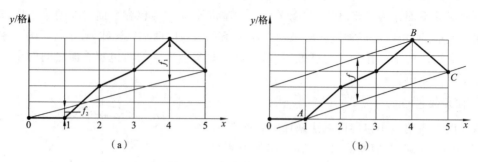

**图 4.25　直线度误差的评定**

$$f_{端}=(f_1+f_2)\times0.01\times L=(2.5+0.6)\times0.01\times165\ \mu m\approx5.1\ \mu m$$

（2）用最小包容区域法评定误差值（见图 4.25（b））。两平行包容直线与误差图形的接触状态需符合相间准则（即符合"两高夹一低"或"两低夹一高"的判断准则）。显然，在图 4.25（b）中，$A$、$C$ 点属最低点，$B$ 点为夹在 $A$、$C$ 点间的最高点，故 $AC$ 连线和过 $B$ 点且平行于 $AC$ 连线的直线是符合相间准则的两平行包容直线，两平行线沿纵坐标方向的距离为 2.8 格，故按最小包容区域法评定的直线度误差为：

$$f_{包}=2.8\times0.01\times165\ \mu m\approx4.6\ \mu m$$

一般情况下，两端点连线法的评定结果大于最小包容区域法，即 $f_{端}>f_{包}$，只有当误差图形位于两端点连线的一侧时，两种方法的评定结果才相同。但按 GB/T 1958—2004 的规定，有时允许用两端点连线法来评定直线度误差，如发生争议，则以最小包容区域法来仲裁。

## 4.3　方向、位置、跳动公差与误差

### 1. 方向公差和公差带

方向公差（orientation tolerance）是关联提取要素对基准在方向上允许的变动量。方向公差有平行度、垂直度和倾斜度三项，它们都有面对面、线对面和线对线几种情况。典型的方向公差带定义、标注及解释见表 4.6。

**表 4.6　方向公差带定义、标注及解释**

| 符号 | 公差带的定义 | 标注及解释 |
|---|---|---|
| | 平行度公差 | |
| | 线对基准体系的平行度公差 | |
| // | 公差带为间距等于公差值 $t$、平行于两基准的两平行平面所限定的区域　$a$为基准轴线；$b$为基准平面。 | 提取（实际）中心线应限定在间距等于 0.1、平行于基准轴线 $A$ 和基准平面 $B$ 的两平行平面之间 |

续表

| 符号 | 公差带的定义 | 标注及解释 |
|---|---|---|
| | | |

平行度公差

线对基准体系的平行度公差

<table>
<tr><td>公差带为间距等于公差值 $t$、平行于基准轴线 $A$ 且垂直于基准平面 $B$ 的两平行平面所限定的区域<br>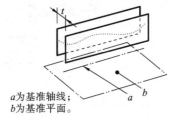<br>$a$为基准轴线；<br>$b$为基准平面。</td><td>提取(实际)中心线应限定在间距等于 0.1、平行于基准轴线 $A$ 且垂直于基准平面 $B$ 的两平行平面之间<br>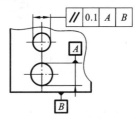</td></tr>
<tr><td>公差带为平行于基准轴线和平行或垂直于基准平面、间距分别等于公差值 $t_1$ 和 $t_2$，且相互垂直的两组平行平面所限定的区域<br>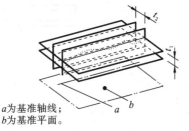<br>$a$为基准轴线；<br>$b$为基准平面。</td><td>提取(实际)中心线应限定在平行于基准轴线 $A$ 和平行或垂直于基准平面 $B$，间距分别等于公差值 0.1 和 0.2，且相互垂直的两组平行平面之间<br>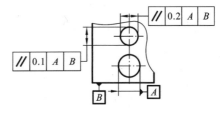</td></tr>
</table>

线对基准线的平行度公差

<table>
<tr><td>若公差值前加注了符号 $\phi$，公差带为平行于基准轴线、直径等于公差值 $\phi t$ 的圆柱面所限定的区域<br>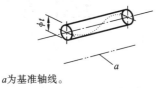<br>$a$为基准轴线。</td><td>提取(实际)中心线应限定在平行于基准轴线 $A$、直径等于 $\phi0.03$ 的圆柱面内<br>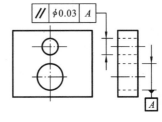</td></tr>
</table>

线对基准面的平行度公差

<table>
<tr><td>公差带为平行于基准平面、间距等于公差值 $t$ 的两平行平面所限定的区域<br>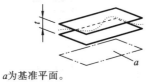<br>$a$为基准平面。</td><td>提取(实际)中心线应限定在平行于基准平面 $B$、间距等于 0.01 的两平行平面之间<br>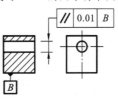</td></tr>
</table>

| 符号 | 公差带的定义 | 标注及解释 |
|---|---|---|
| **//** | 平行度公差 | |
| | 面对基准线的平行度公差 | |
| | 公差带为间距等于公差值 $t$、平行于基准轴线的两平行平面所限定的区域<br><br>$a$为基准轴线。 | 提取(实际)表面应限定在间距等于0.1、平行于基准轴线 $C$ 的两平行平面之间<br> |
| | 面对基准面的平行度公差 | |
| | 公差带为间距等于公差值 $t$、平行于基准平面的两平行平面所限定的区域<br><br>$a$为基准平面。 | 提取(实际)表面应限定在间距等于0.01、平行于基准 $D$ 的两平行平面之间<br> |
| **⊥** | 垂直度公差 | |
| | 线对基准线的垂直度公差 | |
| | 公差带为间距等于公差值 $t$、垂直于基准线的两平行平面所限定的区域<br><br>$a$为基准线。 | 提取(实际)中心线应限定在间距等于0.06、垂直于基准轴线 $A$ 的两平行平面之间<br> |
| | 线对基准面的垂直度公差 | |
| | 若公差值前加注符号 $\phi$,公差带为直径等于公差值 $\phi t$、轴线垂直于基准平面的圆柱面所限定的区域<br><br>$a$为基准平面。 | 圆柱面的提取(实际)中心线应限定在直径等于 $\phi0.01$、垂直于基准平面 $A$ 的圆柱面内<br> |

续表

| 符号 | 公差带的定义 | 标注及解释 |
|---|---|---|
| ⊥ | 面对基准线的垂直度公差 <br>公差带为间距等于公差值 $t$ 且垂直于基准轴线的两平行平面所限定的区域<br>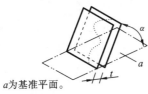<br>$a$为基准轴线。 | 提取(实际)表面应限定在间距等于 0.08 的两平行平面之间。两平行平面垂直于基准轴线 $A$<br>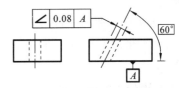 |
| ∠ | 线对基准面的倾斜度公差 <br>公差带为间距等于公差值 $t$ 的两平行平面所限定的区域。该两平行平面按给定角度倾斜于基准平面<br>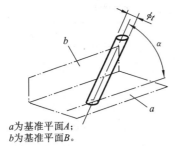<br>$a$为基准平面。<br><br>公差值前加注符号 $\phi$,公差带为直径等于公差值 $\phi t$ 的圆柱面所限定的区域。该圆柱面公差带的轴线按给定角度倾斜于基准平面 $A$ 且平行于基准平面 $B$<br><br>$a$为基准平面$A$;<br>$b$为基准平面$B$。 | 提取(实际)中心线应限定在间距等于 0.08 的两平行平面之间。该两平行平面按理论正确角度 $60°$ 倾斜于基准平面 $A$<br>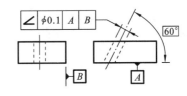<br>提取(实际)中心线应限定在直径等于 $\phi 0.1$ 的圆柱面内。该圆柱面的中心线按理论正确角度 $60°$ 倾斜于基准平面 $A$ 且平行于基准平面 $B$<br> |
| | 面对基准线的倾斜度公差 <br>公差带为间距等于公差值 $t$ 的两平行平面所限定的区域。该两平行平面按给定角度倾斜于基准直线<br>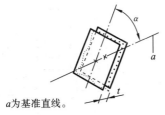<br>$a$为基准直线。 | 提取(实际)表面应限定在间距等于 0.1 的两平行平面之间。该两平行平面按理论正确角度 $75°$ 倾斜于基准轴线 $A$<br>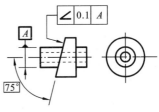 |

续表

| 符号 | 公差带的定义 | 标注及解释 |
|---|---|---|
| | 面对基准面的倾斜度公差 | |
| ∠ | 公差带为间距等于公差值 t 的两平行平面所限定的区域。该两平行平面按给定角度倾斜于基准平面 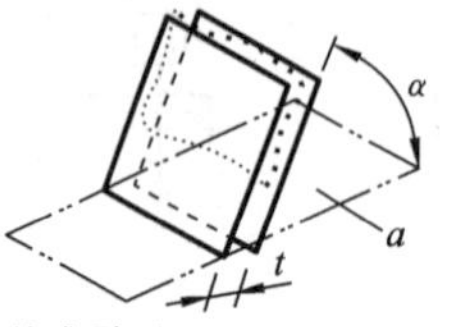<br><br>a为基准平面。 | 提取(实际)表面应限定在间距等于 0.08 的两平行平面之间。该两平行平面按理论正确角度 40°倾斜于基准平面 A 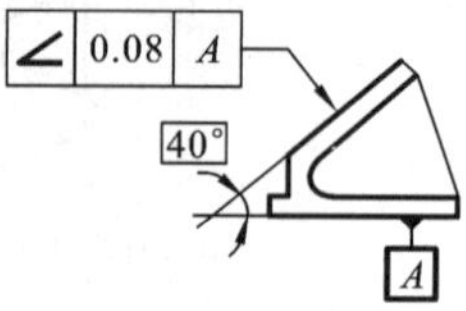<br> |

方向公差带特点如下。

（1）方向公差用来控制被测要素相对于基准保持一定的方向（夹角为 0°、90°或任意理论正确角度）。

（2）方向公差带具有综合控制方向误差和形状误差的能力。因此，在保证功能要求的前提下，对同一被测要素给出方向公差后，不需再给出形状公差，除非对它的形状精度提出进一步要求。

**2. 位置公差和公差带**

位置公差（position tolerance）是关联提取要素对基准在位置上所允许的变动全量。位置公差有同轴度（对中心点称为同心度）、对称度和位置度三项。位置公差的公差带定义、标注及解释见表 4.7。

表 4.7　位置公差带定义、标注及解释

| 符号 | 公差带的定义 | 标注及解释 |
|---|---|---|
| | 位置度公差 | |
| | 点的位置度公差 | |
| ⊕ | 公差值前加注 S$\phi$,公差带为直径等于公差值 S$\phi t$ 的圆球面所限定的区域。该圆球面中心的理论正确位置由基准 A、B、C 和理论正确尺寸确定 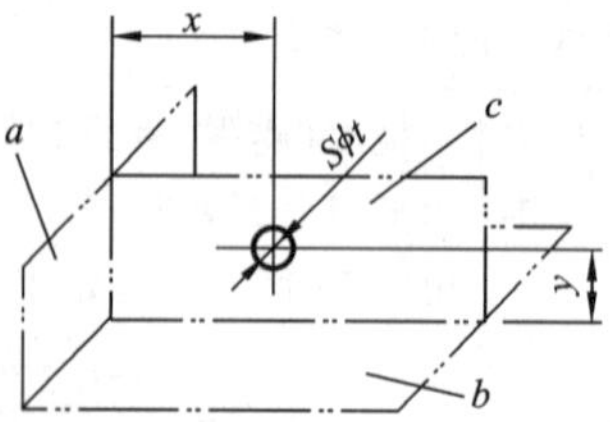<br><br>a为基准平面A;<br>b为基准平面B;<br>c为基准平面C。 | 提取(实际)球心应限定在直径等于 S$\phi$0.3 的圆球面内,该圆球面的中心由基准平面 A、基准平面 B、基准中心平面 C 和理论正确尺寸 30、25 确定<br>注:提取(实际)球心的定义尚未标准化。 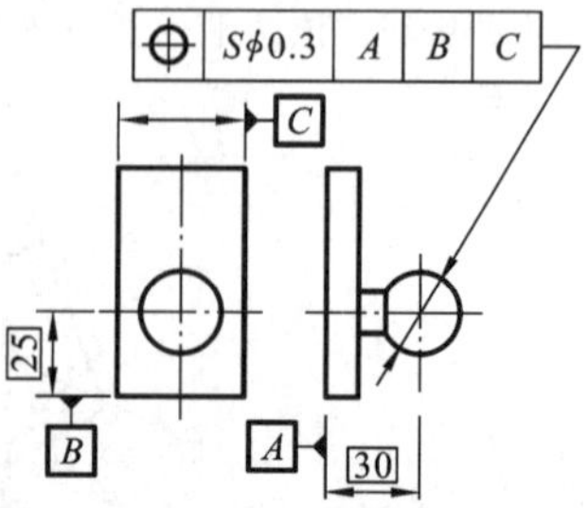<br> |

续表

| 符号 | 公差带的定义 | 标注及解释 |
|---|---|---|
|  <br><br><br><br>  | 线的位置度公差 <br>　　公差值前加注符号 $\phi$，公差带为直径等于公差值 $\phi t$ 的圆柱面所限定的区域。该圆柱面的轴线的位置由基准平面 $C$、$A$、$B$ 和理论正确尺寸确定<br><br>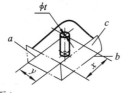<br><br>$a$ 为基准平面 $A$；<br>$b$ 为基准平面 $B$；<br>$c$ 为基准平面 $C$。 | 　　提取(实际)中心线应限定在直径等于 $\phi0.08$ 的圆柱面内。该圆柱面的轴线的位置应处于由基准平面 $C$、$A$、$B$ 和理论正确尺寸 100、68 确定的理论正确位置上<br><br>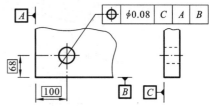 |
| | 轮廓平面或者中心平面的位置度公差 <br>　　公差带为间距等于公差值 $t$，且对称于被测面理论正确位置的两平行平面所限定的区域。面的理论正确位置由基准平面、基准轴线和理论正确尺寸确定<br><br>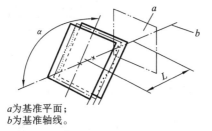<br><br>$a$ 为基准平面；<br>$b$ 为基准轴线。 | 　　提取(实际)表面应限定在间距等于 0.05，且对称于被测面的理论正确位置的两平行平面之间。该两平行平面对称于由基准平面 $A$、基准轴线 $B$ 和理论正确尺寸 15、105° 确定的被测面的理论正确位置<br><br>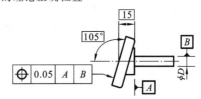 |
| | <div align="center">同心度和同轴度公差</div> | |
| | <div align="center">点的同心度公差</div> | |
| | 　　公差值前标注符号 $\phi$，公差带为直径等于公差值 $\phi t$ 的圆周所限定的区域。该圆周的圆心与基准点重合<br><br>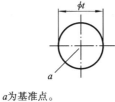<br><br>$a$ 为基准点。 | 　　在任意横截面内，内圆的提取(实际)中心应限定在直径等于 $\phi0.1$，以基准点 $A$ 为圆心的圆周内<br><br>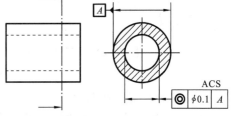 |

| 符号 | 公差带的定义 | 标注及解释 |
|---|---|---|
| | 轴线的同轴度公差 | |
| ◎ | 公差值前标注符号 $\phi$,公差带为直径等于公差值 $\phi t$ 的圆柱面所限定的区域。该圆柱面的轴线与基准轴线重合<br><br>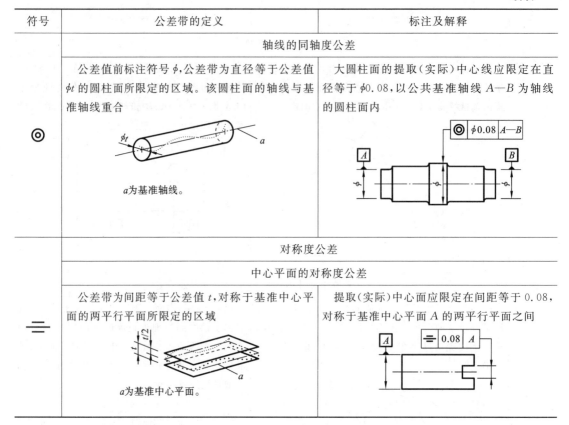<br><br>$a$ 为基准轴线。 | 大圆柱面的提取(实际)中心线应限定在直径等于 $\phi 0.08$,以公共基准轴线 $A$—$B$ 为轴线的圆柱面内 |
| | 对称度公差 | |
| | 中心平面的对称度公差 | |
| = | 公差带为间距等于公差值 $t$,对称于基准中心平面的两平行平面所限定的区域<br><br>$a$ 为基准中心平面。 | 提取(实际)中心面应限定在间距等于 0.08,对称于基准中心平面 $A$ 的两平行平面之间 |

位置公差特点如下。

（1）位置公差用来控制被测要素相对基准的位置误差。公差带相对于基准有确定的位置。

（2）位置公差带具有综合控制位置误差、方向误差和形状误差的能力。因此,在保证功能要求前提下,对同一被测要素给出位置公差后,不必再给出方向公差和形状公差。若对它的形状或(和)方向提出进一步要求,可再给出形状公差或(和)方向公差。

**3. 跳动公差和公差带**

跳动公差(run-out tolerance)是关联提取要素绕基准轴线回转一周或连续回转时所允许的最大跳动量。跳动公差用来控制跳动,是针对特定测量方式而规定的公差项目。跳动公差包括圆跳动公差和全跳动公差。圆跳动是指被测提取要素在某个测量截面内相对于基准轴线的变动量;全跳动是指整个被测提取要素相对于基准轴线的变动量。跳动公差的公差带定义、标注及解释见表4.8。

**4. 方向、位置和跳动误差及其评定**

方向、位置和跳动误差是关联提取要素对具有确定方向或位置的拟合要素的变动量,拟合要素的方向或位置由基准确定。

方向、位置和跳动误差的最小包容区域的形状与其对应的公差带完全相同,用方向或位置最小包容区域包容实际被测提取要素时,该最小包容区域与基准之间必须保持图样上给定的几何关系,且使包容区域的宽度和直径为最小。

### 表 4.8 跳动公差带定义、标注及解释

| 符号 | 公差带的定义 | 标注及解释 |
|---|---|---|
| | **圆跳动公差** | |
| | **径向圆跳动公差** | |
| | 公差带为在任一垂直于基准轴线的横截面内、半径差等于公差值 $t$、圆心在基准轴线上的两同心圆所限定的区域<br><br>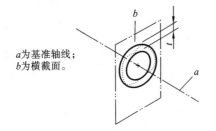<br>$a$ 为基准轴线；<br>$b$ 为横截面。 | 在任一垂直于基准 $A$ 的横截面内，提取（实际）圆应限定在半径差等于 0.1，圆心在基准轴线 $A$ 上的两同心圆之间<br><br>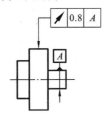 |
| | **轴向圆跳动公差** | |
| 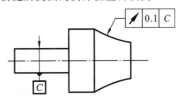 | 公差带为与基准轴线同轴的任一半径的圆柱截面上，间距等于公差值 $t$ 的两圆所限定的圆柱面区域<br><br>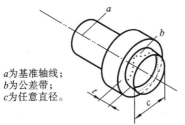<br>$a$ 为基准轴线；<br>$b$ 为公差带；<br>$c$ 为任意直径。 | 在与基准轴线 $D$ 同轴的任一圆柱形截面上，提取（实际）圆应限定在轴向距离等于 0.1 的两个等圆之间<br><br>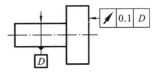 |
| | **斜向圆跳动公差** | |
| | 公差带为与基准轴线同轴的某一圆锥截面上，间距等于公差值 $t$ 的两圆所限定的圆锥面区域。<br>除非另有规定，测量方向应沿被测表面的法向<br><br>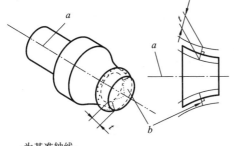<br>$a$ 为基准轴线；<br>$b$ 为公差带。 | 在与基准轴线 $C$ 同轴的任一圆锥截面上，提取（实际）线应限定在素线方向间距等于 0.1 的两不等圆之间<br><br>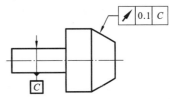<br><br>当标注公差的素线不是直线时，圆锥截面的锥角要随所测圆的实际位置而改变<br><br>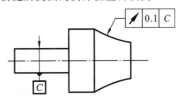 |

| 符号 | 公差带的定义 | 标注及解释 |
|---|---|---|
| | 全跳动公差 | |
| | 径向全跳动公差 | |
| | 公差带为半径差等于公差值 $t$，与基准轴线同轴的两圆柱面所限定的区域 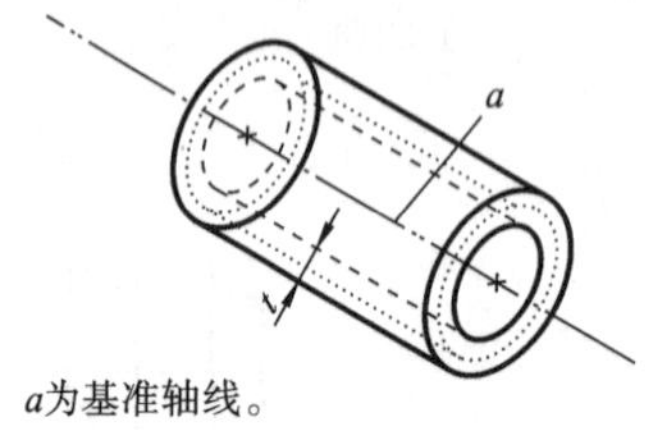<br><br>$a$ 为基准轴线。 | 提取（实际）表面应限定在半径差等于 0.1，与公共基准轴线 $A—B$ 同轴的两圆柱面之间 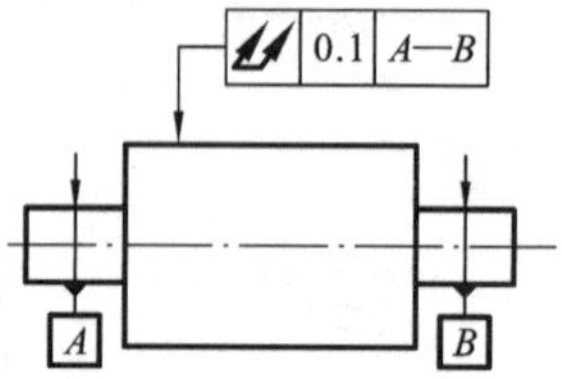 |
| ↗↗ | 轴向全跳动公差 | |
| | 公差带为间距等于公差值 $t$，垂直于基准轴线的两平行平面所限定的区域 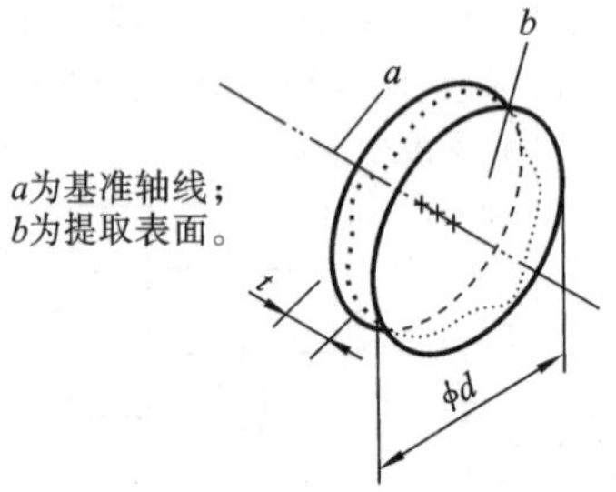<br><br>$a$ 为基准轴线；<br>$b$ 为提取表面。 | 提取（实际）表面应限定在间距等于 0.1、垂直于基准轴线 $D$ 的两平行平面之间 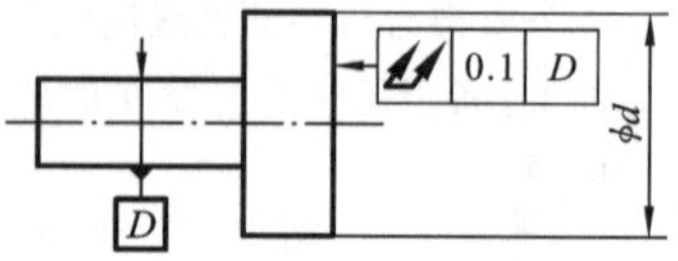 |

## 4.4　公　差　原　则

公差原则（tolerance principle）是处理几何公差与尺寸公差关系的基本原则。公差原则有独立原则和相关原则。

**1. 有关公差原则的术语及定义**

1）实际尺寸（又称局部实际尺寸 $D_a$、$d_a$）

第 3 章已经提到：实际尺寸指实际要素的任意正截面上，两对应点之间测得的距离（见图 4.26），由于几何公差的存在，各处实际尺寸往往不同。

2）体外作用尺寸（$d_{fe}$、$D_{fe}$）和体内作用尺寸（$d_{fi}$、$D_{fi}$）

（1）体外作用尺寸指在被测要素的给定长度上，与实际外表面体外相接的最小理想面或与实际内表面体外相接的最大理想面的直径或宽度，如图 4.26 所示。

对于关联要素，该理想面的轴线或中心平面必须与基准保持图样给定的几何关系。

（2）体内作用尺寸指在被测要素的给定长度上，与实际外表面体内相接的最大理想面或与实际内表面体内相接的最小理想面的直径或宽度，如图 4.26 所示。

对于关联要素，该理想面的轴线或中心平面必须与基准保持图样给定的几何关系。

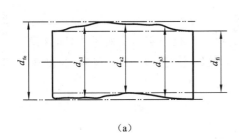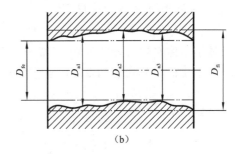

(a)　　　　　　　　　　　　　　　　　　　(b)

**图 4.26　实际尺寸与体外(内)作用尺寸**

3) 最大实体尺寸、最大实体状态和最大实体边界

(1) 最大实体尺寸(MMS):实际要素在实体材料量最多时候的极限尺寸称为最大实体尺寸。对于外表面为最大极限尺寸,用 $d_M$ 简单表示;对于内表面为最小极限尺寸,用 $D_M$ 简单表示。显然:

$$d_M = d_{max}, \quad D_M = D_{min} \tag{4.1}$$

(2) 最大实体状态(MMC):实际要素在给定长度上处处位于尺寸极限之内并具有实体最大时的状态称为最大实体状态。

(3) 最大实体边界(MMB):边界是由设计给定的具有理想形状的极限包容面,边界尺寸为极限包容面的直径或距离,尺寸为最大实体尺寸的边界称为最大实体边界。

4) 最小实体尺寸、最小实体状态和最小实体边界

(1) 最小实体尺寸(LMS):实际要素在实体材料量最少时候的极限尺寸称为最小实体尺寸。对于外表面为最小极限尺寸,用 $d_L$ 简单表示;对于内表面为最大极限尺寸,用 $D_L$ 简单表示。显然:

$$d_L = d_{min}, \quad D_L = D_{max} \tag{4.2}$$

(2) 最小实体状态(LMC):实际要素在给定长度上处处位于尺寸极限之内并具有实体最小时的状态称为最小实体状态。

(3) 最小实体边界(LMB):最小实体状态的理想形状的极限包容面。

5) 最大实体实效尺寸、最大实体实效状态和最大实体实效边界

(1) 最大实体实效尺寸(MMVS):尺寸要素的最大实体尺寸($d_M$、$D_M$)与其导出要素的几何公差 $t$(形状、方向或位置)共同作用产生的尺寸。对于外尺寸要素,最大实体实效尺寸

$$d_{MV} = d_M + t \tag{4.3}$$

对于内尺寸要素,最大实体实效尺寸

$$D_{MV} = D_M - t \tag{4.4}$$

(2) 最大实体实效状态(MMVC):拟合要素的尺寸为最大实体实效尺寸时的状态。

(3) 最大实体实效边界(MMVB):最大实体实效状态对应的极限包容面,如图 4.27(a)所示。

6) 最小实体实效尺寸、最小实体实效状态和最小实体实效边界

(1) 最小实体实效尺寸(LMVS):尺寸要素的最小实体尺寸($d_L$、$D_L$)与其导出要素的几何公差 $t$(形状、方向或位置)共同作用产生的尺寸。对于外尺寸要素,最小实体实效尺寸

$$d_{LV} = d_L - t \tag{4.5}$$

对于内尺寸要素,最小实体实效尺寸

$$D_{LV} = D_L + t \tag{4.6}$$

（2）最小实体实效状态（LMVC）:拟合要素的尺寸为最小实体实效尺寸时的状态。

（3）最小实体实效边界（LMVB）:最小实体实效状态对应的极限包容面,如图 4.27（b）所示。

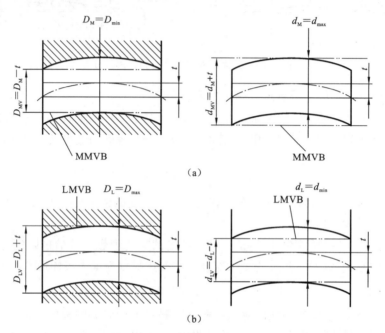

图 4.27　最大、最小实体实效尺寸及边界

### 2. 独立原则

独立原则是指几何公差和尺寸公差不相干的公差原则,或者说,要求几何公差和尺寸公差是各自独立的,尺寸公差控制尺寸误差,几何公差控制几何误差——"各是各",图样上不需任何附加标注。大多数机械零件的几何精度都遵循独立原则,该原则的应用最广。

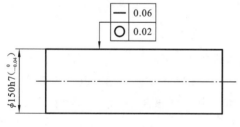

图 4.28　独立原则应用示例

图 4.28 为独立原则的应用示例。图示轴的提取要素的局部尺寸应在上极限尺寸与下极限尺寸之间,其形状误差应在给定的形状公差之内,即分别满足各自的要求。

### 3. 相关要求

与图样上给定的尺寸公差和几何公差有关的公差要求,包含包容要求、最大实体要求（包括附加于最大实体要求的可逆要求）和最小实体要求（包括附加于最小实体要求的可逆要求）。

1）包容要求

包容要求是指被测实际要素处处不得超越最大实体边界的一种要求。包容要求适用于圆柱表面或两平行对应面的尺寸公差与形状公差之间的关系。

采用包容要求的尺寸要素应在其尺寸极限偏差或公差带代号之后加注符号Ⓔ。

包容要求表示提取组成要素不得超越其最大实体边界，其局部尺寸不得超出最小实体尺寸。

采用包容要求，在最大实体状态下给定的形状公差值为零；当被测实际要素偏离最大实体状态时，形状公差获得补偿，补偿量来自尺寸公差（被测实际要素偏离最大实体状态的量，相当于尺寸公差富余的量，可作补偿量）；当被测实际要素为最小实体状态时，形状公差获得补偿量最多。图 4.29(a) 中，轴的尺寸 $\phi150^{0}_{-0.04}$Ⓔ表示采用包容要求，则实际轴的尺寸不得超越其最大实体边界 150 mm。局部尺寸 $d_a \geqslant d_L = d_{min} = 149.96$ mm，如图 4.29(b)、(c) 所示。图 4.29(d) 为其动态公差图，它表达了局部尺寸和形状公差变化的关系。当局部尺寸为 149.96 mm 时，偏离最大实体尺寸 0.04 mm，则允许的形状误差为 0.04 mm；当局部尺寸为最大实体尺寸 150 mm 时，允许的形状误差为 0。

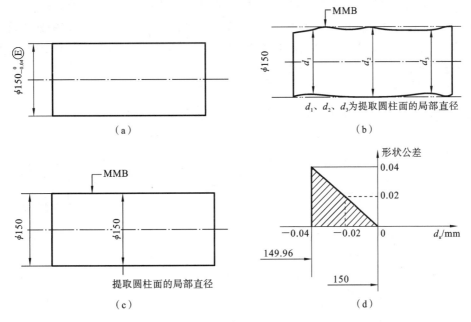

图 4.29 包容要求应用示例

包容要求是将尺寸误差和几何误差同时控制在尺寸公差范围内的一种公差要求，即图样上所标注的尺寸公差具有控制尺寸误差和形状误差的双重功能。包容要求主要用于需要保证配合性质的孔、轴单一要素中心轴线的直线度。

2) 最大实体要求

最大实体要求(MMR)和最小实体要求(LMR)涉及组成要素的尺寸和几何公差的相互关系，这些要求只用于尺寸要素的尺寸及其导出要素几何公差的综合要求。

最大实体要求是指尺寸要素的非理想要素不得违反其最大实体实效状态的一种尺寸要素要求，即尺寸要素的非理想要素不得超越其最大实体实效边界的一种尺寸要素要求；可应用于被测导出要素，也可应用于基准导出要素。最大实体要求应用于被测导出要素时，应在被测要素几何公差框格中的公差值后标注符号Ⓜ；用于基准导出要素时，应在公差框格中相应的基准字母代号后标注符号Ⓜ。

(1) 最大实体要求用于被测提取要素：被测提取要素的实际轮廓应遵守其最大实体实效边界，且其提取要素的局部尺寸在最大与最小实体尺寸之间。

最大实体要求用于被测提取要素时,其几何公差值是在该要素处于最大实体状态时给出的。当被测提取要素的实际轮廓偏离其最大实体状态时,几何误差值可以超出在最大实体状态下给出的几何公差值,即此时的几何公差值可以增大。

当一个以上注有公差的要素用同一公差标注,或是注有公差的要素的导出要素标注有方向或位置公差时,其最大实体实效状态或最大实体实效边界要与各自基准的理论正确方向或位置相一致。

图 4.30 表示 $\phi 35^{0}_{-0.1}$ 轴的中心线直线度公差采用最大实体要求,其应当遵守最大实体实效边界,边界尺寸 MMVS=35.1 mm,且轴的提取要素各处的局部直径应大于 LMS=34.9 mm,小于 MMS=35 mm,如图 4.30(b)所示。当该轴处于最大实体状态时,其中心线的直线度公差为 $\phi 0.1$ mm;若轴的局部尺寸向最小实体尺寸方向偏离最大实体尺寸,则中心线直线度误差可以超出图样上给出的公差值 $\phi 0.1$ mm;当轴的局部尺寸处处为最小实体尺寸 $\phi 34.9$ mm 时,其中心线的直线度公差可达最大值,$t=\phi(0.1+0.1)$ mm$=\phi 0.2$ mm;若该轴处于最大实体和最小实体状态之间,其中心线直线度公差在 $\phi(0.1\sim 0.2)$ mm 之间变化,图 4.30(c)为上述关系的动态公差图。

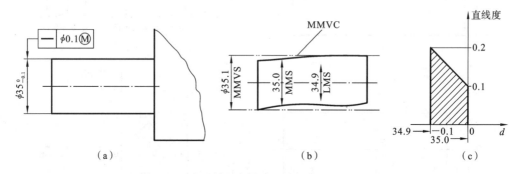

图 4.30　外圆柱要素最大实体要求(MMR)示例
(a)图样标注;(b)解释;(c)动态公差图

最大实体实效状态对方向和位置无约束。

当给出的导出要素的几何公差值为零时,尺寸要素的最大实体实效边界即最大实体尺寸;当几何形状公差为形状公差时,标注 0 Ⓜ 与 Ⓔ 意义相同。

(2) 最大实体要求用于基准要素时,在图样上将符号Ⓜ标注在基准字母之后,基准要素的提取组成要素不得违反基准要素的最大实体实效状态或最大实体实效边界。

当基准要素的导出要素没有标注几何公差要求,或者注有几何公差但其后没有标注符号Ⓜ时,基准要素的最大实体实效尺寸为最大实体尺寸。此时,基准代号应标注在基准的尺寸线处,其连线与尺寸线对齐。

基准要素的导出要素注有形状公差且其后标注符号Ⓜ时,基准要素的最大实体实效尺寸由最大实体尺寸加上(对外部要素)或减去(对内部要素)该形状公差值。此时,基准代号应直接标注在形成该最大实体实效边界的几何公差框格下面。

图 4.31 表示最大实体要求应用于 $\phi 35$ 的轴线对基准轴线的同轴度公差,且最大实体要求也应用于基准要素,基准导出要素没有标注几何公差要求,则基准要素遵守最大实体边界,其边界尺寸 $d_{MV}=d_M=70$ mm。

被测尺寸要素轴线相对于基准要素轴线的同轴度公差($\phi 0.1$ mm)是被测尺寸要素及其基准要素均为其最大实体状态时给定的;基准要素处于最大实体状态时,若被测尺寸要素处于最大实体状态,则允许同轴度公差增大,若被测尺寸要素处于最小实体状态,外尺寸要素的轴线同轴度误差允许达到的最大值为给定的同轴度公差与其尺寸公差之和($\phi$0.2 mm),即同轴度公差在 $\phi$0.1～$\phi$0.2 mm 之间变化。

若基准要素偏离最大实体状态,由此可使其轴线相对于理论正确位置有一些浮动;若基准要素处于最小实体状态,其轴线相对于理论正确位置的最大浮动量可以达到的最大值为 $\phi$0.1 mm。

图 4.32 表示最大实体要求应用于 $\phi$35 的轴线对基准轴线的同轴度公差,且最大实体要求也应用于基准要素,基准要素的导出要素注有形状公差且其后标注符号Ⓜ,则基准要素遵守最大实体实效边界,其边界尺寸为 $d_{MV} = d_M + t = 70.2$ mm。

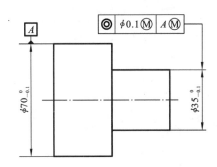

图 4.31　最大实体要求用于基准要素

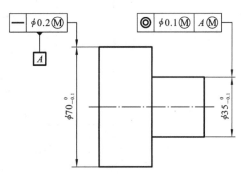

图 4.32　最大实体要求用于基准要素

具体分析可参照图 4.31 中的情形。

最大实体要求主要用于需保证装配成功率的螺栓或螺钉连接处(即法兰盘上的连接用孔组或轴承端盖上的连接用孔组)的中心要素,一般是孔组轴线的位置度,还有槽类的对称度和同轴度。

3) 最小实体要求

最小实体要求是指尺寸要素的非理想要素不得违反其最小实体实效状态的一种尺寸要素要求,即尺寸要素的非理想要素不得超越其最小实体实效边界的一种尺寸要素要求。可应用于被测导出要素,也可应用于基准导出要素。最小实体要求应用于被测导出要素时,应在被测要素几何公差框格中的公差值后标注符号Ⓛ;用于基准导出要素时,应在公差框格中相应的基准字母代号后标注符号Ⓛ。

(1) 最小实体要求用于被测提取要素:被测提取要素的实际轮廓应遵守其最小实体实效边界,且其提取要素的局部尺寸在最大与最小实体尺寸之间。

最小实体要求用于被测提取要素时,其几何公差值是在该要素处于最小实体状态时给出的。当被测提取要素的实际轮廓偏离其最小实体状态时,几何误差值可以超出在最小实体状态下给出的几何公差值,即此时的几何公差值可以增大。

当一个以上注有公差的要素用同一公差标注,或者注有公差要素的导出要素标注有方向或位置公差时,其最小实体实效状态或最小实体实效边界要与各自基准的理论正确方向或位置一致。

图 4.33 表示孔的中心线对基准平面在任意方向的位置度公差采用最小实体要求,其应当遵守最小实体实效边界,边界尺寸 LMVS=8.65 mm,且提取要素各处的局部尺寸应大于8 mm,小于 8.25 mm。当该孔处于最小实体状态时,其中心线对基准平面任意方向的位置度公差为 $\phi$0.4 mm,如图 4.33(b)所示。若孔的实际尺寸向最大实体尺寸方向偏离最小实体尺

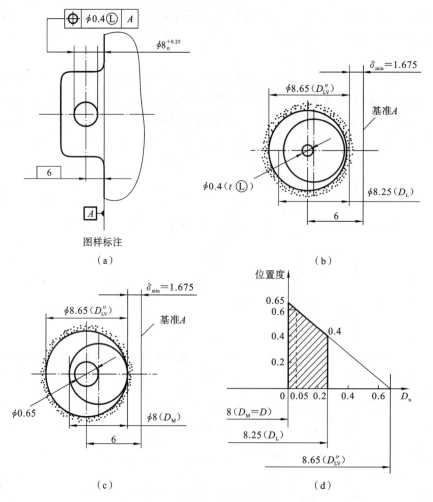

图 4.33　最小实体要求用于被测提取要素

寸,即小于最小实体尺寸 $\phi 8.25$ mm,则中心线对基准平面的位置度误差可以超出图样给出的公差值 $\phi 0.4$ mm,所以,当孔的实际尺寸处处相等时,它对最小实体尺寸的偏离量就等于轴线对基准平面任意方向位置度公差的增加值。当孔处于

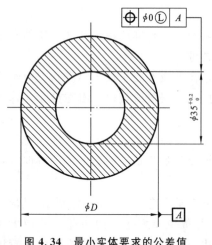

图 4.34　最小实体要求的公差值为 0 的示例

最大实体状态时,其中心线对基准平面任意方向的位置度公差可达最大值,且等于其尺寸公差与给出的任意方向位置度公差之和,$t=(0.25+0.4)$ mm$=0.65$ mm,如图4.33(c)所示。图 4.33(d)是其动态公差图。最小实体实效状态的方向与基准 A 平行,并且其位置在与基准 A 同轴的理论正确位置上。

当应用最小实体要求时,也可以给出公差值为 0 的情形,如图 4.34 所示。

(2) 最小实体要求用于基准要素时,基准要素的提取组成要素不得违反基准要素的最小实体实效状态或最小实体实效边界。

当基准要素的导出要素没有标注几何公差,或者注有几何公差但其后没有标注符号Ⓛ时,基准要素的最小实体实效尺寸即为最小实体尺寸。此时,基准代号应标注在基准的尺寸线处,其连线与尺寸线对齐,如图 4.35(a)所示。

当基准要素的导出要素注有形状公差且其后标注符号Ⓛ时,基准要素的最大实体实效尺寸由最小实体尺寸减去(对外部要素)或加上(对内部要素)该形状公差值。此时,基准代号应直接标注在形成该最大实体实效边界的几何公差框格下面,如图 4.35(b)所示。

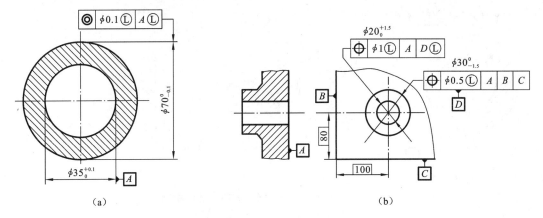

(a)　　　　　　　　　　　　　　　　　　(b)

**图 4.35　最小实体要求用于基准要素**

具体分析请参照最大实体要求相关内容。

4) 可逆要求

可逆要求(RPR)是最大实体要求和最小实体要求的附加要求。在不影响零件功能要求的前提下,当被测中心线或中心面的几何误差值小于给出的几何公差值时,允许相应的尺寸公差增大。用可逆要求能充分利用最大实体实效状态和最小实体实效状态时的尺寸,在满足制造可行性的基础上,可逆要求允许尺寸和几何公差之间的相互补偿。采用可逆的最大实体要求时,应在被测要素的几何公差框格中的公差值后加注ⓂⓇ。

图 4.36(a)是中心线的垂直度公差采用可逆的最大实体要求的示例。当该轴处于最大实体状态时,其中心线垂直度公差为 $\phi0.2$ mm。若轴的垂直度误差小于给出的公差值,则允许轴的实际尺寸超出其最大实体尺寸 $\phi20$ mm,但必须遵守最大实体实效边界。所以,当轴的中心线垂直度误差为零时,其实际尺寸可达最大值,即等于轴的最大实体实效尺寸 $\phi20.2$ mm。图 4.36(b)是其动态公差图。

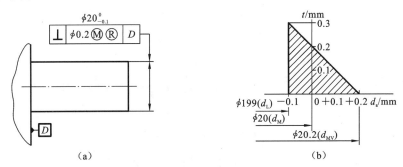

(a)　　　　　　　　　　　　　　　　　　(b)

**图 4.36　可逆要求用于最大实体要求的示例**

采用可逆的最小实体要求时,应在被测要素的几何公差框格中的公差值后加注ⓁⓇ。

图 4.37(a)表示孔的中心线对基准平面任意方向的位置度公差采用可逆的最小实体要

求。当孔处于最小实体状态时,其中心线对基准平面的位置度公差为 $\phi0.1$ mm。若孔的中心线对基准平面的位置度误差小于给出的公差值,则允许实际尺寸超出最小实体尺寸,即大于 $\phi35.1$ mm,但必须遵守最小实体实效边界。所以,当位置度误差为零时,其实际尺寸可达最大值,即等于孔最小实体实效尺寸 $\phi35.2$ mm,如图 4.37(b)所示。其动态公差图如图 4.37(c)所示。

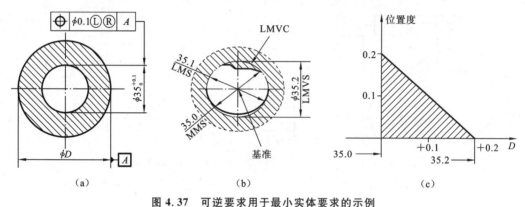

图 4.37　可逆要求用于最小实体要求的示例
(a) 图样标注;(b) 解释;(c) 动态公差图

**例 4.2**　解释图 4.38 中注出的各项几何公差项目的含义。

**解**　图 4.38 中标注了 5 种几何公差项目:4 个 M6 螺纹孔的位置度;零件上表面相对于基

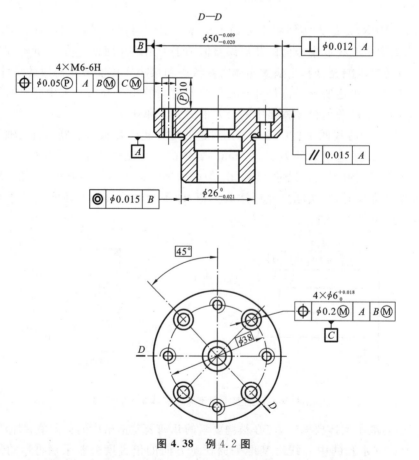

图 4.38　例 4.2 图

准 $A$ 的平行度；$\phi26$ 孔的轴线相对于基准 $B$ 的同轴度；$\phi50$ 孔的轴线相对于基准 $A$ 的垂直度；4 个 $\phi6$ 孔的轴线位置度。各公差项目的具体含义见表 4.9。

表 4.9　例 4.2 公差项目的含义

| 序号 | 符号 | 名称 | 被测要素 | 公　差　带 | 遵守的公差原则 |
|---|---|---|---|---|---|
| 1 | ⊕ | 位置度 | 4 个 M6 螺纹孔的轴线 | 在 4 个直径为 $\phi0.05$ mm 的圆柱面内,圆柱面的中心分布在与 $\phi50$ 孔中心同轴的 $\phi38$ 孔的圆周上,与 $\phi6$ 孔轴线呈 45°且垂直于 $A$ 基准面,公差带在实际被测要素延伸 10 mm 的位置(延伸公差,见表 4.2) | 最大实体要求用于基准要素 |
| 2 | // | 平行度 | 上表面 | 在与 $A$ 基准面平行,距离为 0.015 mm 的两平行平面之间 | 独立原则 |
| 3 | ◎ | 同轴度 | $\phi26$ 孔的轴线 | 在与 $\phi50$ 孔轴线同轴,直径为 $\phi0.015$ mm 的圆柱面内 | 独立原则 |
| 4 | ⊥ | 垂直度 | $\phi50$ 孔的轴线 | 在与 $A$ 基准面垂直,直径为 $\phi0.012$ mm 的圆柱面内 | 独立原则 |
| 5 | ⊕ | 位置度 | 4 个 $\phi6$ 孔的轴线 | 在 4 个直径为 $\phi0.2$ mm 的圆柱面内,圆柱面的中心均匀分布在与 $\phi50$ 孔中心同轴的 $\phi38$ 孔的圆周面上,且垂直于 $A$ 基准面 | 最大实体要求同时用于被测要素和基准要素 |

## 4.5　几何公差的选用

### 1. 几何公差值的标准

国家标准规定图样的几何公差有未注公差值和注出公差值两种形式。

根据国家标准规定,凡是一般机床加工能保证的精度,其几何公差值均不必在图样上标注。当要求某个要素的公差值小于未注公差值或大于标注公差值且对工厂有经济效益时,则应按规定在图样上明确标注出几何公差。

按国家标准的规定,对几何公差,除线、面轮廓度及位置度未规定公差等级外,其余均有规定公差等级。其中:直线度、平面度、平行度、垂直度、圆柱倾斜度、同轴度、对称度、圆跳动、全跳动划分为 12 级,即 1 级～12 级,1 级精度最高,12 级精度最低;圆度、圆柱度划分为 13 级,最高级为 0 级。各项目的各级公差值见表 4.10 至表 4.13。对于位置度,国家标准规定了公差值数系,见表 4.14。

表 4.10　直线度和平面度公差值　　　　　单位:$\mu$m

| 主参数 $L(D)$ /mm | 公 差 等 级 | | | | | | | | | | | |
|---|---|---|---|---|---|---|---|---|---|---|---|---|
| | 1 | 2 | 3 | 4 | 5 | 6 | 7 | 8 | 9 | 10 | 11 | 12 |
| | 公差值 | | | | | | | | | | | |
| ≤10 | 0.2 | 0.4 | 0.8 | 1.2 | 2 | 3 | 5 | 8 | 12 | 20 | 30 | 60 |
| >10～16 | 0.25 | 0.5 | 1 | 1.5 | 2.5 | 4 | 6 | 10 | 15 | 25 | 40 | 80 |
| >16～25 | 0.3 | 0.6 | 1.2 | 2 | 3 | 5 | 8 | 12 | 20 | 30 | 50 | 100 |
| >25～40 | 0.4 | 0.8 | 1.5 | 2.5 | 4 | 6 | 10 | 15 | 25 | 40 | 60 | 120 |

续表

| 主参数 $L(D)$ /mm | 公 差 等 级 | | | | | | | | | | | |
|---|---|---|---|---|---|---|---|---|---|---|---|---|
| | 1 | 2 | 3 | 4 | 5 | 6 | 7 | 8 | 9 | 10 | 11 | 12 |
| | 公差值 | | | | | | | | | | | |
| >40～63 | 0.5 | 1 | 2 | 3 | 5 | 8 | 12 | 20 | 30 | 50 | 80 | 150 |
| >63～100 | 0.6 | 1.2 | 2.5 | 4 | 6 | 10 | 15 | 25 | 40 | 60 | 100 | 200 |
| >100～160 | 0.8 | 1.5 | 3 | 5 | 8 | 12 | 20 | 30 | 50 | 80 | 120 | 250 |
| >160～250 | 1 | 2 | 4 | 6 | 10 | 15 | 25 | 40 | 60 | 100 | 150 | 300 |
| >250～400 | 1.2 | 2.5 | 5 | 8 | 12 | 20 | 30 | 50 | 80 | 120 | 200 | 400 |
| >400～630 | 1.5 | 3 | 6 | 10 | 15 | 25 | 40 | 60 | 100 | 150 | 250 | 500 |

表 4.11　圆度和圆柱度公差值　　　　　　　　　单位：$\mu$m

| 主参数 $d(D)$/mm | 公 差 等 级 | | | | | | | | | | | | |
|---|---|---|---|---|---|---|---|---|---|---|---|---|---|
| | 0 | 1 | 2 | 3 | 4 | 5 | 6 | 7 | 8 | 9 | 10 | 11 | 12 |
| | 公差值 | | | | | | | | | | | | |
| ≤3 | 0.1 | 0.2 | 0.3 | 0.5 | 0.8 | 1.2 | 2 | 3 | 4 | 6 | 10 | 14 | 25 |
| >3～6 | 0.1 | 0.2 | 0.4 | 0.6 | 1 | 1.5 | 2.5 | 4 | 5 | 8 | 12 | 18 | 30 |
| >6～10 | 0.12 | 0.25 | 0.4 | 0.6 | 1 | 1.5 | 2.5 | 4 | 6 | 9 | 15 | 22 | 36 |
| >10～18 | 0.15 | 0.25 | 0.5 | 0.8 | 1.2 | 2 | 3 | 5 | 8 | 11 | 18 | 27 | 43 |
| >18～30 | 0.2 | 0.3 | 0.6 | 1 | 1.5 | 2.5 | 4 | 6 | 9 | 13 | 21 | 33 | 52 |
| >30～50 | 0.25 | 0.4 | 0.6 | 1 | 1.5 | 2.5 | 4 | 7 | 11 | 16 | 25 | 39 | 62 |
| >50～80 | 0.3 | 0.5 | 0.8 | 1.2 | 2 | 3 | 5 | 8 | 13 | 19 | 30 | 46 | 74 |
| >80～120 | 0.4 | 0.6 | 1 | 1.5 | 2.5 | 4 | 6 | 10 | 15 | 22 | 35 | 54 | 87 |
| >120～180 | 0.6 | 1 | 1.2 | 2 | 3.5 | 5 | 8 | 12 | 18 | 25 | 40 | 63 | 100 |
| >180～250 | 0.8 | 1.2 | 2 | 3 | 4.5 | 7 | 10 | 14 | 20 | 29 | 46 | 72 | 115 |
| >250～315 | 1.0 | 1.6 | 2.5 | 4 | 6 | 8 | 12 | 16 | 23 | 32 | 52 | 81 | 130 |
| >315～400 | 1.2 | 2 | 3 | 5 | 7 | 9 | 13 | 18 | 25 | 36 | 57 | 89 | 140 |
| >400～500 | 1.5 | 2.5 | 4 | 6 | 8 | 10 | 15 | 20 | 27 | 40 | 63 | 97 | 155 |

表 4.12　平行度、垂直度和圆柱倾斜度公差值　　　　　　　　　单位：$\mu$m

| 主参数 $L$、$d(D)$ /mm | 公 差 等 级 | | | | | | | | | | | |
|---|---|---|---|---|---|---|---|---|---|---|---|---|
| | 1 | 2 | 3 | 4 | 5 | 6 | 7 | 8 | 9 | 10 | 11 | 12 |
| | 公差值 | | | | | | | | | | | |
| ≤10 | 0.4 | 0.8 | 1.5 | 3 | 5 | 8 | 12 | 20 | 30 | 50 | 80 | 120 |
| >10～16 | 0.5 | 1 | 2 | 4 | 6 | 10 | 15 | 25 | 40 | 60 | 100 | 150 |
| >16～25 | 0.6 | 1.2 | 2.5 | 4 | 8 | 12 | 20 | 30 | 50 | 80 | 120 | 200 |

续表

| 主参数 $L,d(D)$ /mm | 公差等级 | | | | | | | | | | | |
|---|---|---|---|---|---|---|---|---|---|---|---|---|
| | 1 | 2 | 3 | 4 | 5 | 6 | 7 | 8 | 9 | 10 | 11 | 12 |
| | 公差值 | | | | | | | | | | | |
| >25~40 | 0.8 | 1.5 | 3 | 6 | 10 | 15 | 25 | 40 | 60 | 100 | 150 | 250 |
| >40~63 | 1 | 2 | 4 | 8 | 12 | 20 | 30 | 50 | 80 | 120 | 200 | 300 |
| >63~100 | 1.2 | 2.5 | 5 | 10 | 15 | 25 | 40 | 60 | 100 | 150 | 250 | 400 |
| >100~160 | 1.5 | 3 | 6 | 12 | 20 | 30 | 50 | 80 | 120 | 200 | 300 | 500 |
| >160~250 | 2 | 4 | 8 | 15 | 25 | 40 | 60 | 100 | 150 | 250 | 400 | 600 |
| >250~400 | 2.5 | 5 | 10 | 20 | 30 | 50 | 80 | 120 | 200 | 300 | 500 | 800 |
| >400~630 | 3 | 6 | 12 | 25 | 40 | 60 | 100 | 150 | 250 | 400 | 600 | 1000 |

表 4.13　同轴度、对称度、圆跳动和全跳动公差值　　　　　单位：$\mu m$

| 主参数 $L、B、d(D)$/mm | 公差等级 | | | | | | | | | | | |
|---|---|---|---|---|---|---|---|---|---|---|---|---|
| | 1 | 2 | 3 | 4 | 5 | 6 | 7 | 8 | 9 | 10 | 11 | 12 |
| | 公差值 | | | | | | | | | | | |
| ≤1 | 0.4 | 0.6 | 1.0 | 1.5 | 2.5 | 4 | 6 | 10 | 15 | 25 | 40 | 60 |
| >1~3 | 0.4 | 0.6 | 1.0 | 1.5 | 2.5 | 4 | 6 | 10 | 20 | 40 | 60 | 120 |
| >3~6 | 0.5 | 0.8 | 1.2 | 2 | 3 | 5 | 8 | 12 | 25 | 50 | 80 | 150 |
| >6~10 | 0.6 | 1 | 1.5 | 2.5 | 4 | 6 | 10 | 15 | 30 | 60 | 100 | 200 |
| >10~18 | 0.8 | 1.2 | 2 | 3 | 5 | 8 | 12 | 20 | 40 | 80 | 120 | 250 |
| >18~30 | 1 | 1.5 | 2.5 | 4 | 6 | 10 | 15 | 25 | 50 | 100 | 150 | 300 |
| >30~50 | 1.2 | 2 | 3 | 5 | 8 | 12 | 20 | 30 | 60 | 120 | 200 | 400 |
| >50~120 | 1.5 | 2.5 | 4 | 6 | 10 | 15 | 25 | 40 | 80 | 150 | 250 | 500 |
| >120~250 | 2 | 3 | 5 | 8 | 12 | 20 | 30 | 50 | 100 | 200 | 300 | 600 |
| >250~500 | 2.5 | 4 | 6 | 10 | 15 | 25 | 40 | 60 | 120 | 250 | 400 | 800 |

表 4.14　位置度公差值数系　　　　　单位：$\mu m$

| 1 | 1.2 | 1.5 | 2 | 2.5 | 3 | 4 | 5 | 6 | 8 |
|---|---|---|---|---|---|---|---|---|---|
| $1\times10^n$ | $1.2\times10^n$ | $1.5\times10^n$ | $2\times10^n$ | $2.5\times10^n$ | $3\times10^n$ | $4\times10^n$ | $5\times10^n$ | $6\times10^n$ | $8\times10^n$ |

注：$n$ 为正整数。

## 2. 未注几何公差的规定

未注几何公差值是一般机床或中等制造精度就能保证的几何精度，为了简化标注，不必在图样上注出。国家标准规定，图样上没有具体注明几何公差值的要素，其几何精度由未注几何公差来控制。应用未注公差的总原则是实际要素的功能允许几何公差等于或大于未注公差值。

采用未注公差值有以下优点：图样易读，可高效进行信息交换；节省设计时间，不用详细计算公差值,只需了解某要素的功能是否允许几何公差等于或大于未注公差值;图样可很清楚地指出哪些要素可以用一般加工方法加工,从而既保证质量又不需逐一检测;保证零件特殊的精度要求,有利于安排生产、质量控制和检测。

对未注直线度、平面度、垂直度、对称度和圆跳动各规定了 H、K、L 三个公差等级,其公差值见表 4.15 至表 4.18。

采用未注几何公差的要素,应遵循以下规定。

(1) 采用标准规定的未注公差值时,应在标题栏附件或技术要求、技术文件中注出公差等级代号及标准编号,如"GB/T 1184—K"。

**表 4.15  直线度和平面度未注公差值**　　　　　　　单位:mm

| 公差等级 | 公称长度范围 | | | | | |
|---|---|---|---|---|---|---|
| | ≤10 | >10~30 | >30~100 | >100~300 | >300~1000 | >1000~3000 |
| H | 0.02 | 0.05 | 0.1 | 0.2 | 0.3 | 0.3 |
| K | 0.05 | 0.1 | 0.2 | 0.4 | 0.6 | 0.6 |
| L | 0.1 | 0.2 | 0.4 | 0.8 | 1 | 1 |

**表 4.16  垂直度未注公差值**　　　　　　　单位:mm

| 公差等级 | 公称长度范围 | | | |
|---|---|---|---|---|
| | ≤100 | >100~300 | >300~1000 | >1000~3000 |
| H | 0.2 | 0.3 | 0.4 | 0.5 |
| K | 0.4 | 0.6 | 0.8 | 1 |
| L | 0.6 | 1 | 1.5 | 2 |

**表 4.17  对称度未注公差值**　　　　　　　单位:mm

| 公差等级 | 公称长度范围 | | | |
|---|---|---|---|---|
| | ≤100 | >100~300 | >300~1000 | >1000~3000 |
| H | 0.5 | 0.5 | 0.5 | 0.5 |
| K | 0.6 | 0.6 | 0.8 | 1 |
| L | 0.6 | 1 | 1.5 | 2 |

**表 4.18  圆跳动未注公差值**　　　　　　　单位:mm

| 公差等级 | H | K | L |
|---|---|---|---|
| 公差值 | 0.2 | 0.3 | 0.4 |

(2) 圆度的未注公差值等于直径公差值,但不能大于表 4.13 中的圆跳动值。

(3) 对圆柱度的未注公差值不做规定,但圆柱度误差由圆度误差、直线度误差和素线平行度误差三部分组成,而其中每一项误差均由它们的注出公差或未注公差控制。圆柱度也可采用包容要求控制。

(4) 平行度的未注公差值等于尺寸公差值或直线度和平面度未注公差值中的较大者。

(5) 同轴度的未注公差值可以和表 4.18 圆跳动的未注公差值相等。

（6）线轮廓度、面轮廓度、圆柱倾斜度、位置度和全跳动的未注公差值均由各要素的注出或未注线性尺寸公差或角度公差控制。

**3. 几何公差的选用**

几何误差直接影响着零部件的旋转精度、连接强度和密封性以及荷载均匀性等,因此,正确、合理地选用几何公差对保证机器的功能要求和降低成本具有十分重要的意义。

几何公差的选用主要包括几何公差项目的选择、基准要素的选择、公差等级（公差值）的选择和公差原则的选择等。

1）几何公差项目的选择

几何公差项目的选择主要根据要素的几何特征、结构特点及零件的使用要求,并考虑检测的方便性和经济效益。

（1）要素的几何特征。

形状公差项目主要是按要素的几何形状特征确定的,因此要素的几何特征是选择单一要素公差项目的基本依据。例如,控制平面的形状误差应选择平面度;控制圆柱面的形状误差应选择圆度或圆柱度。

方向、位置公差项目是按要素间几何方位关系确定的,所以关联要素的公差项目应以它与基准间的几何方位关系为基本依据。例如,对轴线、平面可规定方向和位置公差;对点只能规定位置度公差;对回转类零件才可以规定同轴度公差和跳动公差。

（2）零件的使用要求。

根据零件的功能要求不同,应对几何公差提出不同的要求。例如,减速器转轴的两个轴颈的几何精度,由于在功能上,它们是转轴在减速器箱体上的安装基准,因此,要求它们同轴,可以对它们规定公共轴线的同轴度公差或径向圆跳动公差。

一般来说,平面的形状误差将影响支承面安置的平稳性和定位可靠性,影响贴合面的密封性和滑动面的磨损;导轨面的形状误差将影响导向精度;圆柱面的形状误差将影响定位配合的连接强度和可靠性,影响传动配合的间隙均匀性和运动平稳性;轮廓表面或中心要素的位置误差将影响机器的装配精度和运动精度。

（3）几何公差的控制功能。

各项几何公差的控制功能不尽相同,选择时应尽量发挥有综合控制功能的公差项目的作用,减少几何公差项目。例如,位置公差可以控制与之相关的方向误差和形状误差,方向公差可以控制与之相关的形状误差,跳动公差可以控制与之相关的位置、方向和形状误差等。这种几何公差之间的关系可作为优先选择公差项目的参考依据。

（4）检测的方便性。

考虑检测的方便性,有时可将所需的公差项目用控制效果相同或相近的公差项目来代替。例如,被测要素为圆柱面时,圆柱度是理想项目,但是由于圆柱度检测不方便,故可选用圆度、直线度和素线平行度等几个分项进行控制。又如,径向圆跳动可综合控制圆度和同轴度误差,且径向圆跳动检测简单易行,所以在不影响设计要求的前提下,可尽量选用径向圆跳动公差项目。

2）基准要素的选择

基准是确定关联要素间方向和位置的依据。在选择方向、位置公差项目时,需要正确选用基准。选择基准时,一般应从以下几方面考虑:

（1）根据零件各要素的功能要求，一般以主要配合表面，如轴颈、轴承孔、安装定位面，重要的支承面等作为基准。如轴类零件，常以两个轴承为支承运转，其运动轴线是安装轴承的两轴颈的公共轴线，因此，从功能要求来看，应选择两轴颈的公共轴线（组合基准）为基准。

（2）根据装配关系应选零件上相互配合、相互接触的定位要素作为各自的基准。如盘、套类零件，一般是以其内孔轴线径向定位或以其端面轴向定位装配，因此根据需要可选其轴线或端面作为基准。

（3）根据加工定位的需要和零件结构，应选择较宽大的平面、较长的轴线作为基准，以使定位稳定。对于结构复杂的零件，一般应选三个基准面，根据对零件使用要求影响的程度，确定基准的顺序。

（4）根据检测的方便程度，应选择在检测中装夹定位的要素为基准，并尽可能将装配基准、工艺基准与检测基准统一起来。

3）几何公差等级（公差值）的选择

几何公差等级的选择原则与尺寸公差选择原则相同，即在满足零件功能要求的前提下，考虑工艺经济性和检测条件，选择最经济的公差值。选择方法有计算法和类比法。

（1）计算法。

计算法比较复杂，目前还没有成熟、系统的计算步骤和方法，一般是根据产品的功能要求，在有条件的情况下计算求得几何公差值，一般很少使用。

（2）类比法。

根据零件的功能要求、结构、刚度和加工经济性等条件，采用类比法确定公差值，按表4.10至表4.13确定被测要素的公差值时，还应考虑以下几点。

① 形状公差与方向、位置公差的关系。在同一要素上给出的形状公差值应小于方向公差值，方向公差值应小于位置公差值，即 $t_{形状}<t_{方向}<t_{位置}$。如同一平面上，平面度公差值应小于该平面对基准平面的平行度公差值。

② 几何公差与尺寸公差的关系。圆柱形零件的形状公差，除轴线直线度以外，一般情况下应小于其尺寸公差。线对线或面对面的平行度公差值小于其相应距离的尺寸公差值。圆度、圆柱度公差值约为同级的尺寸公差的50%，可选择与尺寸公差同级，必要时比尺寸公差等级高1～2级。

③ 考虑零件的结构特点。选用几何公差等级时，应考虑结构特点和加工的难易程度，在满足零件功能要求的前提下，对于下列情况精度可适当降低1～2级：细长的轴或孔；距离较大的轴或孔；宽度大于1/2长度的零件表面；线对线和线对面相对于面对面的平行度；线对线和线对面相对于面对面的垂直度。

④ 选用形状公差等级时，还应注意协调形状公差与表面粗糙度之间的关系。通常情况下，表面粗糙度的数值占形状误差值的20%～25%。

表4.19至表4.22列出了各种几何公差等级的应用示例，供选择时参考。

**表 4.19 直线度、平面度公差等级应用示例**

| 公差等级 | 应 用 示 例 |
|---|---|
| 1,2 | 精密量具、测量仪器以及精度要求很高的精密机械零件，如0级样板、平尺、0级宽平尺、工具显微镜等精密测量仪器的导轨面，喷油嘴针阀体端面、油泵柱塞套端面的平面度等 |
| 3 | 1级宽平尺工作面，1级样板平尺的工作面，测量仪器圆弧导轨，测量仪器的测杆外圆柱面 |

续表

| 公差等级 | 应 用 示 例 |
|---|---|
| 4 | 0 级平板,测量仪器的 V 形导轨,高精度平面磨床的 V 形导轨和滚动导轨,轴承磨床及平面磨床的床身导轨等 |
| 5 | 1 级平板,2 级宽平尺,平面磨床的纵导轨、垂直导轨、工作台,液压龙门刨床导轨,柴油机进排气门导杆等 |
| 6 | 普通机床导轨面,卧式镗床、铣床的工作台,机床主轴箱的导轨,柴油机机体结合面等 |
| 7 | 2 级平板,机床的床头箱体,滚齿机床身导轨,摇臂钻底座工作台,液压泵盖结合面,减速器壳体结合面,分度值为 0.02 的游标卡尺尺身的直线度,压力机导轨及滑块等 |
| 8 | 自动车床底面,柴油机汽缸体,连杆分离面,缸盖结合面,汽车发动机缸盖,曲轴箱结合面,法兰连接面等 |
| 9 | 3 级平板,自动车床床身底面,摩托车曲轴箱体,汽车变速箱壳体,车床挂轮的平面 |

**表 4.20　圆度、圆柱度公差等级应用示例**

| 公差等级 | 应 用 示 例 |
|---|---|
| 0,1 | 高精度测量仪器主轴,高精度机床主轴,滚动轴承滚珠和滚柱等 |
| 2 | 精密测量仪器主轴、轴颈衬套、套阀,纺锭轴承,精密机床主轴轴颈,针阀圆柱表面,喷油泵柱塞及柱塞套 |
| 3 | 高精度外圆磨床轴承,磨床砂轮主轴套筒,喷油嘴针、阀体,高精度轴承内外圈等 |
| 4 | 较精密机床主轴、主轴箱孔,高压阀门、活塞、活塞销、阀体孔,高压油泵柱塞,较高精度滚动轴承配合轴,铣削动力头箱体孔 |
| 5 | 一般计量仪器主轴,测杆外圆柱面,一般机床主轴轴颈及轴承孔,柴油机、汽油机的活塞、活塞销,与 P6 级滚动轴承配合的轴颈 |
| 6 | 一般机床主轴及前轴承孔,泵、压缩机的活塞、汽缸,汽油发动机凸轮轴,纺机锭子,减速传动轴轴颈,拖拉机曲轴主轴颈,与 P6 级滚动轴承配合的轴承座孔 |
| 7 | 大功率低速柴油机曲轴轴颈、活塞、活塞销、连杆、汽缸,高速柴油机箱体轴承孔,千斤顶或压力油缸活塞,机车传动轴,水泵及通用减速器转轴轴颈 |
| 8 | 低速发动机、大功率曲柄轴颈,内燃机曲轴轴颈,柴油机凸轮轴承孔 |
| 9 | 空气压缩机缸体,通用机械杠杆与拉杆用套筒销,拖拉机活塞环套筒孔 |

**表 4.21　平行度、垂直度、倾斜度、端面圆跳动公差等级应用示例**

| 公差等级 | 应 用 示 例 |
|---|---|
| 1 | 高精度机床、测量仪器、量具等主要工作面和基准面 |
| 2,3 | 精密机床、测量仪器、量具、夹具等的工作面和基准面,精密机床的导轨,精密机床主轴轴向定位面,滚动轴承座圈端面,普通机床的主要导轨,精密刀具的工作面和基准面,光学分度头心轴端面 |
| 4,5 | 普通机床导轨,重要支承面,机床主轴孔对基准的平行度,精密机床重要零件,计量仪器、量具、模具的工作面和基准面,床头箱体重要孔,通用减速壳体孔,齿轮泵的油孔端面,发动机轴和离合器的凸缘,汽缸支承端面,安装精密滚动轴承座孔的凸肩 |

| 公差等级 | 应 用 示 例 |
|---|---|
| 6,7,8 | 一般机床的工作面和基准面,压力机和锻锤的工作面,中等精度钻模的工作面,变速器箱体孔,一般导轨、主轴箱体孔、刀架、砂轮架、汽缸配合面对基准轴线 |
| 9,10 | 低精度零件,重型机械滚动轴承端盖,柴油机、曲轴颈、花键轴和轴肩端面,减速器壳体平面 |

**表 4.22　同轴度、对称度、径向圆跳动公差等级应用示例**

| 公差等级 | 应 用 示 例 |
|---|---|
| 1,2 | 旋转精度要求很高、尺寸公差高于 1 级的零件,如精密测量仪器的主轴和顶尖,柴油机喷油嘴针阀等 |
| 3,4 | 机床主轴轴颈,砂轮轴轴颈,汽轮机主轴,测量仪器的小齿轮轴,安装高精度齿轮的轴颈等 |
| 5 | 机床主轴轴颈,机床主轴箱孔,计量仪器的测杆,涡轮机主轴,柱塞油泵转子,高精度滚动轴承外圈,一般精度轴承内圈等 |
| 6,7 | 内燃机曲轴,凸轮轴轴颈,柴油机机体主轴承孔,水泵轴,油泵柱塞,汽车后桥输出轴,安装一般精度凸轮的轴颈,涡轮盘,普通滚动轴承内圈,印刷机传墨辊的轴颈,键槽等 |
| 8,9 | 内燃机凸轮轴机,水泵叶轮,离心泵体,运输机机械滚筒表面,棉花精梳机前、后滚子,自行车中轴等 |

### 4）公差原则的选择

公差原则的选择原则是:根据被测要素的功能要求,综合考虑各种公差原则的应用场合和采用该种公差原则的可行性和经济性。

公差原则主要根据被测要素的功能要求、零件尺寸大小和检测方便性来选择,并应考虑充分利用给出的尺寸公差带,还应考虑用被测要素的几何公差补偿其尺寸公差的可能性。

按独立原则给出的几何公差是固定的,不允许几何误差值超出图样上标注的几何公差值。而相关要求给出的几何公差是可变的,在遵守给定边界的条件下,允许几何公差值增大。有时独立原则、包容要求和最大实体要求都能满足某种同一功能要求,但在选用时应注意它们的经济性和合理性。例如,孔或轴采用包容要求时,它的实际尺寸与形状误差之间可以相互补偿,从而使整个尺寸公差带得到充分利用,技术经济效益较高。

但另一方面,包容要求所允许的形状误差的大小完全取决于实际尺寸偏离最大实体尺寸的数值。如果孔或轴的实际尺寸处处皆为最大实体尺寸或者趋近最大实体尺寸,那么,它必须具有理想形状或者接近于理想形状才合格,而实际上极难加工出这样精确的形状。

又如,从零件尺寸大小和检测的方便程度来看,按包容要求用最大实体边界控制形状误差,中小型零件便于使用量规检验,但是大型零件很难使用笨重的量规检验,在这种情况下按独立原则的要求进行检测就比较容易实现。

表 4.23 对公差原则的应用场合进行了总结,供选择公差原则时参考。

表 4.23　公差原则的应用场合

| 公差原则 | 应　用　场　合 |
|---|---|
| 独立原则 | 尺寸精度与几何精度需要分别满足要求,如齿轮箱体孔、连杆活塞销孔、滚动轴承内圈及外圈滚道 |
| | 尺寸精度与几何精度要求相差较大,如滚筒类零件、平板、通油孔、导轨、汽缸 |
| | 尺寸精度与几何精度之间没有联系,如发动机连杆上尺寸精度与孔轴线间的位置精度 |
| | 未注尺寸公差或未注几何公差,如退刀槽、倒角、圆角 |
| 包容要求 | 用于单一要素,保证配合性质,如 $\phi40H7$ 孔与 $\phi40h7$ 轴配合,保证最小间隙为零 |
| 最大实体要求 | 用于中心要素,保证零件的可装配性,如轴承盖上用于穿过螺钉的通孔,法兰盘上用于穿过螺栓的通孔,同轴度的基准轴线 |
| 最小实体要求 | 保证零件强度和最小壁厚 |

**例 4.3**　把图 4.39 中的标注错误改正过来(不允许改变几何公差项目)。

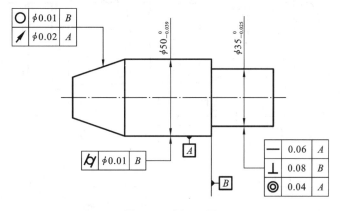

图 4.39　例 4.3 图

**解**　如图 4.39 所示,标注斜向圆跳动时,指引线箭头应与被测要素垂直(见表 4.8),且其与圆度公差带宽度方向不一致,应分开标注;圆度、圆柱度、直线度是形状公差,无基准;基准要素为图中 $\phi50_{-0.039}^{0}$ 的中心轴线,箭头(基准符号)应与尺寸线对齐;直线度、垂直度、圆柱度的被测要素为 $\phi35_{-0.025}^{0}$ 的圆柱面,公差带值前应加"$\phi$",且此三项公差项目对应同一被测要素,三项公差值应协调,形状公差<定向位置公差<定位位置公差,所以应该是平行度<垂直度<圆柱度,即直线度公差为 $\phi0.04$,垂直度公差为 $\phi0.06$,同轴度公差为 $\phi0.08$。

改正后如图 4.40 所示。

**4. 几何公差选择实例**

**例 4.4**　如图 4.41 所示为某减速器的输出轴,其结构特征、使用要求及各轴颈的尺寸均已确定,现为其选用几何公差。

**解**　选择几何公差时,主要依据该轴的结构特征和功能要求,另外还应方便测量,具体选用如下。

(1) $\phi55j6$ 圆柱面:从使用要求分析,2 个 $\phi55j6$ 圆柱面是该轴的支承轴颈,用以安装滚动

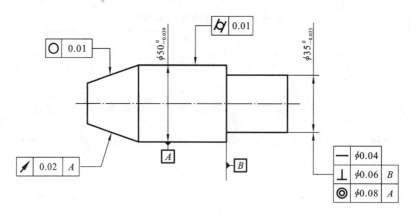

图 4.40　例 4.3 改正

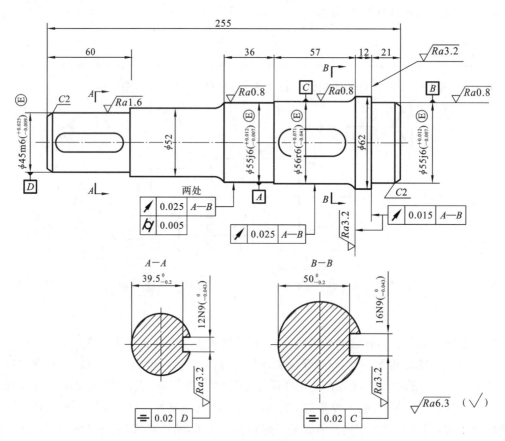

图 4.41　减速器的输出轴几何公差标注示例

轴承,其轴线是该轴的装配基准,故应以该轴安装时 2 个 φ55j6 圆柱面的公共轴线作为设计基准。为使轴及轴承工作时运转灵活,2 个 φ55j6 圆柱面之间应有同轴度要求,但从检测的可能性和经济性分析,可用径向圆跳动公差代替同轴度公差,参照表 4.22 确定公差等级为 7 级,查表 4.13,其公差值为 0.025 mm。2 个 φ55j6 圆柱面是与 0 级滚动轴承内圈配合的重要表面,为保证配合性质和轴承的几何精度,在采用包容要求的前提下,又进一步提出圆柱度公差的要求。查表 4.20 和表 4.11 确定圆柱度公差等级为 6 级,公差值为 0.005 mm。

(2) φ56r6、φ45m6 圆柱面:φ56r6、φ45m6 圆柱面分别用于安装齿轮和带轮(或联轴器),为保证配合性质,均采用了包容要求;$\phi56r6$ 和 $\phi45m6$ 圆柱面的轴线分别是齿轮和带轮(或联轴器)的装配基准,为保证齿轮的正确啮合以及运转平稳,均规定了对 2 个 $\phi55j6$ 圆柱面公共轴线的径向圆跳动公差,公差等级取 7 级,公差值分别为 0.025 mm 和 0.020 mm。

(3) 键槽 12N9 和键槽 16N9:为使键槽中的键受力均匀和便于拆装,必须规定键槽的对称度公差,以保证键槽的安装精度和安装后的受力状态。对称度公差数值参照表 4.22,按 8 级给出,查表 4.13,其公差值均为 0.02 mm。对称度的基准为键槽所在轴颈的轴线。

(4) 轴肩:$\phi62$ mm 处的两轴肩分别是齿轮和轴承的轴向定位基准,为保证轴向定位正确,规定了轴向圆跳动公差,公差等级取为 6 级,查表 4.13,其公差值为 0.015 mm。轴向圆跳动的基准原则上应为各自的轴线,但为了便于检测,采用了统一的基准,即 2 个 $\phi55j6$ 圆柱面的公共轴线。

(5) 其他要素:图样上没有具体注明几何公差的要素,由未注几何公差来控制。这部分几何公差一般机床加工即可保证,不必在图样上注出。

## 4.6　几何误差的检测

由于被测零件的结构特点、尺寸大小和精度要求以及检测设备条件等不同,同一几何公差项目可以用不同的检测方法来检测。为了正确地测量几何误差,合理选择检测方案,GB/T 1958—2004《产品几何量技术规范(GPS)形状和位置公差　检测规定》中规定了以下五个检测原则。

1) 与拟合要素比较原则

与拟合要素比较原则是指将被测提取要素与其拟合要素相比较,量值由直接法或间接法获得,拟合要素用模拟方法获得。测量时将实际被测要素与相应的理想要素进行比较,在比较过程中获得测量数据,按这些数据来评定几何误差值。该检测原则应用最为广泛。

运用该检测原则时,必须要有理想要素作为测量时的标准。根据几何误差的定义,理想要素是几何学上的概念,测量时可采用模拟法将其具体地体现出来。例如,刀口尺的刃口、平尺的轮廓线、一条拉紧的弦线,一束光线都可作为理想直线;平台和平板的工作面、水平面、样板的轮廓面等可作为理想平面,用自准仪和水平仪测量直线度及平面度误差时就是应用这样的要素。理想要素也可以用运动的轨迹来体现,例如纵向、横向导轨的移动构成了一个平面;一个点绕一轴线做等距回转运动构成了一个理想圆,由此形成了圆度误差的测量方案。

模拟理想要素是几何误差测量中的标准样件,它的误差将直接反映到测得值中,是测量总误差的重要组成部分。几何误差测量的极限测量总误差通常占给定公差值的 10%～33%,因此,模拟理想要素必须具有足够的精度。

实际生产中,目测法是一种常用的测直线度和平面度的检测方法,实际上这是测量时将实际被测要素与相应的理想光线进行比较的定性的科学方法。利用刀口尺还可以配合如图 4.42 所示的塞尺(厚薄规)定量测量直线度误差。

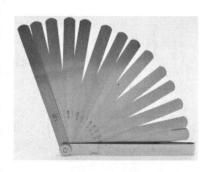

图 4.42　塞尺(厚薄规)

2）测量坐标值原则

由于几何要素的特征总是可以在坐标系中反映出来，因此，利用坐标测量机或其他测量装置，测量被测提取要素的坐标值，再经过数据处理，就可以获得几何误差值。测量坐标值原则是几何误差中的重要检测原则，在轮廓度和位置度误差测量中的应用尤其广泛。

图 4.43 为用坐标测量装置测量位置度误差的示例。由基准 $A$、$B$ 分别测出各孔轴线的实际坐标尺寸，然后算出对理论正确尺寸的偏差值 $\Delta x_i$ 和 $\Delta y_i$，按式（4.7）计算出位置度误差值：

$$\phi f_i = \sqrt{(\Delta x_i)^2 + (\Delta y_i)^2} \tag{4.7}$$

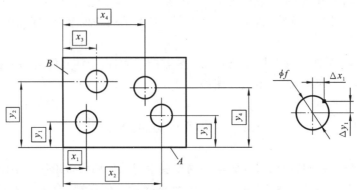

图 4.43　用坐标测量装置测量位置度误差的示例

3）测量特征参数原则

测量特征参数原则是指测量被测提取要素上具有代表性的参数（即特征参数）来表示几何误差值。

特征参数是指被测要素上能直接反映几何误差变动的、具有代表性的参数。因此，应用测量特征参数原则测得的几何误差与按定义确定的几何误差相比，只是一个近似值。例如，以平面上任意方向的最大直线度来近似表示该平面的平面度误差；用两点法测圆度误差，在一个横截面内的几个方向上测量直径，取最大、最小直径差的一半作为圆柱度误差。

虽然由测量特征参数原则得到的几何误差只是一个近似值，但应用此原则，可以简化测量过程和设备，也不需要复杂的数据处理，在生产中易于实现，故在满足功能的前提下，可取得明显的经济效益。该原则在生产现场用得较多，是一种应用较为普遍的检测原则。

4）测量跳动原则

测量跳动原则是指在被测提取要素绕基准轴线回转过程中，沿给定方向测量其对某参考点或线的变动量。变动量是指指示计最大与最小示值之差。

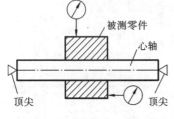

图 4.44　测量跳动误差

测量跳动原则是针对测量圆跳动和全跳动的方法而提出的检测原则。例如，测量径向圆跳动和轴向圆跳动，如图 4.44 所示，实际被测圆柱面绕基准轴线回转一周的过程中，实际被测圆柱面的形状误差和位置误差使位置固定的指示表的测头做径向移动，指示表最大示值与最小示值之差即为在该测量截面内的径向圆跳动误差；实际被测端面绕基准轴线回转一周的过程中，位置固定的指示表的测头做轴向移动，指示表最大与最小示值之差即为轴向圆跳动误差。

5) 控制实效边界原则

控制实效边界原则是指检验实际被测要素是否超过最大实体实效边界,以判断零件合格与否。该原则只适用于采用最大实体要求的零件,一般采用位置量规检验。

位置量规是模拟最大实体实效边界的全形量规。若实际被测要素能通过位置量规,则实际被测要素在最大实体实效边界内,表示合格;若不能通过位置量规,则被测实际要素超越了最大实体实效边界,表示不合格。

**【本章主要内容及学习要求】**

本章主要介绍了几何误差的研究对象、几何公差带的四大类型(分为形状、方向、位置和跳动公差带);具体介绍了国家标准规定的 19 项几何公差的类型;介绍了处理几何公差与尺寸公差关系的基本原则即公差原则,包括独立原则、包容要求。要求能够正确选择几何公差,初步具备图样标注、识图、校对图样的能力,初步具备检测几何误差的能力。

本章涉及的国家标准主要有 GB/T 1182—2008《产品几何技术规范(GPS)　几何公差　形状、方向、位置和跳动公差标注》;GB/T 18780.1—2002《产品几何量技术规范（GPS）　几何要素　第 1 部分:基本术语和定义》;GB/T 1184—1996《形状和位置公差　未注公差值》;GB/T 16671—2009《产品几何技术规范(GPS)　几何公差　最大实体要求、最小实体要求和可逆要求》;GB/T 4249—2009《产品几何技术规范(GPS)　公差原则》;GB/T 1958—2004《产品几何量技术规范(GPS)　形状和位置公差　检测规定》等。

# 习　题　四

4-1　问答题

(1) 几何公差带由哪几个要素组成? 形状公差带、轮廓公差带、方向公差带、位置公差带、跳动公差带各有什么特点?

(2) 国家标准规定了哪些公差原则或要求? 它们主要应用在什么场合?

(3) 国家标准规定了哪些几何误差检测原则?

(4) 组成要素和导出要素的几何公差标注有什么区别?

(5) 如何正确选择几何公差项目和几何公差等级? 具体应考虑哪些问题?

4-2　判断题

(1) 平面度公差带与轴向全跳动公差带的形状是相同的。　　　　　　　　　　　(　　)

(2) 直线度公差带一定是距离为公差值 $t$ 的两平行平面之间的区域。　　　　　(　　)

(3) 形状公差带的方向和位置都是浮动的。　　　　　　　　　　　　　　　　(　　)

(4) 位置度公差带的位置可以是固定的,也可以是浮动的。　　　　　　　　　(　　)

(5) 最大实体要求和最小实体要求都只能用于中心要素。　　　　　　　　　　(　　)

(6) 若平面的平面度误差为 $f$,则该平面对基准平面的平行度误差大于 $f$。　　(　　)

(7) 对称度的被测中心要素和基准中心要素都应视为同一中心要素。　　　　　(　　)

(8) 当包容原则用于关联要素时,被测要素必须遵守实效边界。　　　　　　　(　　)

(9) 最小条件是指被测要素对基准要素的最大变动量为最小。　　　　　　　　(　　)

(10) 端面全跳动公差和平面对轴线垂直度公差的控制效果完全相同。　　　　(　　)

4-3　填空题

(1) 方向公差带和位置公差带的方向或位置,由_____和_____确定。

（2）轮廓要素的尺寸公差与其中心要素的几何公差的相关要求可以分为＿＿＿＿＿要求、＿＿＿＿＿要求和＿＿＿＿＿要求三种。

（3）圆跳动公差可以分为＿＿＿＿＿圆跳动公差、＿＿＿＿＿圆跳动公差和＿＿＿＿＿圆跳动公差三种。

（4）标准中规定公称尺寸为 30～50 mm 时，IT8＝39 $\mu$m，则图样标注为 $\phi$40h8 时，其最大实体尺寸为＿＿＿＿＿mm，最小实体尺寸为＿＿＿＿＿mm；图样标注为 $\phi$40H8 时，其最大实体尺寸为＿＿＿＿＿mm，最小实体尺寸为＿＿＿＿＿mm。

（5）在任意方向上，线对面倾斜度公差带的形状是＿＿＿＿＿，线的位置度公差带的形状是＿＿＿＿＿。

4-4　选择题

（1）径向全跳动公差带的形状与＿＿＿＿＿公差带形状相同。

A. 同轴度　　　　　　B. 圆度　　　　　　C. 同轴度　　　　　　D. 轴线的位置度

（2）若某平面对基准轴线的轴向全跳动为 0.04 mm，则它对同一基准轴线的轴向圆跳动一定＿＿＿＿＿。

A. 小于 0.04 mm　　B. 不大于 0.04 mm　C. 等于 0.04 mm　D. 不小于 0.04 mm

（3）方向公差带的＿＿＿＿＿随实际被测要素的位置而定。

A. 形状　　　　　　　B. 位置　　　　　　C. 方向

（4）公差原则是指＿＿＿＿＿。

A. 确定公差值大小的原则　　　　　　　B. 制定公差与配合标准的原别

C. 形状公差与位置公差的关系　　　　　D. 尺寸公差与几何公差的关系

（5）＿＿＿＿＿是给定平面内直线度最小包容区域的判别准则。

A. 三角形准则　　　B. 相间准则　　　　C. 交叉准则　　　　D. 直线准则

4-5　改正图 4.45 中各项几何公差标注上的错误（不得改变几何公差的特征符号）。

4-6　改正图 4.46 中各项几何公差标注上的错误（不得改变几何公差的特征符号）。

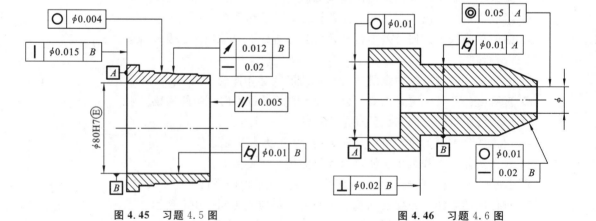

图 4.45　习题 4.5 图　　　　　　　　　　　图 4.46　习题 4.6 图

4-7　试将下列技术要求标注在图 4.47 上。

（1）$\phi d$ 圆柱面的尺寸为 $\phi 30_{-0.025}^{0}$ mm，采用包容要求；$\phi D$ 圆柱面的尺寸为 $\phi 50_{-0.039}^{0}$ mm，采用独立原则。

（2）键槽侧面对 $\phi D$ 轴线的对称度公差为 0.02 mm。

（3）$\phi D$ 圆柱面对 $\phi d$ 轴线的径向圆跳动量不超过 0.03 mm，轴肩端平面对 $\phi d$ 轴线的端面圆跳动不超过 0.05 mm。

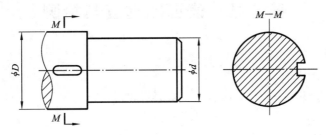

**图 4.47　习题 4.7 图**

# 第 5 章　表面粗糙度与检测

## 5.1　基　本　概　念

**1. 表面粗糙度的概念**

零件的加工精度由尺寸精度、几何精度和表面粗糙度(surface roughness)组成,满足了这三个精度要求,零件就具有较好的互换性。

机械零件在加工过程中,由于各种因素的影响,实际获得的表面都不可能是理想的,都存在宏观和微观的误差。零件的这种表面结构特征,按照轮廓法,可以用表面轮廓来反映。

国家标准规定用轮廓法确定表面结构的术语、定义和参数。表面轮廓是指理想平面与实际表面相交所得到的轮廓,如图 5.1 所示。表面轮廓有三种:原始轮廓(P 轮廓)、波纹度轮廓(W 轮廓)和粗糙度轮廓(R 轮廓)。在测量技术中,这三种轮廓是对表面轮廓运用不同截止波长的轮廓滤波器滤波后获得的。

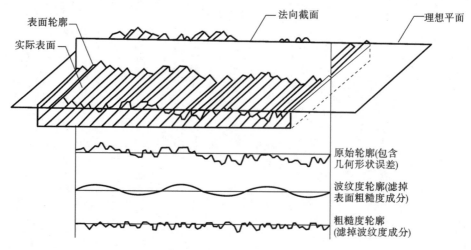

**图 5.1　零件表面的结构特征**

原始轮廓(P 轮廓):是对表面轮廓采用 $\lambda s$ 轮廓滤波器抑制短波成分以后形成的总轮廓。

粗糙度轮廓(R 轮廓):是对原始轮廓采用 $\lambda c$ 轮廓滤波器抑制长波成分以后形成的轮廓。

波纹度轮廓(W 轮廓):是对原始轮廓连续应用 $\lambda f$ 和 $\lambda c$ 两个轮廓滤波器以后形成的轮廓。采用 $\lambda f$ 轮廓滤波器是为了抑制长波成分,而采用 $\lambda c$ 轮廓滤波器是为了抑制短波成分。

通常按波距的大小来划分表面结构特征中的三种轮廓成分。波距小于 1 mm 的属于表面粗糙度,波距为 1~10 mm 的属于表面波纹度,波距大于 10 mm 的属于形状误差。

表面粗糙度轮廓线是一条无规律的随机曲线,不同的材料、不同的加工方法,得到的表面粗糙度轮廓线是不同的。

**2. 粗糙度轮廓对零件使用性能的影响**

粗糙度轮廓参数的大小对机械零件的使用性能和使用寿命等都有很大的影响。

（1）对耐磨性能的影响：零件表面越粗糙，相对运动速度越高时磨损越快，即零件耐磨性能差。因此，合理降低零件表面的粗糙程度，可减少磨损，提高零件耐磨性，延长使用寿命。但是，表面过于光洁，会不利于润滑油的储存，使摩擦因数增大，从而加剧磨损；过于光洁的表面，会使零件表面之间的吸附力增加，也会使摩擦因数增大，从而加速磨损。

（2）对配合性质的影响：对于间隙配合，零件之间的相对运动可使表面很快被磨损，这样就扩大了实际间隙，从而改变了设计的配合性质；对于过盈配合，会使实际过盈量减小，降低连接强度。

（3）对耐腐蚀性能的影响：表面粗糙易使腐蚀性物质附着于零件表面的微观凹谷处，并渗到金属材料的内层，使零件锈蚀或电化学腐蚀加剧。

（4）对疲劳强度的影响：粗糙的表面在受到交变载荷时，凹谷处容易产生应力集中的现象，金属疲劳裂纹往往从这些地方开始，从而使零件的疲劳强度降低。

此外，表面粗糙度对接触刚度、密封性、产品外观及测量精度等都有很大影响。因此，为保证机械零件的使用性能，在设计零件时，除了要满足零件尺寸、形状和位置等几何精度要求以外，必须提出合理的表面粗糙度要求。

# 5.2 表面粗糙度的评定

**1. 评定对象**

在测量和评定粗糙度时，首先需确定具体对象——表面轮廓。

表面轮廓是法向截面与理想平面垂直相交时，在实际表面截得的轮廓线，如图 5.2 所示。

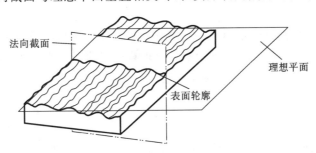

**图 5.2 表面轮廓**

按照所取截面方向的不同，表面轮廓又可分为横向表面轮廓和纵向表面轮廓。在评定或测量粗糙度时，除非特别指明，通常是指横向表面轮廓，即与加工纹理方向垂直的截面上的轮廓。在测量和评定粗糙度时，还需要确定取样长度、评定长度、基准线和评定参数。

**2. 评定的技术参数**

1）取样长度（$lr$）

取样长度是指用于判别被评定轮廓的不规则特征的 $x$ 轴方向上的长度（见图 5.3），国家标准规定的取样长度 $lr$ 见表 5.1。选取这段长度的目的是限制和减弱其他几何形状误差，特别是表面波纹度对测量结果的影响。

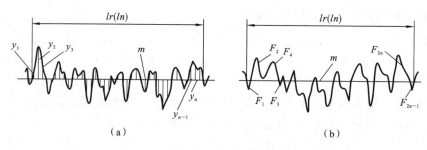

**图 5.3　取样长度、评定长度和轮廓中线**

(a) 轮廓的最小二乘中线；(b) 轮廓的算术平均中线

**表 5.1　lr 和 ln 的数值**

| $Ra/\mu m$ | $Rz/\mu m$ | $lr/mm$ | $ln/mm\ (ln=5lr)$ |
|---|---|---|---|
| ≥0.008～0.02 | ≥0.025～0.10 | 0.08 | 0.4 |
| >0.02～0.10 | >0.10～0.50 | 0.25 | 1.25 |
| >0.10～2.0 | >0.50～10.0 | 0.8 | 4.0 |
| >2.0～10.0 | >10.0～50.0 | 2.5 | 12.5 |
| >10.0～80.0 | >50.0～320 | 8.0 | 40.0 |

表面越粗糙,取样长度越大,因为表面越粗糙,波距也越大,较大的取样长度才能反映一定数量的微量高低不平的痕迹。在取样长度内至少应包含五个以上的轮廓波峰和波谷。

2）评定长度($ln$)

评定长度是用于判别被评定轮廓的 $x$ 轴方向上的长度。它可以包括一个或几个取样长度(见图 5.3,$ln=lr$)。

由于零件表面各部分的表面粗糙度不一定很均匀,在一定取样长度上往往不能合理地反映某一粗糙度轮廓特征,故需要在表面上取几个取样长度来评定粗糙度。国家标准推荐 $ln=5lr$,见表 5.1。对均匀性好的被测表面,可选 $ln<5lr$；对均匀性差的被测表面,可以选 $ln>5lr$。

3）中线

中线是指具有几何轮廓形状并划分轮廓的基准线。中线有以下两种。

(1) 轮廓最小二乘中线:在取样长度内,使轮廓线上各点的纵坐标值 $Z(x)$ 的平方和为最小的基准线,如图 5.3(a)所示。

(2) 轮廓算术平均中线:在取样长度内,与轮廓走向一致并将实际轮廓划分为上下两部分,且使上下部分面积相等的基准线,即

$$\sum_{i=1}^{n}A_i=\sum_{i=1}^{n}A_i'$$

如图 5.3(b)所示。

轮廓最小二乘中线从理论上讲是理想的基准线,但在轮廓图形上确定最小二乘中线的位置比较困难。而算术平均中线与最小二乘中线的差别很小,故通常用算术平均中线来代替最小二乘中线。可用目测估计法来确定轮廓算术平均中线。当轮廓很不规则时,算术平均中线

不是唯一中线。

**3. 粗糙度轮廓的评定参数与数值规定**

为了全面反映粗糙度轮廓对零件性能的影响,国家标准 GB/T 3505—2009 中规定的评定粗糙度轮廓的参数有幅度参数、间距参数、混合参数等。下面介绍其中几种常用的评定参数。

1) 轮廓的幅度参数

(1) 轮廓的算术平均偏差 $Ra$:在取样长度内,纵坐标 $Z(x)$ 绝对值的算术平均值,如图 5.4 所示。即

$$Ra = \frac{1}{lr}\int_0^{lr}|Z(x)|\,\mathrm{d}x \tag{5.1}$$

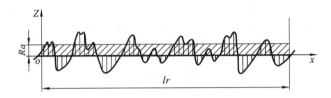

**图 5.4　轮廓的算术平均偏差 $Ra$**

$Ra$ 能充分反映表面微观几何形状高度方面的特性,是通常采用的评定参数。测得的 $Ra$ 值越大,则表面越粗糙。但因受测量器具功能的限制,$Ra$ 不适宜用作过于粗糙或太光滑的表面的评定参数。

(2) 轮廓的最大高度 $Rz$:在一个取样长度内,被评定的最大轮廓峰高 $Zp$ 与最大轮廓谷深 $Zv$ 之和的高度值,如图 5.5 所示。

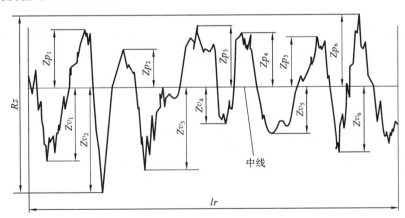

**图 5.5　轮廓的最大高度 $Rz$**

$$Rz = |Zp| + |Zv| \tag{5.2}$$

式中:$Zp$——轮廓峰高;$Zv$——轮廓谷深。

幅度参数($Ra$、$Rz$)是评定粗糙度轮廓的基本参数,也是国家标准规定必须标注的参数。但只有幅度参数还不能完全反映出零件粗糙度轮廓的特性,比如粗糙度的疏密度及粗糙度轮廓形状。因此,国家标准还规定了一个间距参数和一个混合参数。当幅度参数不能充分表达对零件表面功能的要求时,可根据需要增选。

2）轮廓单元的平均宽度 $Rsm$

轮廓单元是轮廓峰与轮廓谷的组合。轮廓单元的平均宽度是指在一个取样长度内，轮廓单元宽度 $Xs_i$ 的平均值，如图 5.6 所示。

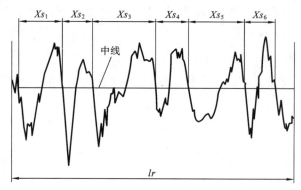

图 5.6　轮廓单元的平均宽度 $Rsm$

$$Rsm = \frac{1}{m}\sum_{i=1}^{m} Xs_i \qquad (5.3)$$

$Rsm$ 是评定轮廓的间距参数，其值越小，表示轮廓表面越细密，密封性越好。

3）轮廓支承长度率 $Rmr(c)$

轮廓的支承长度率是指在给定水平截面高度 $c$ 上的轮廓实体材料长度 $Ml(c)$ 与评定长度的比率，用公式表示为

$$Rmr(c) = \frac{Ml(c)}{ln} \qquad (5.4)$$

$$Ml(c) = Ml_1 + Ml_2 + \cdots + Ml_n \qquad (5.5)$$

$Rmr(c)$ 对应不同的 $c$ 值，$c$ 值可用 $\mu m$ 或者 $Rz$ 的百分数表示。它是评定轮廓曲线的相关参数，当 $c$ 一定时，$Rmr(c)$ 值越大，轮廓的支承能力和耐磨性越好，如图 5.7 和图 5.8 所示。

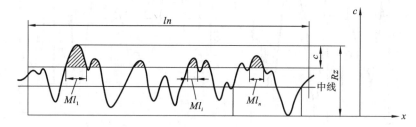

图 5.7　轮廓支承长度率 $Rmr(c)$

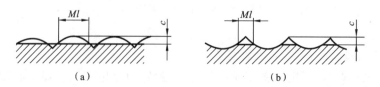

图 5.8　不同形状轮廓的支承长度率

4）评定参数的数值规定

国家标准规定了评定粗糙度轮廓的参数值，$Ra$、$Rz$、$Rsm$ 的规范数值分为基本系列和补充系

列，一般情况下，从基本系列中选取，见表5.2至表5.4。轮廓支承长度率 $Rmr(c)$ 的数值列于表5.5。

**表 5.2　$Ra$ 的数值**　　　　　　　　　　单位：μm

| 基本系列 | 补充系列 | 基本系列 | 补充系列 | 基本系列 | 补充系列 | 基本系列 | 补充系列 |
|---|---|---|---|---|---|---|---|
|  | 0.008 |  |  |  |  |  |  |
|  | 0.01 |  |  |  |  |  |  |
| 0.012 |  |  | 0.125 |  | 1.25 | 12.5 |  |
|  | 0.016 |  | 0.16 | 1.6 |  |  | 16.0 |
|  | 0.02 | 0.2 |  |  | 2.0 |  | 20 |
| 0.025 |  |  | 0.25 |  | 2.5 | 25 |  |
|  | 0.032 |  | 0.32 | 3.2 |  |  | 32 |
|  | 0.04 | 0.4 |  |  | 4.0 |  | 40 |
| 0.05 |  |  | 0.50 |  | 5.0 | 50 |  |
|  | 0.063 |  | 0.63 | 6.3 |  |  | 63 |
|  | 0.08 | 0.8 |  |  | 8.0 |  | 80 |
| 0.1 |  |  | 1.00 |  | 10.0 | 100 |  |

**表 5.3　$Rz$ 的数值**　　　　　　　　　　单位：μm

| 基本系列 | 补充系列 | 基本系列 | 补充系列 | 基本系列 | 补充系列 | 基本系列 | 补充系列 | 基本系列 | 补充系列 | 基本系列 | 补充系列 |
|---|---|---|---|---|---|---|---|---|---|---|---|
|  |  |  | 0.125 |  | 1.25 | 12.5 |  |  | 125 |  | 1250 |
|  |  |  | 0.160 | 1.6 |  |  | 16.0 |  | 160 | 1600 |  |
|  |  | 0.2 |  |  | 2.0 |  | 20 | 200 |  |  |  |
| 0.025 |  |  | 0.25 |  | 2.5 | 25 |  |  | 250 |  |  |
|  | 0.032 |  | 0.32 | 3.2 |  |  | 32 |  | 320 |  |  |
|  | 0.040 | 0.4 |  |  | 4.0 |  | 40 | 400 |  |  |  |
| 0.05 |  |  | 0.50 |  | 5.0 | 50 |  |  | 500 |  |  |
|  | 0.063 |  | 0.63 | 6.3 |  |  | 63 |  | 630 |  |  |
|  | 0.08 | 0.8 |  |  | 8.0 |  | 80 | 800 |  |  |  |
| 0.1 |  |  | 1 |  | 10.0 | 100 |  |  | 1000 |  |  |

**表 5.4　$Rsm$ 的数值**　　　　　　　　　　单位：μm

| 基本系列 | 补充系列 | 基本系列 | 补充系列 | 基本系列 | 补充系列 | 基本系列 | 补充系列 |
|---|---|---|---|---|---|---|---|
|  | 0.002 | 0.025 |  |  | 0.25 |  | 2.5 |
|  | 0.003 |  | 0.023 |  | 0.32 | 3.2 |  |
|  | 0.004 |  | 0.040 | 0.4 |  |  | 4.0 |
|  | 0.005 |  | 0.05 |  | 0.5 |  | 5.0 |
| 0.006 |  |  | 0.063 |  | 0.63 | 6.3 |  |
|  | 0.008 |  | 0.080 | 0.8 |  |  | 8.0 |
|  | 0.01 |  | 0.1 |  | 1.00 |  | 10.0 |
| 0.0125 |  |  | 0.125 |  | 1.25 | 12.5 |  |
|  | 0.016 |  | 0.160 | 1.6 |  |  |  |
|  | 0.02 |  | 0.2 |  | 2.0 |  |  |

**表 5.5　$Rmr(c)$ 的数值**

| 10 | 15 | 20 | 25 | 30 | 40 | 50 | 60 | 70 | 80 | 90 |
|----|----|----|----|----|----|----|----|----|----|----|

注:选用轮廓支承长度率 $Rmr(c)$ 时,必须同时给出轮廓截面高度 $c$ 值。$c$ 值可用 μm 或 $Rz$ 的百分数表示,$Rz$ 的百分数系列如下:5%,10%,15%,20%,25%,30%,40%,50%,60%,70%,80%,90%。

## 5.3　粗糙度轮廓参数的选择和表面结构的标注

### 1. 表面粗糙度轮廓参数的选择

表面粗糙度轮廓参数的选择主要包括评定参数的选择和参数值的选择。

1) 参数的选择原则

(1) 在 $Ra$、$Rz$ 两个高度参数中,由于 $Ra$ 既能反映加工表面的微观几何形状特征,又能反映凸峰高度,且在测量时便于进行数值处理,因此推荐优先选用 $Ra$ 来评定表面轮廓。参数 $Rz$ 只能反映表面轮廓的最大高度,不能反映轮廓的微观几何形状特征,但它可控制表面不平度的极限情况,因此常用于某些不允许出现较深加工痕迹的零件及小零件表面,其测量计算较方便,常在采用 $Ra$ 评定时控制 $Rz$,也可单独使用。

(2) 在 $Rsm$、$Rmr(c)$ 两个参数中,$Rsm$ 是反映轮廓间距特征的评定参数,$Rmr(c)$ 是反映轮廓微观不平度形状特征的综合评定参数。在大多数情况下,首先采用反映高度特征的参数 $Ra$、$Rz$,只有在高度特征参数不能满足零件表面功能要求,即还需要控制间距和综合情况时,才选用 $Rsm$ 或 $Rmr(c)$ 其中一个参数。

2) 评定参数值的选择

表面粗糙度轮廓参数值总的选择原则是:在满足功能要求前提下,尽量选用较大的参数值,以获得最佳的技术经济效益。此外,零件表面过于光滑,会不利于在该表面上储存润滑油,容易形成半干摩擦或干摩擦,从而加剧该表面的磨损。

表面粗糙度轮廓参数值选择原则如下:

(1) 同一零件上,工作表面粗糙度轮廓参数值小于非工作表面;

(2) 摩擦表面粗糙度轮廓参数值小于非摩擦表面,滚动摩擦表面应小于滑动摩擦表面;

(3) 承受交变载荷的零件上,容易引起应力集中的部分表面(如圆角、沟槽)的粗糙度轮廓参数值应小些;

(4) 要求配合性质稳定可靠的零件表面粗糙度轮廓参数值应较小,当配合性质相同时,小尺寸零件配合的表面粗糙度轮廓参数值应小于大尺寸零件配合的表面粗糙度轮廓参数值;

(5) 对防腐性、密封性要求高的表面以及要求外表面美观的表面,其表面粗糙度轮廓参数值应小些;

(6) 凡有关标准已对表面结构要求做出规定的表面(如量规、齿轮、与滚动轴承相配合的轴颈和壳体孔等),应按标准规定选取表面粗糙度轮廓参数值。

在生产实践中,可以熟悉各种加工方法可能达到的精度等级(见表 3.8),建立精度等级与表面粗糙度之间的对应关系。一般来说,表面加工精度越高,表面粗糙度的值越小,表 5.6 为轴和孔的表面粗糙度轮廓参数推荐值,供选择时参考。

表 5.6　轴和孔的表面粗糙度轮廓参数推荐值

| 表 面 特 征 | | | $Ra$ 的上限值/$\mu m$ | | |
|---|---|---|---|---|---|
| 轻度拆装零件的配合表面 | 公差等级 | 尺寸要素 | 公称尺寸/mm | | |
| | | | ＜50 | >50～100 | |
| | IT5 | 轴 | 0.2 | 0.4 | |
| | | 孔 | 0.4 | 0.8 | |
| | IT6 | 轴 | 0.4 | 0.8 | |
| | | 孔 | 0.4～0.8 | 0.8～1.6 | |
| | IT7 | 轴 | 0.4～0.8 | 0.8～1.6 | |
| | | 孔 | 0.8 | 1.6 | |
| | IT8 | 轴 | 0.8 | 1.6 | |
| | | 孔 | 0.8～1.6 | 1.6～3.2 | |
| 过盈配合的配合表面 ① 装配按机械压入法 ② 装配按热胀法 | 公差等级 | 尺寸要素 | 公称尺寸 | | |
| | | | ≤50 | >50～120 | >120～500 |
| | IT5 | 轴 | 0.1～0.2 | 0.4 | 0.4 |
| | | 孔 | 0.2～0.4 | 0.8 | 0.8 |
| | IT6～IT7 | 轴 | 0.4 | 0.8 | 1.6 |
| | | 孔 | 0.8 | 1.6 | 1.6 |
| | IT8 | 轴 | 0.8 | 0.8～1.6 | 1.6～3.2 |
| | | 孔 | 1.6 | 1.6～3.2 | 1.6～3.2 |
| | — | 轴 | 1.6 | | |
| | | 孔 | 1.6～3.2 | | |

| 表 面 特 征 | | 径向圆跳动公差/$\mu m$ | | | | | |
|---|---|---|---|---|---|---|---|
| 精密定心用配合零件的表面 | 尺寸要素 | 2.5 | 4 | 6 | 10 | 16 | 25 |
| | | $Ra$ 的上限值/$\mu m$ | | | | | |
| | 轴 | 0.05 | 0.1 | 0.1 | 0.2 | 0.4 | 0.8 |
| | 孔 | 0.1 | 0.2 | 0.2 | 0.4 | 0.8 | 1.6 |

| 表 面 特 征 | | 公差等级 | | |
|---|---|---|---|---|
| 滑动轴承的配合表面 | 尺寸要素 | IT6～IT9 | IT10～IT12 | 液体湿摩擦条件 |
| | | $Ra$ 的上限值/$\mu m$ | | |
| | 轴 | 0.4～0.8 | 0.8～3.2 | 0.1～0.4 |
| | 孔 | 0.8～1.6 | 1.6～3.2 | 0.2～0.8 |

## 2. 表面结构要求的标注

国家标准 GB/T 131—2006《产品几何技术规范(GPS)　技术产品文件中表面结构的表示法》中,对表面结构的标注作出了详细规定。在技术产品文件中,对表面结构的要求可用几种不同的图形符号表示,每种符号都有特定含义,其形式有数字、图形符号和文本,在特殊情况下,图形符号可以在技术图样中单独使用以表达特殊意义。

1) 表面结构的图形符号

(1) 基本图形符号:由两条不等长的与标注表面成60°夹角的直线构成,如图5.9(a)所示,该基本图形符号仅用于简化代号标注。

(2) 扩展图形符号:图5.9(b)符号表示用去除材料的方法获得的表面,如车、铣、刨、磨、剪切、抛光、腐蚀等;图5.9(c)符号表示用不去除材料的方法获得的表面,如铸、锻、冲压、冷轧、粉末冶金等。

(3) 完整图形符号:当要求标注表面结构特征的补充信息时,应在如图5.9所示的图形符号的长边上加一横线,如图5.10所示。在报告和合同文本中用中文表达如图5.10所示的符号时,允许用APA、MRR、NMR分别表示图5.10(a)、(b)、(c),即APA、MRR、NMR分别表示允许用任何工艺获得表面、用去除材料的方法获得表面、用不去除材料的方法获得表面。

图5.9　表面结构的图形符号　　　　　　　图5.10　完整图形符号
(a) 基本图形符号;(b) 去除材料的方法的扩展图形符号;　　　(a) 允许任何工艺;
(c) 不去除材料的方法的扩展图形符号　　　(b) 去除材料的方法;(c) 不去除材料的方法

(4) 工件轮廓各表面的图形符号:当对图样某个视图上构成封闭轮廓的各表面有系统的表面粗糙度要求时,应在如图5.10所示的完整图形符号上加一圆圈,标注在图样中工件的封闭轮廓上。如果标注会引起歧义,各表面应分别标注。图5.11所表示的表面粗糙度符号是指对图样中封闭的6个面的共同要求,不包括前后面。

2) 表面结构完整图形符号的组成

为了明确表面结构要求,除了标注表面结构参数和数值以外,必要时应标注补充要求。补充要求包括传输带、取样长度、加工工艺、表面纹理方向、加工余量等。在符号中,对表面结构的单一要求和补充要求应标注在如图5.12所示的指定位置。

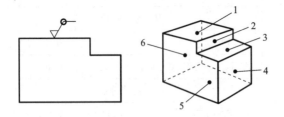

图5.11　对周边各面有相同的表面结构要求

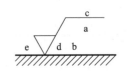

图5.12　补充要求标注位置

表面结构代号各规定位置分别标注以下内容:

① 位置a标注表面结构的单一要求;

② 位置a和b标注两个或多个表面结构要求;

③ 位置c标注加工方法、表面处理或其他加工工艺要求,如:车、铣、磨、镀等;

④ 位置d标注表面纹理方向,如"＝""X""M",见表5.7;

⑤ 位置e标注加工余量,以mm为单位给出数值。

**表 5.7　加工纹理方向符号**

| 符号 | 解释与示例 | 符号 | 解释与示例 |
|---|---|---|---|
| = | 纹理平行于视图所在的投影面 | M | 纹理呈多方向 |
| ⊥ | 纹理垂直于视图所在的投影面 | R | 纹理呈近似放射状且与表面圆心相关 |
| × | 纹理呈两斜向交叉且与视图所在的投影面相交 | P | 纹理呈微粒、凸起,无方向 |
| C | 纹理呈近似同心圆且圆心与表面中心相关 | | |

注:如果表面纹理不能清楚地用这些符号表示,必要时,可以在图样上加注说明。

　　标注时高度参数值分为上限值、下限值、最大值和最小值。当在图样上只标注一个参数值时,表示只要求上限值。当在图样上同时标注上限值和下限值时,表示所有实测值中超过规定值的个数应少于总数的 16%。当在图样上同时标注最大值和最小值时,表示所有实测值不得超过规定值。

　　图 5.13 至图 5.16 为表面结构完整图形符号的标注示例。

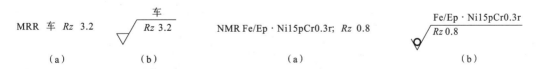

图 5.13　加工工艺和表面结构要求的标注　　　　图 5.14　镀覆和表面粗糙度要求的标注
(a) 在文本中;(b) 在图样上　　　　　　　　　(a) 在文本中;(b) 在图样上

### 3. 表面结构要求在图样和其他技术产品文件中的标注法

表面结构要求对每一表面一般只标注一次,并尽可能注在相应的尺寸及其公差的同一视图上。除非另有说明,所标注的表面结构要求是对完工零件的表面要求。

图 5.15　垂直于视图所在投影面的
表面纹理方向的标注

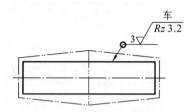

图 5.16　在表示完工零件的图样中给出加工余量的标注
（所有表面均有 3 mm 加工余量）

按照国家标准的规定,表面结构的注写和读取方向与尺寸的注写和读取方向一致,可以标注在轮廓线上,其符号应从材料外指向并接触表面。必要时,表面结构参数符号也可以用带箭头或黑点的指引线引出标注,如图 5.17 和图 5.18 所示。

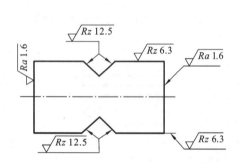

图 5.17　表面结构要求在轮廓线上的标注

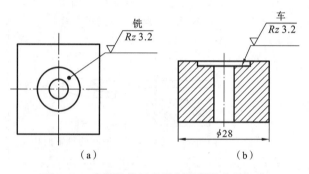

图 5.18　表面结构要求用指引线引出的标注

在不致引起误解时,表面结构要求可以标注在给定的尺寸线上,如图 5.19 所示;也可以标注在几何公差框格的上方,如图 5.20 所示。

如果对工件的多数(包括全部)表面有相同的表面结构要求,则其表面结构要求可统一标注在图样的标题栏附近。此时(除全部表面有相同要求的情况外),在表面结构要求的符号后面的圆括号内给出无任何其他标注的基本符号,如图5.21所示。

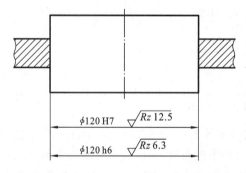

图 5.19　表面结构要求在尺寸线上的标注

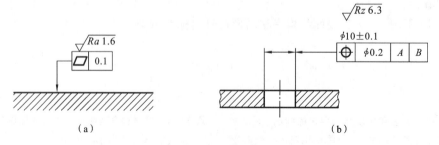

（a）　　　　　　　　　　　　　（b）

图 5.20　表面结构要求在几何公差框格的上方的标注

当多个表面具有相同的表面结构要求或图纸空间有限时,可用带字母的完整符号、基本图形符号或扩展图形符号,以等式的形式,在图形或标题栏附近,对有相同表面结构要求的表面进行简化标注,如图 5.22 和图 5.23 所示。

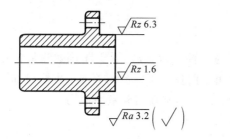

图 5.21　大多数表面有相同表面结构要求的简化标注法

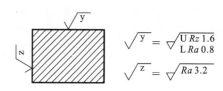

图 5.22　图纸空间有限时的简化标注法

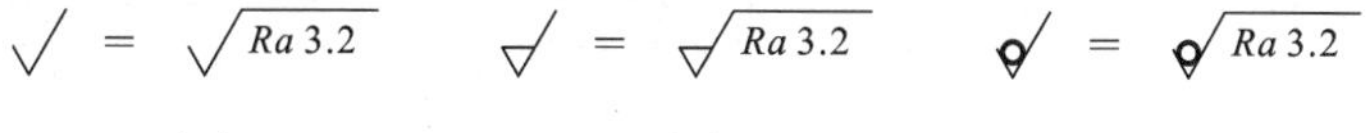

图 5.23　各种工艺方法多个表面结构要求的简化标注法

## 5.4　表面粗糙度轮廓的检测

　　测量粗糙度轮廓参数时,应注意不要将零件的表面缺陷(如气孔、划痕和沟槽等)包括进去,应按图样上标注的测量方向测量。若图样上无特别注明,则应按数值最大的方向进行测量。一般按垂直于加工纹理方向测量可得到最大测量值。用电火花、研磨等方法加工的零件表面没有一定的加工纹理方向,则应在几个不同的方向上测量,取最大值作为测量结果。

**1. 轮廓参数极限值判断规则**

　　零件加工完毕后,按检验规范测得其表面轮廓参数值后,需要与图样上的极限值进行比较,以判断其是否合格,表面粗糙度参数的判断规则有两种。

　　(1) 16%规则:在测得的被检测表面的全部参数值中,超过极限值的个数不多于总个数的16%时,该表面是合格的。超过有两层含义:当表面结构给定上限值时,超过指大于给定值;当表面结构给定下限值时,超过指小于给定值。16%规则是表面粗糙度标注的默认规则,参看5.3 节中的"表面结构完整图形符号的组成"。

　　(2) 最大规则:测得的被检测表面的全部参数值都不允许超过给定的极限值。应用该规则时,必须在参数代号后面加"max",例如 $Ra$ max 0.4,如果省掉"max",只标注了 $Ra$ 0.4,则默认为 16%规则。

**2. 粗糙度轮廓检测方法**

　　常用的粗糙度轮廓检测方法有比较法、光切法、干涉法和针描法。

　　1) 比较法

　　比较法是指将被测零件表面与已知评定参数值的粗糙度轮廓标准样板直接进行比较,从而估计出被测表面粗糙度的一种测量方法。使用时,所用粗糙度样板的材料、表面形状、加工方法和加工纹理方向等应尽可能与被测表面一致,以减小检测误差。常用的仪器有量具厂生产的粗糙度比对仪,如图 5.24 所示。

　　当零件批量较大时,可以从加工零件中挑选出样品,经检定后

图 5.24　粗糙度比对仪

作为样板使用。该方法简单易行,但测量精度不高,仅适用于评定粗糙度轮廓要求不高的零件表面。

2) 光切法

光切法是运用光切原理来测量粗糙度轮廓的一种测量方法,属于非接触测量方法。常用的仪器是光切显微镜(或称双管显微镜)。它适用于测量用车、铣、刨等加工方法所加工的金属零件以及 $Rz$ 值为 $0.5 \sim 80~\mu m$ 的金属平面或外圆表面,常在实验室中使用。

3) 干涉法

干涉法是利用光波干涉原理和显微系统测量精密加工零件粗糙度轮廓的方法,常用的仪器是干涉显微镜。该方法主要用于测量 $Rz$ 值为 $0.05 \sim 0.8~\mu m$、粗糙度轮廓要求较高的零件表面。

4) 针描法

针描法也称为轮廓法,是一种接触式测量粗糙度轮廓的方法,常用的仪器是触针式轮廓仪。如图 5.25 所示,它是利用触针划过被测表面,把粗糙度轮廓放大描绘出来,经过计算机处理装置直接给出 $Ra$ 值,适用于测量 $Ra$ 值为 $0.025 \sim 6.3~\mu m$ 的内、外表面和球面。

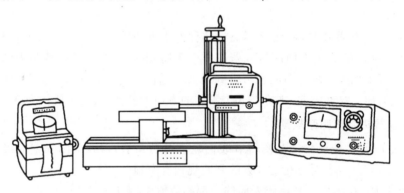

图 5.25　针描法测量图

测量时,仪器的触针针尖与被测表面相接触,以一定速度在被测表面上移动,被测表面上的微观不平的痕迹使触针沿轮廓的垂直方向作上下运动。触针的运动情况反映了被测表面的轮廓情况,其运动情况通过传感器转换成电信号,再通过滤波、放大和计算处理,直接显示出 $Ra$ 值的大小,也可以使用记录装置画出被测表面的轮廓图形。

在实际测量中,常常会遇到某些既不能使用仪器直接测量,也不便于用样板相对比较表面的情况,如深孔、盲孔、凹槽、内螺纹等。评定这些粗糙度时,常采用印模法。印模法是利用一些无流动性和弹性的塑性材料,贴合在被测表面上,将被测表面的轮廓复制成模,然后测量印模,从而来评定被测表面的粗糙度。还可以用手指触摸感知表面的粗糙度(目测法),再与实际粗糙度比对,这种测量方法需不断积累经验,达到越来越准确的目的。

【本章主要内容及学习要求】

表面粗糙度与零件的尺寸精度和几何精度共同构成了零件精度的三个方面。本章介绍了表面粗糙度的概念以及其对零件使用性能的影响,介绍了表面粗糙度的国家标准和相关参数的选择。设计时,应根据功能要求提出合理的表面粗糙度要求并正确地标注在图样上;制造时,通过适当的检测方法判断表面是否合格、控制表面质量。通过本章的学习,读者应掌握表面粗糙度的几个主要评定参数的名称代号、含义及其在图样上的正确标注方法;了解表面粗糙度的几种常用测量方法。

　　本章内容涉及的国家标准主要有 GB/T 1031—2009《产品几何技术规范（GPS）　表面结构 轮廓法 表面粗糙度参数及其数值》；GB/T 131—2006《产品几何技术规范（GPS）　技术产品文件中表面结构的表示法》；GB/T 3505—2009《产品几何技术规范（GPS）　表面结构 轮廓法 术语、定义及表面结构参数》；GB/T 10610—2009《产品几何技术规范（GPS）　表面结构 轮廓法 评定表面结构的规则和方法》等。

# 习　题　五

5-1　填空题

（1）表面粗糙度是指_____所具有的_____和_____不平度。

（2）取样长度用_____表示；评定长度用_____表示；轮廓中线用_____表示。

（3）轮廓的算术平均偏差用_____表示；轮廓的最大高度用_____表示。

（4）表面粗糙度的选用，应在满足表面功能要求的情况下，尽量选用_____的表面粗糙度数值。

（5）同一零件上，工作表面的粗糙度参数值_____非工作表面的粗糙度参数值。

5-2　表面粗糙度对零件的使用性能有何影响？

5-3　规定取样长度和评定长度的目的是什么？

5-4　表面粗糙度的主要评定参数有哪些？优先采用哪个评定参数？

5-5　常见的加工纹理方向符号有哪些？各代表什么意义？

5-6　在一般情况下，$\phi40H7$ 和 $\phi10H7$ 相比，$\phi40\dfrac{H6}{f5}$ 和 $\phi40\dfrac{H6}{s5}$ 相比，哪个应选用较大的粗糙度轮廓参数值？

5-7　将下列表面结构要求标注在图 5.26 上，零件加工均采用去除材料的方法。

（1）直径为 $\phi50$ mm 的圆柱表面粗糙度 $Ra$ 的上限值为 $3.2~\mu m$；

（2）左端面的粗糙度 $Ra$ 的上限值为 $1.6~\mu m$；

（3）直径为 $\phi50$ mm 的圆柱右端面的粗糙度 $Ra$ 的上限值为 $1.6~\mu m$；

（4）内孔粗糙度 $Ra$ 的上限值为 $0.4~\mu m$；

（5）螺纹工作面的粗糙度 $Ra$ 的上限值为 $1.6~\mu m$；

（6）其余各加工面的粗糙度 $Ra$ 的上限值为 $25~\mu m$。

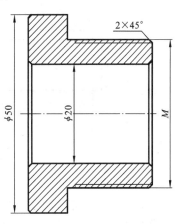

图 5.26　题 5-7 图

# 第6章　圆锥和角度的公差、配合与检测

圆锥(cone)、角度在机械结构中应用广泛。圆锥配合是常用的典型结构,具有同轴度高、间隙和过盈便于调整、密封性好、能以较小的过盈量传递较大转矩等优点。一些具有锥度、角度的零件,如圆锥销、心轴、V形体、斜楔、燕尾导轨等在工业生产中得到了广泛应用。因此,研究圆锥和角度的公差与检测,是提高产品质量、保证互换性不可缺少的工作。

## 6.1　圆锥的配合

圆锥配合是各类机械结构中常用的典型配合,其配合要素为内、外圆锥表面。

**1. 圆锥配合的特点**

与圆柱配合相比,圆锥配合有如下主要特点。

(1) 对中性好。在圆柱配合中,当配合存在间隙时,孔与轴的轴线就不重合,存在同轴度误差;而圆锥配合则不同,内、外圆锥在轴向力作用下沿轴向做相对运动,从而消除了由间隙引起的偏心,保证了内、外圆锥的轴线具有较高精度的同轴度,且能快速拆装,如图6.1所示。

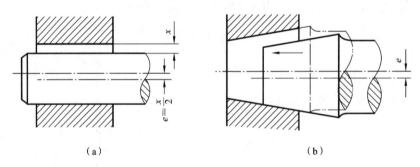

（a）　　　　　　　　　　　　　　　　　（b）

**图 6.1　圆柱配合与圆锥配合的比较**

(a) 圆柱配合;(b) 圆锥配合

(2) 配合性质可以调整。如果配合的间隙量或过盈量的大小可以调整,就可以满足不同的工作要求。圆柱配合中,间隙或过盈的大小是不能调整的。而圆锥配合中,间隙或过盈的大小可以通过内、外圆锥在轴向的相对运动来调整,从而达到不同的配合性质,且可以补偿表面的磨损,延长圆锥的使用寿命。

(3) 配合紧密且便于拆装。内、外圆锥表面经配对研磨后,只要内、外圆锥沿轴向适当地移动,就能得到较紧的配合,反向移动又很容易拆开,所以圆锥配合具有很好的密封性和自锁性,常被用在防止漏气、漏水等方面,如锥螺纹、锥管螺纹等。

圆锥配合虽然具有以上优点,但与圆柱配合相比,圆锥是由直径、长度、锥度(或锥角)构成的多尺寸要素,结构比较复杂,影响互换性的因素比较多,加工和检测也较困难,故其应用不如圆柱配合广泛。

**2. 圆锥配合的种类**

圆锥配合是由公称圆锥直径和公称圆锥角或公称锥度相同的内、外圆锥形成的。圆锥尺寸公差带的数值是按公称圆锥直径给出的,所指间隙或过盈是指垂直于圆锥轴线方向即直径上的尺寸,而与圆锥角大小无关。

圆锥配合与圆柱配合的主要区别是:根据内、外圆锥相对轴向位置不同,圆锥配合可以获得间隙配合、过渡配合或过盈配合。

（1）间隙配合。这类配合具有一定间隙,间隙的大小在装配和使用过程中,可以通过内、外圆锥的轴向相对位移进行调整,零件易拆卸,常用于有相对运动的机构中。如某些车床主轴圆锥轴颈与圆锥滑动轴承衬套的配合。

（2）过盈配合。这类配合具有过盈,过盈的大小可通过圆锥的轴向移动来调整,具有自锁性,利用内、外圆锥间的摩擦力来传递扭矩。广泛用于锥柄刀具,如铰刀、钻头等的锥柄与机床主轴圆锥孔的配合,圆锥形摩擦离合器等。

（3）过渡配合。这类配合要求内、外圆锥紧密配合,间隙为零或略小于零,可以防止漏水和漏气,多用于定心或密封的场合,如锥形旋塞、发动机中气阀与阀座的配合等。为使圆锥面接触严密,必须成对研磨,因而这类圆锥配合一般不具有互换性。

**3. 圆锥及其配合的基本参数**

在圆锥配合中,影响互换性的因素较多,为了分析其互换性,必须熟悉圆锥配合的基本参数。圆锥及其配合的基本参数如图 6.2 所示。

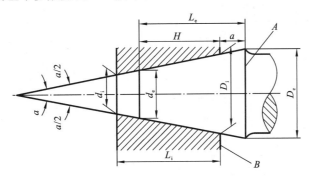

**图 6.2　圆锥配合的基本参数**

*A*—外圆锥基准面;*B*—内圆锥基准面

1）圆锥角（$\alpha$）

在通过圆锥轴线的截面内,两条素线间的夹角称为圆锥角,用符号 $\alpha$ 表示。

2）圆锥素线角

圆锥素线与其轴线间的夹角,称为圆锥素线角,它等于圆锥角的一半,即 $\alpha/2$。

3）圆锥直径（$D$,$d$,$d_x$）

圆锥在垂直于轴线截面上的直径,称为圆锥直径。常用的圆锥直径有:内、外圆锥的最大直径 $D_i$、$D_e$,内、外圆锥的最小直径 $d_i$、$d_e$ 和任意给定截面上的圆锥直径 $d_x$。设计时一般选用内圆锥的最大直径或外圆锥的最小直径作为公称直径。

4）圆锥长度（$L$）

圆锥长度是指最大圆锥直径截面与最小圆锥直径截面之间的轴向距离,内、外圆锥长度分

别用 $L_i$、$L_e$ 表示。

5）圆锥配合长度（$H$）

圆锥配合长度是指内、外圆锥配合面的轴向距离,用符号 $H$ 表示。

6）锥度（$C$）

锥度是指圆锥的最大直径与其最小直径之差对圆锥长度之比,用符号 $C$ 表示。即：

$$C=(D-d)/L \tag{6.1}$$

锥度 $C$ 与圆锥角 $\alpha$ 的关系可表示为：

$$C=2\tan(\alpha/2)=1:\frac{1}{2}\cot(\alpha/2) \tag{6.2}$$

锥度关系式反映了圆锥直径、圆锥长度、圆锥角和锥度之间的相互关系,是圆锥的基本关系式。锥度常用比例或分数表示,例如 $C=1:20$ 或 $C=1/20$ 等。

为了减少加工圆锥零件所用的专用刀具、量具种类和规格,满足生产需要,国家标准 GB/T 157—2001 规定了一般用途圆锥的锥度和圆锥角系列,见表 6.1,大于 120°的圆锥角和 1：500以下的锥度未列入标准。设计时应从标准系列中选用标准圆锥角 $\alpha$ 或标准锥度 $C$。

表 6.1　一般用途圆锥的锥度与圆锥角　（摘自 GB/T 157—2001）

| 基　本　值 | | 推　算　值 | | | |
|---|---|---|---|---|---|
| 系列 1 | 系列 2 | 圆锥角 | | | 锥度 |
| | | (°)(′)(″) | (°) | rad | |
| 120° | | — | — | 2.09439510 | 1：0.288675 |
| 90° | | — | — | 1.57079633 | 1：0.500000 |
| | 75° | — | — | 1.30899694 | 1：0.651613 |
| 60° | | — | — | 1.04719755 | 1：0.866025 |
| 45° | | — | — | 0.78539816 | 1：1.207107 |
| 30° | | — | — | 0.52359878 | 1：1.866025 |
| 1：3 | | 18°55′28.7199″ | 18.92464442° | 0.33029735 | — |
| | 1：4 | 14°15′0.1177″ | 14.25003270° | 0.24870999 | — |
| 1：5 | | 11°25′16.2706″ | 11.42118627° | 0.19933730 | — |
| | 1：6 | 9°31′38.2202″ | 9.52728338° | 0.16628246 | — |
| | 1：7 | 8°10′16.4408″ | 8.17123356° | 0.14261493 | — |
| | 1：8 | 7°9′9.6075″ | 7.15266875° | 0.12483762 | — |
| 1：10 | | 5°43′29.3176″ | 5.72481045° | 0.09991679 | — |
| | 1：12 | 4°46′18.7970″ | 4.77188806° | 0.08328516 | — |
| | 1：15 | 3°49′5.8975″ | 3.81830487° | 0.06664199 | — |
| 1：20 | | 2°51′51.0925″ | 2.86419237° | 0.04998959 | — |
| 1：30 | | 1°54′34.8570″ | 1.90968251° | 0.03333025 | — |
| 1：50 | | 1°8′45.1586″ | 1.14587740° | 0.01999933 | — |
| 1：100 | | 34′22.6309″ | 0.57295302° | 0.00999992 | — |
| 1：200 | | 17′11.3219″ | 0.28647830° | 0.00499999 | — |
| 1：500 | | 6′52.5295″ | 0.11459152° | 0.00200000 | — |

注：选用时,优先选用系列 1,当其不能满足要求时,可选系列 2。

　　国家标准还规定了特殊用途圆锥的锥度和圆锥角系列,见表 6.2,通常只用于表中最后一栏所指的范围。莫氏圆锥的主要尺寸和公差如表 6.3 所示。

**表 6.2　特殊用途圆锥的锥度与圆锥角**　（摘自 GB/T 157—2001）

| 基本值 | 推 算 值 | | | | 备 注 |
|---|---|---|---|---|---|
| | 圆 锥 角 | | | 锥 度 | |
| | (°)(′)(″) | (°) | rad | | |
| 11°54′ | — | — | 0.20769418 | 1∶4.7974511 | 纺织机械 |
| 8°40′ | — | — | 0.15126187 | 1∶6.5984415 | 和附件 |
| 7° | — | — | 0.12217305 | 1∶8.1749277 | |
| 7∶24 | 16°35′39.4443″ | 16.59429008° | 0.28962500 | 1∶3.4285714 | 机床主轴工具配合 |
| 6∶100 | 3°26′12.1776″ | 3.43671600° | 0.05998201 | 1∶16.6666667 | 医疗设备 |
| 1∶12.262 | 4°40′12.1514″ | 4.67004205° | 0.08150761 | — | 贾各锥度 No.2 |
| 1∶12.972 | 4°24′52.9039″ | 4.41469552° | 0.0775097 | — | 贾各锥度 No.1 |
| 1∶15.748 | 3°38′13.4429″ | 3.63706747° | 0.06347880 | — | 贾各锥度 No.33 |
| 1∶18.779 | 3°3′1.2070″ | 3.05033527° | 0.05323839 | — | 贾各锥度 No.3 |
| 1∶19.264 | 2°58′24.8644″ | 2.97357343° | 0.05189865 | — | 贾各锥度 No.6 |
| 1∶20.288 | 2°49′24.7802″ | 2.82355006° | 0.04928025 | — | 贾各锥度 No.0 |
| 1∶19.002 | 3°0′52.3956″ | 3.01455434° | 0.05261390 | — | 莫氏锥度 No.5 |
| 1∶19.180 | 2°59′11.7258″ | 2.98659050° | 0.05212584 | — | 莫氏锥度 No.6 |
| 1∶19.212 | 2°58′53.8255″ | 2.98161820° | 0.05203905 | — | 莫氏锥度 No.0 |
| 1∶19.254 | 2°58′30.4217″ | 2.97511713° | 0.05192559 | — | 莫氏锥度 No.4 |
| 1∶19.922 | 2°52′31.4463″ | 2.87540176° | 0.05018523 | — | 莫氏锥度 No.3 |
| 1∶20.020 | 2°51′40.7060″ | 2.86133223° | 0.04993967 | — | 莫氏锥度 No.2 |
| 1∶20.047 | 2°51′26.9283″ | 2.85748008° | 0.04987244 | — | 莫氏锥度 No.1 |
| 1∶28 | 2°2′45.8174″ | 2.04606038° | 0.03571049 | — | 复苏器(医用) |
| 1∶36 | 1°35′29.2096″ | 1.59144711° | 0.02777599 | — | 麻醉器具 |
| 1∶40 | 1°25′56.3516″ | 1.43231989° | 0.02499870 | — | |

**表 6.3　莫氏圆锥的主要尺寸和公差**　（摘自 GB/T 157—2001）

| 莫氏锥度 | 锥 度 | 圆 锥 角 | | | D | Z |
|---|---|---|---|---|---|---|
| | | 公称尺寸/ (°)(′)(″) | 极限偏差/(°)(′)(″) | | 公称尺寸 /mm | 公称尺寸 /mm |
| | | | 外圆锥 | 内圆锥 | | |
| 0 | 1∶19.212 | 2°58′54″ | +1′05″ | 0 | 9.045 | |
| 1 | 1∶20.047 | 2°51′26″ | 0 | −1′05″ | 12.065 | |
| 2 | 1∶20.020 | 2°51′41″ | +52″ | 0 | 17.780 | 1 |
| 3 | 1∶19.922 | 2°52′32″ | 0 | −52″ | 23.825 | |
| 4 | 1∶19.254 | 2°58′31″ | | | 31.267 | |
| 5 | 1∶19.002 | 3°00′53″ | +41″ 0 | 0 −41″ | 44.399 | 1.5 |
| 6 | 1∶19.180 | 2°59′12″ | +33″ 0 | 0 −33″ | 63.348 | 2 |

7) 基面距($a$)

相互结合的外圆锥基面(轴肩或轴端面)与内圆锥基面(端面)之间的距离,称为基面距,用符号 $a$ 表示,如图 6.3 所示。基面距决定了两配合圆锥体的轴向相对位置。

圆锥配合的公称直径是指外圆锥小端直径或内圆锥大端直径。根据所选公称直径来确定基面距的位置,如以内圆锥的大端直径为公称直径,则基面距的位置在大端,如图 6.3(a)所示;如以外圆锥的小端直径为公称直径,则基面距的位置在小端,如图 6.3(b)所示。

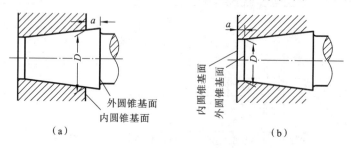

图 6.3　圆锥的基面距

8) 轴向位移($E_a$)

相互配合的内、外圆锥从实际初始位置到终止位置移动的距离,称为轴向位移,用符号 $E_a$ 表示,如图 6.4 所示。用轴向位移可实现圆锥的各种不同配合。

所谓实际初始位置就是相互配合的内、外圆锥的实际初始位置;终止位置就是相互配合的内、外圆锥,为了在其终止状态得到要求的间隙(见图 6.4(a))或过盈(见图 6.4(b))所规定的相互轴向位置。

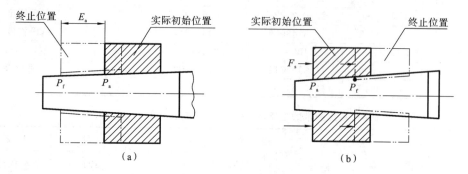

图 6.4　轴向位移 $E_a$

### 4. 圆锥配合

GB/T 12360—2005《产品几何量技术规范(GPS)　圆锥配合》适用于锥度从 1∶500～1∶3,公称圆锥长度为 6～630 mm,直径至 500 mm 的光滑圆锥的配合。

圆锥配合的特征是通过改变内、外圆锥的相对轴向位置得到的,按确定相配合的内、外圆锥轴向位置的方法不同,主要有以下两种类型的圆锥配合:结构型圆锥配合和位移型圆锥配合。

1) 结构型圆锥配合

结构型圆锥配合是指由内、外圆锥本身的结构或基面距,来确定装配后的最终轴向相对位置,以得到所需配合性质的圆锥配合,如图 6.5 所示。这种配合方式可以得到间隙配合、过渡配合和过盈配合,配合性质完全取决于内、外圆锥直径公差带的相对位置。

如图 6.5(a)所示,外圆锥的轴肩与内圆锥的大端端面相接触,使两者相对轴向位置确定,形成所需要的圆锥间隙配合。

如图 6.5(b)所示,通过控制内、外圆锥基准平面之间的结构尺寸 $a$(内圆锥基准平面与外圆锥基准平面之间的距离,即基面距 $a$)来确定装配后的最终轴向位置,形成所需要的圆锥过盈配合。

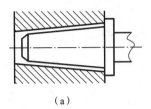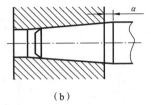

(a) (b)

**图 6.5 结构型圆锥配合**

2) 位移型圆锥配合

位移型圆锥配合是指由内、外圆锥的相对轴向位移或产生轴向位移的装配力(轴向力)的大小,来确定最终轴向相对位置而得到所需配合性质的圆锥配合,如图 6.6 所示。

图 6.6(a)所示为在圆锥配合中由初始实际位置 $P_a$ 开始,内、外圆锥沿轴向产生一定量的相对轴向位移 $E_a$,直至终止位置 $P_f$ 而获得间隙配合的情况。

图 6.6(b)所示为在圆锥配合中由初始实际位置 $P_a$ 开始,对内圆锥施加一定的轴向力 $F_s$,使其产生轴向位移到达终止位置 $P_f$ 而获得过盈配合的情况。位移型圆锥配合一般不用于形成过渡配合。

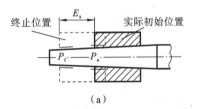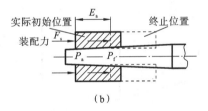

(a) (b)

**图 6.6 位移型圆锥配合**

结构型圆锥配合优先采用基孔制,即内圆锥直径基本偏差采用 H,根据不同配合的要求,外圆锥直径基本偏差在 a～zc 间选取。同时要注意,给出内、外圆锥直径公差带的公称圆锥直径应一致,其配合按 GB/T 1800.2—2009 选取。另外,由于结构型圆锥配合的圆锥直径公差的大小直接影响配合精度,因此,推荐内、外圆锥直径公差等级不低于 IT9 级。如果对接触精度有更高的要求,可进一步给出圆锥角公差和圆锥的形状公差。

## 6.2 圆锥的公差及其应用

为了满足内、外圆锥的互换性和使用要求,国家标准 GB/T 11334—2005《产品几何量技术规范(GPS) 圆锥公差》,规定了圆锥公差的项目、给定方法和公差数值,适用于锥度从 1∶500～1∶3、圆锥长度 $L$ 为 6～630 mm 的光滑圆锥工件(对锥齿轮、锥螺纹等不适用)。

**1. 圆锥公差项目**

为了满足圆锥配合和使用功能要求,国家标准给出了圆锥直径公差、圆锥角公差、圆锥形状公差和给定截面圆锥直径公差四个公差项目。

1) 圆锥直径公差 $T_D$

圆锥直径公差 $T_D$ 是指圆锥直径的允许变动量,其数值为允许的最大极限圆锥直径 $D_{max}$(或 $d_{max}$)和最小极限圆锥直径 $D_{min}$(或 $d_{min}$)之差,如图 6.7 所示。用公式表示为

$$T_D = D_{max} - D_{min} = d_{max} - d_{min} \tag{6.3}$$

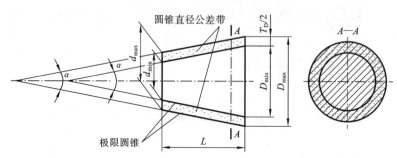

**图 6.7　圆锥直径公差带**

最大极限圆锥和最小极限圆锥皆称为极限圆锥,它与基本圆锥同轴,且圆锥角相等。在圆锥轴向截面内,两个极限圆锥所限定的区域就是圆锥直径的公差带。圆锥直径公差值 $T_D$ 以公称圆锥直径(通常取最大圆锥直径 $D$)作为公称尺寸,从 GB/T 1800.1—2009《产品几何技术规范(GPS)　极限与配合第 1 部分:公差、偏差和配合的基础》中选取公差,它适用于圆锥的全长 $L$。

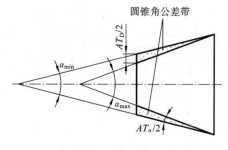

**图 6.8　圆锥角公差带**

2) 圆锥角公差 $AT$

圆锥角公差是指圆锥角允许的变动量,即最大圆锥角与最小圆锥角之差,如图 6.8 所示,用公式表示为

$$AT_a = \alpha_{max} - \alpha_{min} \tag{6.4}$$

由图可知,在圆锥轴向截面内,由最大和最小极限圆锥角所限定的区域称为圆锥角公差带。国家标准 GB/T 11334—2005 对圆锥角公差规定了 12 个等级,用 $AT1, AT2, \cdots, AT12$ 表示。其中 $AT1$ 级精度最高,$AT12$ 级精度最低。$AT4 \sim AT9$ 级圆锥角公差数值见表 6.4。

**表 6.4　圆锥角公差数值**　(摘自 GB/T 11334—2005)

| 公称圆锥长度 $L$/mm | | 圆锥角公差等级 | | | | | | | | |
|---|---|---|---|---|---|---|---|---|---|---|
| | | AT4 | | | AT5 | | | AT6 | | |
| | | $AT_a$ | | $AT_D$ | $AT_a$ | | $AT_D$ | $AT_a$ | | $AT_D$ |
| 大于 | 至 | μrad | (″) | μm | μrad | (″) | μm | μrad | (′)(″) | μm |
| 16 | 25 | 125 | 26″ | >2~3.2 | 200 | 41″ | >3.2~50 | 315 | 1′05″ | >5.0~8.0 |
| 25 | 40 | 100 | 21″ | >2.5~40 | 160 | 33″ | >4.0~6.3 | 250 | 52″ | >6.3~10.0 |
| 40 | 63 | 80 | 16″ | >3.2~5.0 | 125 | 26″ | >5.0~8.0 | 200 | 41″ | >8.0~12.5 |
| 63 | 100 | 63 | 13″ | >4.0~6.3 | 100 | 21″ | >6.3~10.0 | 160 | 33″ | >10.0~16.0 |
| 100 | 160 | 50 | 10″ | >5.0~8.0 | 80 | 16″ | >8.0~12.5 | 125 | 26″ | >12.5~20.0 |

| 公称圆锥长度 L/mm | | 圆锥角公差等级 | | | | | | | |
|---|---|---|---|---|---|---|---|---|---|
| | | AT7 | | | AT8 | | | AT9 | |
| | | $AT_\alpha$ | | $AT_D$ | $AT_\alpha$ | | $AT_D$ | $AT_\alpha$ | | $AT_D$ |
| 大于 | 至 | μrad | (′)(″) | μm | μrad | (′)(″) | μm | μrad | (′)(″) | μm |
| 16 | 25 | 500 | 1′43″ | >8.0~12.5 | 800 | 2′45″ | >12.5~20.0 | 1250 | 4′18″ | >20.0~32.0 |
| 25 | 40 | 400 | 1′22″ | >10.0~16.0 | 630 | 2′10″ | >16.0~25.0 | 1000 | 3′26″ | >25.0~40.0 |
| 40 | 63 | 315 | 1′05″ | >12.5~20.0 | 500 | 1′43″ | >20.0~32.0 | 800 | 2′45″ | >32.0~50.0 |
| 63 | 100 | 250 | 52″ | >16.0~25.0 | 400 | 1′22″ | >25.0~40.0 | 630 | 2′10″ | >40.0~63.0 |
| 100 | 160 | 200 | 41″ | >20.0~32.0 | 315 | 1′05″ | >32.0~50.0 | 500 | 1′43″ | >50.0~80.0 |

注:1 μrad 等于半径为 1 m,弧长为 1 μm 所对应的圆心角。5 μrad 约为 1″;300 μrad 约为 1′。

由表 6.4 可知,圆锥角公差有两种表示形式。

① $AT_\alpha$——以角度单位微弧度(μrad)或以度、分、秒((°)(′)(″))表示圆锥角公差值。

② $AT_D$——以长度单位微米(μm)表示公差值,它是用与圆锥轴线垂直且距离其中一端面某一理论正确尺寸的圆锥截面的直径变动量之差所表示的圆锥角公差。

$AT_D$ 与 $AT_\alpha$ 的换算关系如下:

$$AT_D = AT_\alpha L \times 10^{-3} \tag{6.5}$$

式中:$AT_D$、$AT_\alpha$ 和 $L$ 的单位分别为 μm、μrad 和 mm。

例如,当圆锥长度 $L$ 为 63 mm 时,选用 AT7,查表 6.4 得,$AT_\alpha$ 为 315 μrad 或 1′05″,$AT_D$ 为 20 μm。

再如,当 $L=50$ mm 时,选用 AT7,查表 6.4 得,$AT_\alpha$ 为 315 μrad 或 1′05″,根据式(6.5)得

$AT_D = AT_\alpha L \times 10^{-3} = 315 \times 50 \times 10^{-3}$ μm = 15.75 μm

取 $AT_D$ 为 15.8 μm。

一般情况下,可不必单独规定圆锥角公差,而是将实际圆锥角控制在圆锥直径公差带内,此时圆锥角为圆锥直径公差内可能产生的极限圆锥角,如图 6.9 所示。

如果对圆锥角公差有更高的要求(例如圆锥量规等),除规定其直径公差 $T_D$ 外,还应给定圆锥角公差 $AT_\alpha$。圆锥角的极限偏差可按单向或双向(对称或不对称)取值,如图 6.10 所示。

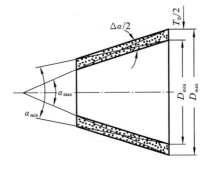

图 6.9　极限圆锥角

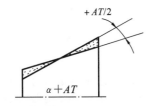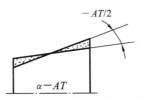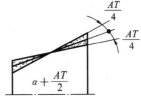

图 6.10　圆锥角极限偏差

3）圆锥的形状公差 $T_F$

圆锥的形状公差包括圆锥素线直线度公差和圆度公差两种。一般情况下，圆锥的形状公差不单独给出，而是由对应的两极限圆锥公差带限制。当对形状精度要求较高时，应单独给出相应的形状公差，其数值从 GB/T 1184—1996《形状和位置公差　未注公差值》中选取，但应不大于圆锥直径公差的一半。

4）给定截面圆锥直径公差 $T_{DS}$

给定截面圆锥直径公差 $T_{DS}$ 是指在垂直于圆锥轴线的给定截面内圆锥直径的允许变动量，它仅适用于该给定截面的圆锥直径。给定截面圆锥直径公差带（GB/T 11334—2005 称之为给定截面圆锥直径公差区）是在给定的截面内两同心圆所限定的区域，如图 6.11 所示。给定截面圆锥直径公差数值以给定截面圆锥直径 $d_x$ 为公称尺寸，按 GB/T 1800.1—2009 规定的标准公差选取。

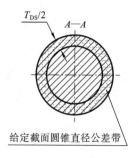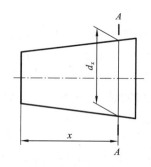

图 6.11　给定截面圆锥直径公差带

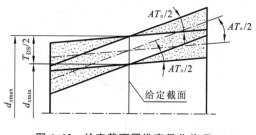

图 6.12　给定截面圆锥直径公差 $T_{DS}$
与圆锥角公差 $AT$ 的关系

一般情况下，不规定给定截面圆锥直径公差，只有对圆锥工件有特殊需求（如阀类零件中，在配合的圆锥给定截面上要求接触良好，以保证良好的密封性）时，才规定此项公差，但还必须同时规定圆锥角公差 $AT$，它们之间的关系如图 6.12 所示。

由图 6.12 可知，给定截面圆锥直径公差 $T_{DS}$ 不能控制圆锥角误差 $\Delta AT$，两者相互无关，应分别满足要求。在给定截面上圆锥角误差的影响最小，它是精度要求最高的一个截面。

**2. 圆锥公差的给定方法**

对于一个给定的圆锥工件，不需要将规定的四项公差全部给出，而应根据圆锥零件的功能要求和工艺特点给出所需的公差项目。国家标准 GB/T 11334—2005 中规定了两种圆锥公差的给定方法。

1）给定圆锥直径公差 $T_D$

给定圆锥直径公差 $T_D$，此时由 $T_D$ 确定了两个极限圆锥，如果对圆锥角公差和圆锥形状公差要求不高时，圆锥角误差、圆锥直径误差和形状误差都应控制在此两极限圆锥所限定的区域内。

如果对圆锥角公差和圆锥形状公差要求较高,可再加注圆锥角公差 $AT$ 和圆锥形状公差 $T_F$,但 $AT$ 和 $T_F$ 只能占 $T_D$ 的一部分。这种给定方法是设计中常用的一种方法,适用于有配合要求的内、外圆锥。例如圆锥滑动轴承、钻头的锥柄等。

2) 同时给出给定截面圆锥直径公差 $T_{DS}$ 和圆锥角公差 $AT$

$T_{DS}$ 只用来控制给定截面的圆锥直径误差,而给定的圆锥角公差 $AT$ 只用来控制圆锥角误差,它不包容在圆锥截面直径公差带内。此时,两种公差相互独立,圆锥应分别满足要求。当对圆锥形状精度有较高要求时,再单独给出形状公差 $T_F$。

圆锥截面公差是由于功能或制造上的需要在圆锥素线为理想直线的情况下给定的。它适用于对圆锥的某一给定截面有较高精度要求的情况。例如阀类零件常常采用这种公差来保证两个相互配合的圆锥在给定截面上接触良好,具有良好的密封性。

**3. 圆锥公差的标注**

在图样上标注有配合要求的内、外圆锥的尺寸和公差时,内、外圆锥必须具有相同的公称圆锥角(或公称锥度),同时在内、外圆锥上标注直径公差的圆锥直径必须具有相同的公称尺寸。

GB/T 15754—1995《技术制图 圆锥的尺寸和公差标注》中规定,通常圆锥公差应按面轮廓度法标注,如图 6.13(a)、图 6.14(a)所示,它们的公差带分别如图 6.13(b)、图 6.14(b)所示。

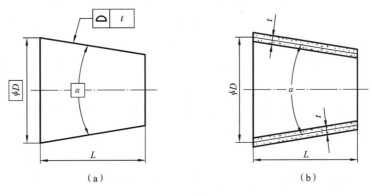

(a)                               (b)

**图 6.13 给定圆锥角的公差标注法**

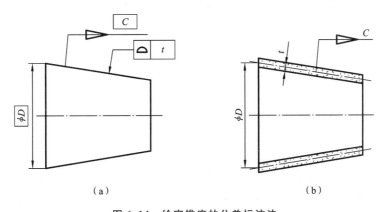

(a)                               (b)

**图 6.14 给定锥度的公差标注法**

标准对圆锥公差规定了以下两种标注方法。

1）基本锥度法

基本锥度法是指给出圆锥的理论圆锥角和圆锥长度,标注公称圆锥直径及其极限偏差,该法与 GB/T 11334—2005 中第一种圆锥公差给定方法一致,如图 6.15 所示。其特征是按圆锥直径为最大和最小实体尺寸构成的同轴线圆锥面,来形成两个具有理想形状的包容面公差带,实际圆锥处处不得超越这两个包容面。

基本锥度法适用于有配合要求的结构型和位移型内、外圆锥。

2）公差锥度法

公差锥度法是指同时给出圆锥直径极限偏差和圆锥角极限偏差,并标注圆锥长度。它们各自独立,需分别满足各自的要求,该法与 GB/T 11334—2005 中第二种圆锥公差给定方法一致,标注方法如图 6.16 所示。

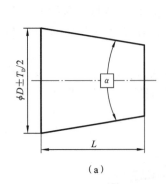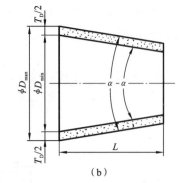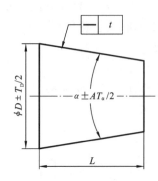

图 6.15　基本锥度法的标注　　　　　　　　图 6.16　公差锥度法的标注

(a) 图样标注；(b) 公差带

公差锥度法适用于非配合圆锥,也适用于对某给定截面直径有较高精度要求的圆锥。

**4. 未注公差角度尺寸的极限偏差**

国家标准 GB/T 1804—2000 对金属切削加工的圆锥角和棱体角,包括在图样上标注的角度和通常不需要标注的角度(如 90°等)规定了未注公差角度尺寸的极限偏差,如表 6.5 所示。该极限偏差值应为一般工艺方法可以保证达到的精度。应用时可以根据不同产品的不同需要,从标准中规定的四个未注公差角度的公差等级(精密级 f、中等级 m、粗糙级 c、最粗级 v)中选择合适的等级。

表 6.5　未注公差角度尺寸的极限偏差　(摘自 GB/T 1804—2000)

| 公差等级 | 长　　　度/mm | | | | |
|---|---|---|---|---|---|
| | ~10 | >10~50 | >50~120 | >120~400 | >400 |
| 精密级 f | $\pm 1°$ | $\pm 30'$ | $\pm 20'$ | $\pm 10'$ | $\pm 5'$ |
| 中等级 m | | | | | |
| 粗糙级 c | $\pm 1°30'$ | $\pm 1°$ | $\pm 30'$ | $\pm 15'$ | $\pm 10'$ |
| 最粗级 v | $\pm 3°$ | $\pm 2°$ | $\pm 1°$ | $\pm 30'$ | $\pm 20'$ |

未注公差角度尺寸的极限偏差按角度短边长度确定,若工件为圆锥,则按圆锥素线长度确定。

未注公差角度的公差等级在图样或技术文件上用标准号和公差等级表示。例如选用中等级时，则在图样或技术文件上标注为：GB/T 1804-m。

**5. 圆锥公差的选用**

由于有配合要求的圆锥公差通常采用给定圆锥直径公差 $T_D$ 的方法给定，所以这里主要介绍这种情况下圆锥公差的选用。

1）直径公差的选用

对于结构型圆锥，直径误差主要影响实际配合间隙或过盈。选用时，可根据配合公差 $T_{DP}$ 来确定内、外圆锥直径公差 $T_{Di}$、$T_{De}$。和圆柱配合一样，有：

$$T_{DP} = S_{max} - S_{min} = \delta_{max} - \delta_{min} = S_{max} + \delta_{max}$$
$$T_{DP} = T_{Di} + T_{De}$$

式中：$S$——配合间隙量；$\delta$——过盈量。

为保证配合精度，直径公差一般不低于 9 级。

GB/T 12360—2005 推荐结构型圆锥配合优先采用基孔制，外圆锥直径基本偏差一般在 d～zx 中选取。

**例 6.1**　某结构型圆锥根据传递转矩的需要，最大过盈量 $\delta_{max} = 159\ \mu m$，最小过盈量 $\delta_{min} = 70\ \mu m$，公称直径为 100 mm，锥度 $C = 1 : 50$，试确定其内、外圆锥的直径公差带代号。

**解**　（1）根据过盈配合公差
$$T_{DP} = \delta_{max} - \delta_{min} = 159 - 70\ \mu m = 89\ \mu m$$

因为　　　　　　　　　　　　$T_{DP} = T_{Di} + T_{De}$

设 $T_{Di} = T_{De}$，则 $T_{Di} = T_{De} = 0.5 T_{DP} = 44.5\ \mu m$。

（2）查标准公差数值表 3.1 可知，当基本尺寸为 100 mm 时，IT8 $= 54\ \mu m$，IT7 $= 35\ \mu m$（44.5 $\mu m$ 在 35 $\mu m$ 与 54 $\mu m$ 之间），由于加工内圆锥比加工同级外圆锥困难，当标准公差 $\leq$ IT8 时，国家标准推荐内圆锥与外圆锥低一级相配合，故外圆锥选 IT7，内圆锥选 IT8。

（3）由于无特殊要求，故选用基孔制，则内圆锥的基本偏差代号为 H8，EI $= 0$，故取内圆锥直径公差为 $\phi 100 H8 \binom{+0.054}{0}$ mm。

（4）根据题设中最大过盈量与最小过盈量的要求，求得外圆锥的两个极限偏差分别为 $+0.159$ 和 $+0.154$。

（5）查轴的基本偏差数值表 3.2 可知，外圆锥的基本偏差代号为 u，故外圆锥直径公差带代号为 $\phi 100 u7 \binom{+0.159}{+0.124}$ mm。

位移型圆锥的配合性质是通过给定的内、外圆锥的轴向位移量或装配力确定的，而与直径公差带无关。直径公差仅影响接触的初始位置及终止位置及接触精度。对于位移型圆锥配合，可根据对终止位置基面距的要求和接触精度的要求来选取直径公差。如对基面距有要求，公差等级一般在 IT8～IT12 之间选取，必要时，应通过计算来选取和校核内、外圆锥的公差带；若对基面距无严格要求，可选较低的直径公差等级，以便使加工更经济；如对接触精度要求较高，可用给定圆锥角公差的办法来满足。为了计算和加工方便，GB/T 12360—2005 推荐位移型圆锥的基本偏差用 H、h 或 JS、js 的组合。

2）圆锥角公差的选用

按国家标准规定的圆锥公差的第一种给定方法，圆锥角误差限制在两个极限圆锥范围内，可不另给出圆锥角公差。如对圆锥角有更高要求，可另给出圆锥角公差。$L = 100$ mm 的圆锥

直径公差 $T_D$ 所限制的最大圆锥角误差见表 6.6。当 $L \neq 100$ mm 时,应将表中数值 $\times 100/L$。

表 6.6　$L = 100$ mm 的圆锥直径公差 $T_D$ 所限制的最大圆锥角误差 $\Delta \alpha_{\max}$

(摘自 GB/T 11334—2005)　　　　　　　　　　　　　　　　　单位:$\mu$rad

| 标准公差等级 | 圆锥直径 | | | | | | | | | | | | |
|---|---|---|---|---|---|---|---|---|---|---|---|---|---|
| | $\geqslant 3$ | $>3$ $\sim 6$ | $>6$ $\sim 10$ | $>10$ $\sim 18$ | $>18$ $\sim 30$ | $>30$ $\sim 50$ | $>50$ $\sim 80$ | $>80$ $\sim 120$ | $>120$ $\sim 180$ | $>180$ $\sim 250$ | $>250$ $\sim 315$ | $>315$ $\sim 400$ | $>400$ $\sim 500$ |
| IT4 | 30 | 40 | 40 | 50 | 60 | 70 | 80 | 100 | 120 | 140 | 160 | 180 | 200 |
| IT5 | 40 | 50 | 60 | 80 | 90 | 110 | 130 | 150 | 180 | 200 | 230 | 250 | 270 |
| IT6 | 60 | 80 | 80 | 110 | 130 | 160 | 190 | 220 | 250 | 290 | 320 | 360 | 400 |
| IT7 | 100 | 120 | 150 | 180 | 210 | 250 | 300 | 350 | 400 | 460 | 520 | 570 | 630 |
| IT8 | 140 | 180 | 220 | 270 | 330 | 390 | 460 | 540 | 630 | 720 | 810 | 890 | 970 |
| IT9 | 250 | 300 | 360 | 430 | 520 | 620 | 740 | 870 | 1000 | 1150 | 1300 | 1400 | 1550 |
| IT10 | 400 | 480 | 580 | 700 | 840 | 1000 | 1200 | 1400 | 1600 | 1850 | 2100 | 2300 | 2500 |

对于国家标准规定的圆锥角的 12 个公差等级,其适用范围大体如下:

$AT1 \sim AT5$ 用于高精度的圆锥量规、角度样板等;

$AT6 \sim AT8$ 用于工具圆锥,传递大力矩的摩擦锥体、锥销等;

$AT8 \sim AT10$ 用于中等精度锥体或角度零件;

$AT11 \sim AT12$ 用于低精度零件。

从加工角度考虑,角度公差 $AT$ 的等级数字与相应的 IT 公差精度等级有大体相当的加工难度,如 $AT7$ 级与 IT7 级加工难度大体相当。

对于有配合要求的圆锥,内、外圆锥角极限偏差的方向及组合会影响初始接触部位和基面距,选用时必须考虑。若对初始接触部位和基面距无特殊要求,只要求接触均匀性,内、外圆锥角极限偏差方向应尽量一致。

# 6.3　角度公差

## 1. 基本概念

除圆锥外,其他带角度的几何体可统称为棱体。棱体是指由两个相交平面与一定尺寸所限定的几何体,如图 6.17 所示。

具有较小角度的棱体可称为楔,具有较大角度的棱体可称为 V 形体、榫或燕尾槽。相交的平面称为棱面,棱面的交线称为棱。

棱体的主要几何参数有如下几个。

(1) 棱体角 $\beta$:两相交棱面形成的二面角。

(2) 棱体厚:平行于棱并垂直于棱体中心平面 $E_M$(平分棱体角的平面)的截面与两棱面交线之间的距离。常用的有最大棱体厚 $T$ 和最小棱体厚 $t$。

(3) 棱体高:平行于棱并垂直于一个棱面的截面与两棱面交线之间的距离。常用的有最大棱体高 $H$ 和最小棱体高 $h$。

(4) 斜度 $S$:棱体高之差与平行于棱并垂直于一个棱面的两截面之间的距离之比,即

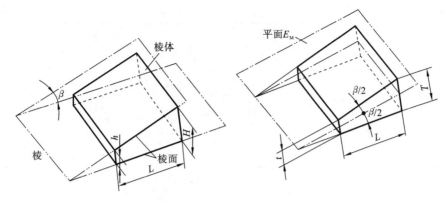

**图 6.17　棱体及其几何参数**

$$S = \frac{H-h}{L} \tag{6.6}$$

斜度 $S$ 与棱体角 $\beta$ 的关系为

$$S = \tan\beta = 1 : \cot\beta \tag{6.7}$$

（5）比率 $C_p$：棱体厚之差与平行于棱并垂直于棱体中心平面的两个截面之间的距离之比，即

$$C_p = \frac{T-t}{L} \tag{6.8}$$

比率 $C_p$ 与棱体角 $\beta$ 的关系为

$$C_p = 2\tan\frac{\beta}{2} = 1 : \frac{1}{2}\cot\frac{\beta}{2} \tag{6.9}$$

**2. 棱体的角度与斜度系列**

GB/T 4096—2001《产品几何量技术规范（GPS）　棱体的角度与斜度系列》中规定了一般用途的棱体角度与斜度（见表 6.7）和特殊用途的棱体角度与比率（见表 6.8）。

一般用途的棱体角度与斜度，优先选用系列 1，当其不能满足需要时，选用系列 2。特殊用途的棱体角度与比率，通常只适用于表中最后一栏所指的适用范围。

**表 6.7　一般用途的棱体角度与斜度　（摘自 GB/T 4096—2001）**

| 基　本　值 | | | 推　算　值 | | |
|---|---|---|---|---|---|
| 系列 1 | 系列 2 | $S$ | $C_p$ | $S$ | $\beta$ |
| 120° | — | — | 1：0.028675 | — | — |
| 90° | — | — | 1：0.500000 | — | — |
| — | 75° | — | 1：0.651613 | 1：0.267949 | — |
| 60° | — | — | 1：0.866025 | 1：0.577350 | — |
| 45° | — | — | 1：1.207107 | 1：1.000000 | — |
| — | 40° | — | 1：1.373739 | 1：1.191754 | — |
| 30° | — | — | 1：1.866025 | 1：1.732051 | — |
| 20° | — | — | 1：2.835461 | 1：2.747477 | — |
| 15° | — | — | 1：3.797877 | 1：3.732051 | — |
| — | 10° | — | 1：5.715026 | 1：5.671282 | — |

| 基　本　值 | | | 推　算　值 | | |
|---|---|---|---|---|---|
| 系列 1 | 系列 2 | $S$ | $C_p$ | $S$ | $\beta$ |
| — | 8° | — | 1：7.150333 | 1：7.115370 | — |
| — | 7° | — | 1：8.174928 | 1：8.144346 | — |
| — | 6° | — | 1：9.540568 | 1：9.514364 | — |
| — | — | 1：10 | — | — | 5°42′38.1″ |
| 5° | — | — | 1：11.451883 | 1：11.430052 | — |
| — | 4° | — | 1：14.318127 | 1：14.300666 | — |
| — | 3° | — | 1：19.094230 | 1：19.081137 | — |
| — | — | 1：20 | — | — | 2°51′44.7″ |
| — | 2° | — | 1：28 | 1：28 | — |
| — | — | 1：50 | — | — | 1°8′44.7″ |
| — | 1° | — | 1：57.294327 | 1：57.289962 | — |
| — | — | 1：100 | — | — | 0°34′25.6″ |
| — | 0°30″ | — | 1：144.590820 | 1：144.588650 | — |
| — | — | 1：200 | — | — | 0°17′11.3″ |
| — | — | 1：500 | — | — | 0°6′52.5″ |

表 6.8　特殊用途棱体的棱体角与比率　（摘自 GB/T 4096—2001）

| 基　本　值 | 推　算　值 | 用　途 |
|---|---|---|
| 棱体角 $\beta$ | 比率 $C_p$ | |
| 108° | 1：0.3632713 | V 形体 |
| 72° | 1：0.6881910 | V 形体 |
| 55° | 1：0.9604912 | 导轨 |
| 50° | 1：1.0722535 | 榫 |

**3. 角度公差**

GB/T 11334—2005 中规定的圆锥角的公差数值同样适用于棱体角,此时以角度短边长度作为公称圆锥长度。

## 6.4　锥度与角度的检测

锥度与角度的检测方法有很多,常见的有以下几种方法。

**1. 用通用量仪直接测量**

对于精度要求不高的角度工件,通常用万能角度尺(见图 6.18)进行测量,其分度值有 5′ 和 2′ 两种。

对于精度要求较高的角度工件,通常用工具显微镜、光学分度头或测角仪进行测量。光学分度头是用得较广的仪器,多用于测量工件(如花键、齿轮、铣刀等)的分度中心角,其测量范围为 0°～360°,分度值有 $1'$、$10''$、$5''$、$2''$、$1''$等。测角仪的分度值最高可达 $0.1''$,测量精度更高。

**2. 用通用量具间接测量**

通常测量与被测圆锥角有一定函数关系的有关线性尺寸,然后计算出被测圆锥角的大小。通常使用平板、千分表、钢球、量块、正弦规等进行测量。

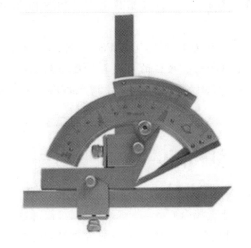

图 6.18　万能角度尺

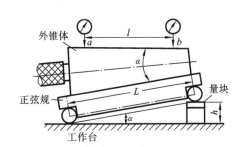

图 6.19　用正弦规测量外锥体

图 6.19 是用正弦规测量外锥体圆锥角的示意图。测量前,先按下式计算量块组的高度

$$H = L\sin\alpha$$

若指示器在 $a$、$b$ 两点读数差为 $\Delta F$,则锥度偏差 $\Delta C$ 为

$$\Delta C = \frac{\Delta F}{l}\text{rad} = \frac{\Delta F}{l} \times 10^6 \ \mu\text{rad}$$

换算成圆锥角偏差,可近似为

$$\Delta \alpha = \frac{\Delta F}{l} \times 2 \times 10^5 \ ('')$$

**3. 用量规检验**

圆锥量规有锥度塞规和锥度环规两种,检验内圆锥用锥度塞规,检验外圆锥用锥度环规,如图 6.20 所示。

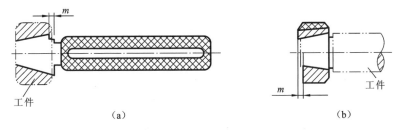

（a）　　　　　　　　　　　　　　　　　　（b）

图 6.20　用圆锥量规检验

（a）塞规;（b）环规

在用量规检验圆锥工件时,用涂色法检验圆锥角偏差,要求在锥体的大端接触,接触线

长度对于高精度工件不低于 85%，精密工件不低于 80%，普通工件不低于 75%；同时还要检验工件的基面距变化。圆锥量规的基准端刻有两圈相距为 $m$ 的细线或做一个轴向距为 $m$ 的台阶，若被测件的基面在 $m$ 区域内，则基面距合格。由于锥度塞规是外尺寸，可用通用量具或仪器检验其锥度的正确性；而锥度环规为内尺寸，较难测量，故用专门的校对塞规检验。

**【本章主要内容及学习要求】**

本章主要介绍了圆锥及角度的几何参数、圆锥配合的分类，以及圆锥配合的国家标准；介绍了圆锥及角度的常用检测方法。

本章主要涉及的标准有：GB/T 157—2001《产品几何量技术规范（GPS）　圆锥的锥度与锥角系列》；GB/T 4096—2001《产品几何量技术规范（GPS）　棱体的角度与斜度系列》；GB/T 11334—2005《产品几何量技术规范（GPS）　圆锥公差》；GB/T 12360—2005《产品几何量技术规范（GPS）　圆锥配合》等。

# 习　题　六

6-1　圆锥配合与光滑圆柱配合相比较，有何特点？不同形式的配合各用于什么场合？

6-2　确定圆锥公差的方法有哪几种？各适用于什么场合？

6-3　铣床主轴端部锥孔及刀杆锥体以锥孔最大圆锥直径 70 mm 为配合直径，锥度 $C=7:24$，配合长度 $H=106$ mm，基面距 $a=3$ mm，基面距极限偏差 $\Delta=\pm0.4$ mm，试确定直径和圆锥角的极限偏差。

6-4　设有一外圆锥，其最大直径为 $\phi100$ mm，最小直径为 $\phi99$ mm，长度为 100 mm，试计算其圆锥角、圆锥素线角和锥度。

6-5　C620-1 车床尾座顶尖套与顶尖结合采用莫氏锥度 No. 4，顶尖圆锥长度 $L=118$ mm，圆锥角公差等级为 AT8，试查表确定其圆锥角 $\alpha$、锥度 $C$ 和圆锥角公差的数值（$AT_\alpha$ 和 $AT_D$）。

6-6　有一外圆锥，最大直径为 $\phi200$ mm，圆锥长度 $L=400$ mm，圆锥直径公差等级为 IT8，求直径公差所能限定的最大圆锥角误差 $\Delta\alpha_{max}$。

# 第7章 尺　寸　链

## 7.1　基　本　概　念

在机器或仪器的设计过程中,除了要进行运动精度、强度、刚度等的分析与计算外,还需要进行几何精度的分析与计算。为了保证机器或仪器能顺利地进行装配,并保证达到预定的工作性能要求,还应考虑总体装配,合理地确定构成机器的有关零部件的几何精度(尺寸公差、几何公差等)。它们之间的关系要用尺寸链来计算和处理。国家标准 GB/T 5847—2004《尺寸链　计算方法》规定了尺寸链的计算方法和有关术语的定义,供设计时参考使用。

**1. 尺寸链的定义及特性**

在零件加工或机器装配过程中,总有一些相互联系的尺寸,由这些相互联系的尺寸按一定顺序排列形成的封闭的尺寸组,称为尺寸链(dimension chain)。

如图 7.1 所示是由阶梯轴的两个台阶尺寸 $A_2$、$A_0$ 和总体尺寸 $A_1$ 组成的尺寸链。如图 7.2 所示的间隙配合中,间隙 $A_0$、孔尺寸 $A_1$、轴尺寸 $A_2$ 组成一个尺寸链。

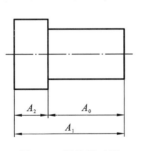

图 7.1　零件尺寸链

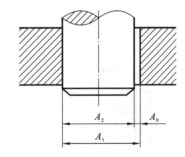

图 7.2　装配尺寸链

由此可见,尺寸链具有以下两个特征。

(1) 封闭性　尺寸链是一组相互关联的尺寸首尾相接构成的一个封闭回路。

(2) 关联性　尺寸链中某一个尺寸变化,必将引起其他尺寸的变化,彼此间具有特定的函数关系。

**2. 尺寸链的组成和分类**

1) 尺寸链的组成

尺寸链由环组成,尺寸链中的每一个尺寸,称为环。图 7.1 和图 7.2 中的尺寸 $A_1$、$A_2$ 及 $A_0$ 都是尺寸链的环。环又可分为封闭环和组成环。

(1) 封闭环　封闭环是加工或装配过程中最后自然形成的那个环,如图 7.1、图 7.2 中的 $A_0$。对单个零件的加工而言,封闭环通常是零件设计图样上未标注的尺寸;对于若干零部件的装配而言,封闭环通常是对有关要素间的联系所提出的技术要求,它是将事先已获得尺寸的零部件进行装配后,才形成且得到保证的。因此,封闭环是尺寸链中其他尺寸相互结合后形成的尺寸,封闭环的实际尺寸受到尺寸链中其他尺寸的影响。

(2) 组成环 尺寸链中除封闭环以外的其他环,称为组成环。按其对封闭环的影响性质,组成环又分为增环和减环。

① 增环 当其余组成环不变,某一组成环的尺寸增大(或减小),封闭环的尺寸也随之增大(或减小),即"同向变动",则该组成环称为增环。图 7.1、图 7.2 中的尺寸 $A_1$ 就是增环。

② 减环 当其余组成环不变,某一组成环的尺寸增大(或减小),封闭环的尺寸却随之减小(或增大),即"反向变动",则该组成环称为减环。图 7.1、图 7.2 中的尺寸 $A_2$ 就是减环。

一个 $n$ 环的尺寸链,有且只有一个封闭环(即封闭环具有"唯一性"),有 $n-1$ 个组成环,若组成环中有 $m$ 个增环,则减环有 $n-m-1$ 个。

2) 尺寸链的分类

(1) 按应用范围分。

① 零件尺寸链 全部组成环为同一零件的设计尺寸所形成的尺寸链,如图 7.1 所示。

② 装配尺寸链 全部组成环为不同零件的设计尺寸所形成的尺寸链,如图 7.2 所示。

③ 工艺尺寸链 全部组成环为同一零件的工艺尺寸所形成的尺寸链。

装配尺寸链和零件尺寸链统称为设计尺寸链。

(2) 按各环所在空间位置分。

① 线性尺寸链 全部组成环平行于封闭环的尺寸链,图 7.1、图 7.2 所示的尺寸链均为线性尺寸链。

② 平面尺寸链 全部组成环位于一个或几个平行平面内,但某些组成环不平行于封闭环的尺寸链。如图 7.3 所示。

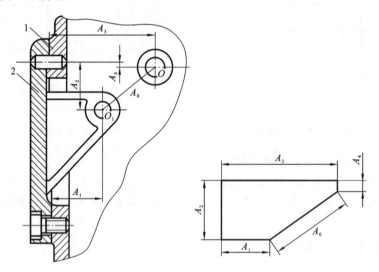

图 7.3 平面尺寸链

1—盖板;2—支架

③ 空间尺寸链 组成环位于几个不平行的平面内的尺寸链。

尺寸链中比较常见的是线性尺寸链。平面尺寸链和空间尺寸链可用投影法分解为两个或三个线性尺寸链。

(3) 按各环尺寸的几何特征分。

① 长度尺寸链 全部环为长度尺寸的尺寸链。

② 角度尺寸链 全部环为角度尺寸的尺寸链。角度尺寸链常用于分析和计算机械结构中有关零件要素的位置精度,如平行度、垂直度、同轴度等。如图 7.4 所示为立式铣床主轴回转轴线对工作台面的垂直度在机床的横向垂直平面内为 0.025 mm/300 mm($\beta_0 \leqslant 90°$)的装配尺寸链。图中所示字母的含义如下:

$\beta_0$——主轴回转轴线对工作台面的垂直度(在机床横向垂直平面内);

$\beta_1$——工作台面对其导轨面在前后方向的平行度;

$\beta_2$——床鞍上、下导轨面在前后方向上的平行度;

$\beta_3$——升降台水平导轨面与立导轨面的垂直度;

$\beta_4$——床身大圆面对立导轨面的平行度;

$\beta_5$——立铣头主轴回转轴线对立铣头回转面的平行度(组件相关尺寸)。

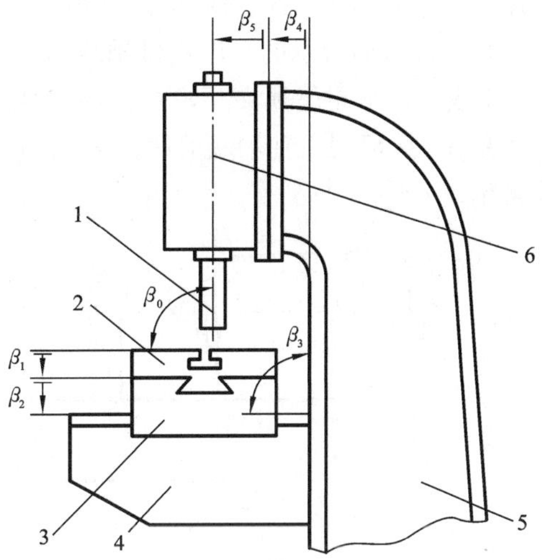

图 7.4 立式铣床主轴回转轴线对工作台面垂直度的装配尺寸链

1—主轴;2—工作台;3—床鞍;
4—升降台;5—床身;6—立铣头

本章重点讨论长度尺寸链中的线性尺寸链、装配尺寸链。

## 7.2 尺寸链的建立与分析

### 1. 确定封闭环

要进行尺寸链的分析和计算,就必须先画出尺寸链图。尺寸链图就是由封闭环和组成环构成的一个封闭回路。绘制尺寸链图,首先要正确地确定封闭环。

装配尺寸链的封闭环是在装配后形成的,往往是机器上具有装配精度要求的尺寸,如保证机器可靠工作的相对位置尺寸或保证零件相对运动的间隙等。在建立尺寸链之前,必须查明在机器装配和验收的技术要求中规定的所有有几何精度要求的项目,这些项目往往就是某些尺寸链的封闭环。

零件尺寸链的封闭环应为公差等级要求最低的环,一般在零件图上不进行标注,以免引起加工中的混乱。

工艺尺寸链的封闭环是在加工中最后自然形成的环,一般为被加工零件要求达到的设计尺寸或工艺过程中需要的加工余量。加工顺序不同,封闭环往往也不同,所以工艺尺寸链的封闭环必须要在加工顺序确定之后才能判断。

### 2. 查找组成环

组成环是对封闭环有直接影响的那些尺寸,与此无关的尺寸要排除在外。一个尺寸链的环数应尽可能少。

查找装配尺寸链的组成环时,可先从封闭环的任意一端开始,找与封闭环相邻的第一个零件的尺寸,然后再找与第一个零件相邻的第二个零件的尺寸,这样一环接着一环,直到封闭环的另一端为止,从而形成封闭的尺寸组。

如图 7.5(a)所示的车床主轴轴线与尾座轴线高度差的允许值 $A_0$ 是装配技术要求,为封闭环。组成环可从尾座顶尖开始查找,包括尾座顶尖轴线到底面的高度 $A_1$、与床面相连的底板的厚度 $A_2$、床面到主轴轴线的距离 $A_3$。$A_1$、$A_2$、$A_3$ 均为组成环。一个尺寸链中最少要有两个组成环。

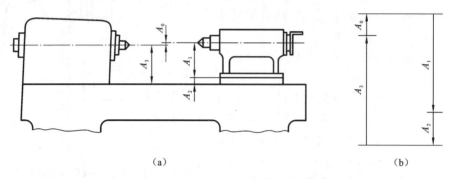

图 7.5  车床尾座顶尖高度尺寸链

当几何误差的影响不能忽略时(封闭环精度要求较高或几何误差较大),几何误差也应该作为组成环考虑。

**3. 画尺寸链图**

为了清楚地表示尺寸链的组成,通常不必画出零部件的具体结构,也不必按照严格的比例,只需将尺寸链中各环依次画出,最后形成封闭的图形即可,这样的图形称为尺寸链图,如图 7.5(b)所示。绘制尺寸链图时,可从某一加工(或装配)基准出发,按加工(或装配)顺序依次画出各个环,环与环之间不得间断,最后用封闭环构成一个封闭回路。用尺寸链图可以很容易地确定封闭环,判断组成环中的增环或减环,判断方法主要有以下两种。

(1)根据定义判断。根据增环、减环的定义,对每个组成环,分析其尺寸的增减对封闭环尺寸的影响,从而判断其为增环还是减环。此方法较为麻烦,尤其是当环数较多,链的结构比较复杂时,容易出错。

(2)根据箭头方向判断。此法是在封闭环上按任意指向画一单方向箭头,沿已定箭头方向在每个组成环上各画一箭头,使所画各箭头依次首尾相连,组成环中箭头与封闭环箭头方向相同者为减环,与封闭环箭头方向相反者为增环。

**4. 尺寸链的计算种类和方法**

1)尺寸链的计算种类

尺寸链的计算就是为了正确合理地确定尺寸链中各环的公称尺寸及其极限偏差。尺寸链的计算主要有以下三种。

(1)正计算  已知组成环的公称尺寸和极限偏差,求封闭环的公称尺寸和极限偏差。这类计算主要用于验算设计的正确性,故又称为校核计算。

(2)反计算  已知封闭环的公称尺寸和极限偏差及各组成环的公称尺寸,求各组成环的极限偏差。这类计算主要用在设计上,即根据机器的使用要求来分配零件的公差,故又称为设计计算。

(3)中间计算  已知封闭环和部分组成环的公称尺寸和极限偏差,求某一组成环的公称尺寸和极限偏差。这类计算多用于工艺上,故又称为工艺尺寸计算。

2)尺寸链的计算方法

(1)完全互换法(极值法),它是从尺寸链各环的极限值出发来进行计算的,不考虑各环实际尺寸的分布情况。按照此法计算出来的尺寸加工各组成环,装配时,全部产品的组成环不需挑选或改变其大小和位置,装配后即能满足封闭环的精度要求,即可实现完全互换。

(2)大数互换法(概率法),在成批生产和大量生产中,零件实际尺寸的分布是随机的,多数情况下可近似成正态分布或偏态分布。换句话说,如果加工中工艺调整中心接近公差带中心,大多数零件的尺寸分布于公差中心附近,靠近极限尺寸的零件数量极少。利用这一规律,将组成环公差适当放大,这样不但使零件易于加工,同时又能满足封闭环的技术要求,从而给生产带来明显的经济效益。当然,此时封闭环尺寸超出技术要求的情况是存在的,但其概率很小,所以这种方法称为大数互换法或概率法。应用此法装配时,绝大多数产品的组成环不需挑选或改变其大小和位置,装配后即能达到封闭环的精度要求。

(3)其他方法 在某些情况下,为了获得更高的装配精度,采用上述方法又难以达到或不经济时,还可采用分组互换法、修配补偿法和调整补偿法等。

## 7.3 完全互换法解尺寸链

### 1. 基本计算公式

1)封闭环的公称尺寸

封闭环的公称尺寸等于所有增环的公称尺寸之和减去所有减环的公称尺寸之和,即

$$A_0 = \sum_{i=1}^{m} \vec{A}_i - \sum_{j=m+1}^{n-1} \overleftarrow{A}_j \qquad (7.1)$$

式中:$A_0$——封闭环的公称尺寸;

$\vec{A}_i$——增环的公称尺寸;

$\overleftarrow{A}_j$——减环的公称尺寸;

$m$——增环的个数;

$n$——尺寸链的总环数。

2)封闭环的极限尺寸

封闭环的最大极限尺寸等于所有增环的最大极限尺寸之和减去所有减环的最小极限尺寸之和,即

$$A_{0max} = \sum_{i=1}^{m} \vec{A}_{imax} - \sum_{j=m+1}^{n-1} \overleftarrow{A}_{jmin} \qquad (7.2)$$

式中:$A_{0max}$——封闭环的最大极限尺寸;

$\vec{A}_{imax}$——增环的最大极限尺寸;

$\overleftarrow{A}_{jmin}$——减环的最小极限尺寸。

同理,封闭环的最小极限尺寸等于所有增环的最小极限尺寸之和减去所有减环的最大极限尺寸之和,即

$$A_{0min} = \sum_{i=1}^{m} \vec{A}_{imin} - \sum_{j=m+1}^{n-1} \overleftarrow{A}_{jmax} \qquad (7.3)$$

式中:$A_{0\min}$——封闭环的最小极限尺寸;

$\overrightarrow{A}_{i\min}$——增环的最小极限尺寸;

$\overleftarrow{A}_{j\max}$——减环的最大极限尺寸。

3) 封闭环的极限偏差

封闭环的最大极限尺寸减其公称尺寸就是上偏差,或封闭环的上偏差等于所有增环的上偏差之和减去所有减环的下偏差之和;封闭环的最小极限尺寸减其公称尺寸就是下偏差,或封闭环的下偏差等于所有增环的下偏差之和减去所有减环的上偏差之和,即

$$ES(A_0) = \sum_{i=1}^{m} ES(\overrightarrow{A}_i) - \sum_{j=m+1}^{n-1} EI(\overleftarrow{A}_j) \tag{7.4}$$

$$EI(A_0) = \sum_{i=1}^{m} EI(\overrightarrow{A}_i) - \sum_{j=m+1}^{n-1} ES(\overleftarrow{A}_j) \tag{7.5}$$

式中:$ES(A_0)$——封闭环的上偏差;

$ES(\overrightarrow{A}_i)$——增环的上偏差;

$EI(\overleftarrow{A}_j)$——减环的下偏差;

$EI(A_0)$——封闭环的下偏差;

$EI(\overrightarrow{A}_i)$——增环的下偏差;

$ES(\overleftarrow{A}_j)$——减环的上偏差。

4) 封闭环的公差

封闭环的最大极限尺寸减去最小极限尺寸即为封闭环的公差,也等于所有组成环的公差之和,即

$$T(A_0) = \sum_{i=1}^{m} T(\overrightarrow{A}_i) + \sum_{j=m+1}^{n-1} T(\overleftarrow{A}_j) = \sum_{i=1}^{n-1} T(A_i) \tag{7.6}$$

式中:$T(A_0)$——封闭环的公差;

$T(\overrightarrow{A}_i)$——增环的公差;

$T(\overleftarrow{A}_j)$——减环的公差;

$T(A_i)$——组成环的公差。

式(7.6)可作为校核公式,以便校核尺寸链计算是否有误。

由式(7.6)可知,第一,封闭环的公差比任何一个组成环的公差都大。因此,在零件尺寸链中,应该选择最不重要的尺寸作为封闭环;但在装配尺寸链中,由于封闭环是装配后的技术要求,一般无选择余地。第二,为了使封闭环公差小些,或者当封闭环公差一定时,要使组成环的公差大些,就应当使组成环个数尽可能少些,这一原则通常称为尺寸链最短原则(参看第 2 章中测量的基本原则——测量链最短原则),设计时应尽量遵守这一原则。

**2. 正计算(校核计算)**

正计算就是已知组成环公称尺寸及极限偏差,求封闭环的公称尺寸和极限偏差。

**例 7.1** 如图 7.6(a)所示,齿轮与轴装配示意图中,已知零件的尺寸和极限偏差为:$A_1 = 30_{-0.13}^{0}$ mm,$A_2 = A_5 = 5_{-0.075}^{0}$ mm,$A_3 = 43_{+0.02}^{+0.18}$ mm,$A_4 = 3_{-0.04}^{0}$ mm,试验算设计要求间隙 $A_0$ 是否在 $0.1 \sim 0.45$ mm 范围内。

**解** (1)设计要求的间隙 $A_0$ 即为封闭环,查找组成环并绘制尺寸链图,如图 7.6(b)所示,其中 $A_3$ 为增环,$A_1$、$A_2$、$A_4$ 和 $A_5$ 为减环。

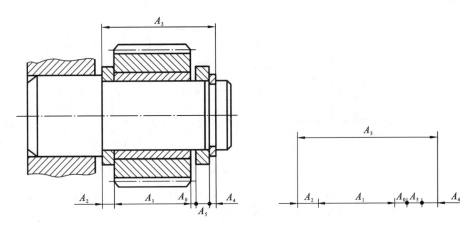

**图 7.6 齿轮与轴装配尺寸链图**

(2) 计算封闭环的公称尺寸,根据式(7.1)得

$$A_0 = A_3 - (A_1 + A_2 + A_4 + A_5) = 43 - (30 + 5 + 3 + 5) \text{ mm} = 0 \text{ mm}$$

即所要求的封闭环尺寸为 $0^{+0.45}_{+0.10}$ mm。

(3) 计算封闭环的上、下极限偏差,根据式(7.4)、式(7.5)得

$$\text{ES}(A_0) = \sum_{i=1}^{m} \text{ES}(\vec{A_i}) - \sum_{j=m+1}^{n-1} \text{EI}(\overleftarrow{A_j})$$
$$= +0.18 - (-0.13 - 0.075 - 0.04 - 0.075) \text{ mm} = +0.50 \text{ mm}$$

$$\text{EI}(A_0) = \sum_{i=1}^{m} \text{EI}(\vec{A_i}) - \sum_{j=m+1}^{n-1} \text{ES}(\overleftarrow{A_j}) = (+0.02 - 0) \text{ mm} = +0.02 \text{ mm}$$

(4) 计算封闭环的公差,根据式(7.6)得

$$T(A_0) = \sum_{i=1}^{m} T(\vec{A_i}) + \sum_{j=m+1}^{n-1} T(\overleftarrow{A_j}) = \sum_{i=1}^{n-1} T(A_i)$$
$$= (0.13 + 0.075 + 0.16 + 0.075 + 0.04) \text{ mm} = 0.48 \text{ mm}$$

根据上述计算结果可知,封闭环的上、下偏差及公差均超过规定范围,必须调整组成环的极限偏差才能满足要求。

### 3. 中间计算(工艺尺寸计算)

已知封闭环和某些组成环的公称尺寸和极限偏差,计算某一组成环的公称尺寸和极限偏差,这种计算通常用于在零件加工过程中计算某工序需要确定而在该零件的图样上没有标注的工序尺寸。

**例 7.2** 如图 7.7(a)所示为一零件设计图样的简图,$A$,$B$ 两平面已在前道工序中加工好,并且保证了工序尺寸 $50^{0}_{-0.16}$ mm 的要求。本工序中加工 $C$ 面,采用 $B$ 面为定位基准,调整机床时按工序尺寸 $A_2$ 进行,试确定工序尺寸 $A_2$ 及其极限偏差。

**解** (1) 绘制尺寸链图,设计尺寸 $20^{+0.33}_{0}$ 是在加工过程中最后自然形成的尺寸,故为封闭环。尺寸 $A_1$、$A_2$ 为该尺寸链的组成环,且 $A_1$ 为增环,$A_2$ 为减环,其尺寸链图如图 7.7(b)所示。

(2) 计算工序尺寸 $A_2$ 及其极限偏差。

由 $A_0 = \vec{A_1} - \overleftarrow{A_2}$,得

$$\overleftarrow{A_2} = \vec{A_1} - A_0 = (50 - 20) \text{ mm} = 30 \text{ mm}$$

由式(7.5)知,$\text{EI}(A_0) = \text{EI}(\vec{A_1}) - \text{ES}(\overleftarrow{A_2})$,得

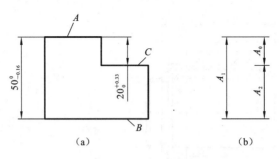

图 7.7　工艺尺寸链

$$ES(\overleftarrow{A_2}) = EI(\overrightarrow{A_1}) - EI(A_0) = (-0.16 - 0)\ \text{mm} = -0.16\ \text{mm}$$

由式(7.4)知，$ES(A_0) = ES(\overrightarrow{A_1}) - EI(\overleftarrow{A_2})$，得

$$EI(\overleftarrow{A_2}) = ES(\overrightarrow{A_1}) - ES(A_0) = (0 - 0.33)\ \text{mm} = -0.33\ \text{mm}$$

故所求工序尺寸 $A_2 = 30^{-0.16}_{-0.33}$ mm。

(3) 验算。根据题意及工艺尺寸链图可知，增环的公差为 0.16，封闭环的公差为 0.33，由计算可知工序尺寸(减环)的公差为 0.17，所以根据公式 $T(A_0) = T(\overrightarrow{A_1}) + T(\overleftarrow{A_2})$，得

$$0.33\ \text{mm} = (0.16 + 0.17)\ \text{mm}$$

故计算合理。

**4. 反计算(设计计算)**

已知封闭环的公称尺寸和极限偏差及组成环的公称尺寸，计算各组成环的公差和极限偏差。

在分配各组成环的公差时，可采用等公差法或等精度法。

**1) 等公差法**

若零件的公称尺寸大小和制造的难易程度相近，出于对装配精度的影响程度的综合考虑，可将封闭环的公差平均分配给各组成环。如果需要，可在此基础上进行必要的调整。这种方法称为等公差法，即

$$T_{av} = \frac{T_0}{n-1} \tag{7.7}$$

但实际上，各零件的公称尺寸一般相差较大，按等公差法分配公差，从加工工艺上讲不合理。为此，可采用等精度法。

等精度法又称为等公差等级法，就是各组成环采用同一公差等级，即各组成环公差等级系数相等。按 GB/T 1800.1—2009 规定，在公称尺寸≤500 mm 时，某一公称尺寸的公差值 $T$ 可按下式计算

$$T = ai = a(0.45\sqrt[3]{D} + 0.001D) \tag{7.8}$$

为了应用方便，将公差等级系数 $a$ 的值和公差因子 $i$ 的数值列于表 7.1、表 7.2 中。

表 7.1　公差等级系数 $a$ 的数值

| 公差等级 | IT6 | IT7 | IT8 | IT9 | IT10 | IT11 | IT12 | IT13 | IT14 | IT15 | IT16 | IT17 | IT18 |
|---|---|---|---|---|---|---|---|---|---|---|---|---|---|
| $a$ | 10 | 16 | 25 | 40 | 64 | 100 | 160 | 250 | 400 | 640 | 1000 | 1600 | 2500 |

表 7.2 公差因子 $i$ 的数值

| 尺寸段 $D$/mm | 1~3 | >3~6 | >6 ~10 | >10 ~18 | >18 ~30 | >30 ~50 | >50 ~80 | >80 ~120 | >120 ~180 | >180 ~250 | >250 ~315 | >315 ~400 | >400 ~500 |
|---|---|---|---|---|---|---|---|---|---|---|---|---|---|
| $i$/$\mu$m | 0.54 | 0.73 | 0.90 | 1.08 | 1.31 | 1.56 | 1.86 | 2.17 | 2.52 | 2.90 | 3.23 | 3.54 | 3.89 |

$$a_{av} = \frac{T_0}{\sum\limits_{i=1}^{n-1} i_i} = \frac{T_0}{\sum\limits_{i=1}^{n-1}(0.45\sqrt[3]{D_i} + 0.001 D_i)} \tag{7.9}$$

根据式(7.9)计算得到的 $a_{av}$ 值,在表 7.1 中取一个与之接近的公差等级,再根据公差等级,由表 3.1 查得各组成环的公差值。

若前两种方法均不理想,可在等公差值或等公差等级的基础上,根据各零件公称尺寸的大小,孔类或轴类零件的不同,毛坯生产工艺及热处理要求的不同,材料差别的影响,加工的难易程度,以及车间的设备状况,将各环公差值加以人为的经验调整,以尽可能贴合实际,加工经济。

各组成环的极限偏差的确定方法是先留一个组成环作为调整环,其余各组成环的极限偏差按"入体原则"确定,即当组成环为包容面尺寸要素时,则其下偏差为 0(按基本偏差 H 配置);当组成环为被包容面尺寸要素时,则其上偏差为 0(按基本偏差 h 配置);组成环既不是包容面尺寸要素,又不是被包容面尺寸要素时,公差带取对称分布(按基本偏差 JS 配置)。

**例 7.3** 如图 7.8(a)所示为对开齿轮箱的一部分,根据使用要求,间隙 $A_0 = 1\sim1.75$ mm。已知 $A_1 = 101$ mm,$A_2 = 50$ mm,$A_3 = 5$ mm, $A_4 = 140$ mm,$A_5 = 5$ mm。试确定各尺寸的极限偏差。

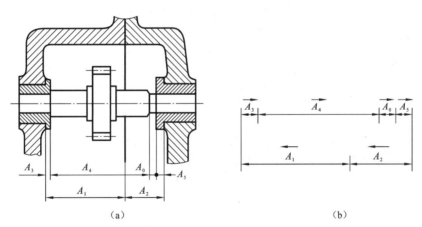

(a)　　　　　　　　　　　　(b)

图 7.8 对开齿轮箱装配尺寸链

解法一:等公差法

(1) 由于间隙 $A_0$ 是装配后得到的,故其为封闭环,查找组成环,绘制尺寸链图,如图 7.8(b)所示,且 $A_1$ 和 $A_2$ 为增环,$A_3$、$A_4$ 和 $A_5$ 为减环。

(2) 计算封闭环的公称尺寸:

$A_0 = (A_1 + A_2) - (A_3 + A_4 + A_5) = ((101 + 50) - (5 + 140 + 5))$ mm $= 1$ mm

故得封闭环 $A_0$ 的尺寸为 $A_0 = 1^{+0.75}_{0}$ mm,公差 $T_0 = (1.75 - 1)$ mm $= 0.75$ mm。

(3) 确定各组成环的公差:组成环的公差可根据封闭环的公差来确定,即将封闭环的公差分配到各组成环上。分配时,首先计算出组成环的平均公差,即

$$T_A = \frac{T_{A_\Sigma}}{n-1} = \frac{0.75}{5} \text{ mm} = 0.15 \text{ mm}$$

然后再根据各组成环的公称尺寸大小、结构的工艺特点以及加工的难易程度,按照等公差或等公差等级的方法进行各组成环公差值的调整。此部件上各尺寸的公差都定为 0.15 mm 是不合理的。由于 $A_1$ 和 $A_2$ 为箱体内尺寸,不易加工,故将其公差放大,按表 3.1 取 $T_{A1} = 0.35$ mm,$T_{A2} = 0.25$ mm。$A_3$ 和 $A_5$ 尺寸较小且容易加工,按表 3.1 可将其公差减小为 $T_{A3} = T_{A5} = 0.048$ mm。

组成环的公差确定以后,需要在组成环中选定一个作为尺寸链计算的"协调环"。协调环应满以下条件:① 结构简单;② 非标准件;③ 不能是几个尺寸链的公共组成环。本例中选 $A_4$ 为协调环。根据式(7.6)可得出协调环 $A_4$ 的公差为

$$T_{A4} = T_0 - T_{A1} - T_{A2} - T_{A3} - T_{A5} = (0.75 - 0.35 - 0.25 - 0.048 - 0.048) \text{ mm} = 0.054 \text{ mm}$$

（4）确定除协调环外其余各组成环的上、下偏差:

$A_1$ 和 $A_2$ 为包容面尺寸,$A_3$ 和 $A_5$ 为被包容面尺寸,按"入体原则"标注,即

$$A_1 = 101^{+0.35}_{0} \text{ mm}, \quad A_2 = 50^{+0.25}_{0} \text{ mm}, \quad A_3 = A_5 = 5^{0}_{-0.048} \text{ mm}$$

（5）计算协调环 $A_4$ 的上、下偏差:

协调环的上、下偏差要根据尺寸链的计算公式(7.4)、式(7.5)来确定,即

$$\text{ES}(A_4) = (+0.35 + 0.25 - (-0.048) - (-0.048) - (+0.75)) \text{ mm} = -0.054 \text{ mm}$$

$$\text{EI}(A_4) = (0 + 0 - 0 - 0 - 0) \text{ mm} = 0 \text{ mm}$$

（6）校验计算结果

根据已知条件可得

$$T_0 = 1.75 - 1 \text{ mm} = 0.75 \text{ mm}$$

根据计算结果可得

$$T_0 = T_{A1} + T_{A2} + T_{A3} + T_{A4} + T_{A5} = (0.35 + 0.25 + 0.048 + 0.054 + 0.048) \text{ mm}$$
$$= 0.75 \text{ mm}$$

校核结果说明计算合理,所以各尺寸为

$A_1 = 101^{+0.35}_{0}$ mm, $\quad A_2 = 50^{+0.25}_{0}$ mm, $\quad A_3 = A_5 = 5^{0}_{-0.048}$ mm, $\quad A_4 = 140^{0}_{-0.054}$ mm。

需要指明的是:其他组成环之一也可选作协调环,读者可自己尝试一下。

用等公差法比较简单,但要求有丰富的经验,否则主观随意性太大。此方法多用于环数不多的情况。

解法二:等精度法

用等精度法解尺寸链的基本步骤与等公差法相同,这里只介绍用等精度法计算组成环公差,再确定其上、下偏差的方法。

根据公式(7.9)和表 7.2 可求得平均公差等级系数为

$$a_{av} = \frac{T_0}{\sum\limits_{i=1}^{5} i_i} = \frac{750}{2.17 + 1.56 + 0.73 + 2.52 + 0.73} \approx 97$$

查表 7.1 可知,$a_{av}$ 值在 IT10 和 IT11 级之间,接近 IT11 级。由此确定各组成环(协调环除外)的公差精度等级为 IT11 级,查表 3.1 得 $T_{A1} = 220 \ \mu m$,$T_{A2} = 160 \ \mu m$,$T_{A3} = T_{A5} = 75 \ \mu m$。

协调环 $A_4$ 的公差为 $T_{A4} = T_0 - (T_{A1} + T_{A2} + T_{A3} + T_{A5}) = (750 - (220 + 160 + 75 + 75))$

$\mu m = 220 \ \mu m$。

同样,按"入体原则"确定各组成环的极限偏差为

$A_1 = 101_0^{+0.22} \ mm$， $A_2 = 50_0^{+0.16} \ mm$， $A_3 = A_5 = 5_{-0.075}^{0} \ mm$， $A_4 = 140_{-0.022}^{0} \ mm$。

此方法除了个别组成环以外,其余组成环均为标准公差和极限偏差,方便合理。

完全互换法可以实现零件的完全互换,而且计算简单,但当组成环个数较多时,用这种方法就不合适。因为这时各组成环公差将很小,使加工困难,加工很不经济,故完全互换法一般多用于 3～4 环的尺寸链,或环数虽多但精度要求不高的场合。

## 7.4　大数互换法解尺寸链

大数互换法是根据概率论的基本原理对尺寸链进行计算的方法,用大数互换法进行尺寸链计算和用完全互换法进行尺寸链计算的基本步骤是相同的,只是使用的计算公式有些不同。

### 1. 基本计算公式

用大数互换法进行尺寸链计算用的数学公式,是在概率论的基本原理的基础上推导出来的。由于在加工和装配中各零件的尺寸往往都是分别根据该零件的功能需要确定的,因此可以把形成尺寸链的各组成环视为一系列独立的随机变量。假定各组成环的尺寸都遵守正态分布,则封闭环尺寸也必遵守正态分布。

封闭环的公称尺寸计算公式与式(7.1)相同。根据概率论关于独立随机变量的合成规则,各组成环(独立随机变量)的标准偏差 $\sigma_i$ 与封闭环的标准偏差 $\sigma_0$ 的关系为

$$\sigma_0 = \sqrt{\sum_{i=1}^{n-1} \sigma_i^2} \tag{7.10}$$

如果组成环的实际尺寸都遵守正态分布,且分布范围与公差带宽度一致,分布中心与公差带中心重合,则封闭环的尺寸也遵守正态分布,各环公差与标准偏差的关系为

$$T_0 = 6\sigma_0$$
$$T_i = 6\sigma_i$$

则有

$$T_0 = \sqrt{\sum_{i=1}^{n-1} T_i^2} \tag{7.11}$$

即封闭环的公差等于各组成环公差平方和的平方根。

假设各组成环的分布不遵守正态分布,应引入一个相对分布系数 $K$。即

$$T_0 = \sqrt{\sum_{i=1}^{n-1} K_i^2 T_i^2} \tag{7.12}$$

对于不同的分布,$K$ 值的大小也不相同。正态分布时,$K = 1$;均匀分布时,$K = 1.73$;三角分布时,$K = 1.22$;偏态分布时,$K = 1.17$。

由图 7.9 可见,中间偏差 $\Delta$ 为上偏差与下偏差的算术平均值。即

$$\Delta_0 = \frac{1}{2}(ES_0 + EI_0) \tag{7.13}$$

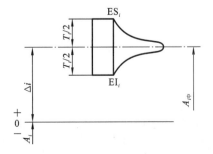

**图 7.9　组成环遵守正态分布**

$$\Delta_i = \frac{1}{2}(\mathrm{ES}_i + \mathrm{EI}_i) \tag{7.14}$$

封闭环的中间尺寸为

$$A_{0中} = \sum_{i=1}^{m} \vec{A}_{i中} - \sum_{i=m+1}^{n-1} \overleftarrow{A}_{i中} \tag{7.15}$$

即封闭环的中间尺寸等于所有增环的中间尺寸之和减去所有减环的中间尺寸之和。

封闭环的中间偏差 $\Delta_0$ 为

$$\Delta_0 = \sum_{i=1}^{m} \vec{\Delta}_i - \sum_{i=m+1}^{n-1} \overleftarrow{\Delta}_i \tag{7.16}$$

即封闭环的中间偏差等于所有增环的中间偏差之和减去所有减环的中间偏差之和。中间偏差、极限偏差和公差的关系为

$$\mathrm{ES} = \Delta + \frac{T}{2} \tag{7.17}$$

$$\mathrm{EI} = \Delta - \frac{T}{2} \tag{7.18}$$

**2. 校核计算**

**例 7.4**　用大数互换法解例 7.1。假设各组成环遵守正态分布,且分布范围与公差带宽度一致,分布中心与公差带中心重合。

**解**　步骤(1)、步骤(2)同例 7.1。

（3）计算封闭环的公差

$$T_0 = \sqrt{\sum_{i=1}^{5} T_i^2} = \sqrt{0.13^2 + 0.075^2 + 0.16^2 + 0.04^2 + 0.075^2} \approx 0.235 < 0.35,符合要求。$$

（4）计算封闭环的中间偏差

因为

$$\Delta_1 = -0.065 \text{ mm}, \quad \Delta_2 = \Delta_5 = -0.0375 \text{ mm}, \quad \Delta_3 = +0.10 \text{ mm}, \quad \Delta_4 = -0.02 \text{ mm}$$

所以　　　　$\Delta_0 = \Delta_3 - (\Delta_1 + \Delta_2 + \Delta_4 + \Delta_5)$

$$= (+0.10 - (-0.065 - 0.0375 - 0.02 - 0.0375)) \text{ mm} = +0.26 \text{ mm}$$

（5）计算封闭环的极限偏差

$$\mathrm{ES}_0 = \Delta_0 + \frac{T_0}{2} = \left(+0.26 + \frac{0.235}{2}\right) \text{ mm} \approx +0.378 \text{ mm}$$

$$\mathrm{EI}_0 = \Delta_0 - \frac{T_0}{2} = \left(+0.26 - \frac{0.235}{2}\right) \text{ mm} \approx +0.143 \text{ mm}$$

校核结果表明,封闭环的上、下偏差能够满足间隙为 0.1～0.45 mm 的要求。

同例 7.1 比较,在组成环公差一定的情况下,用大数互换法计算尺寸链,可使封闭环的公差范围更窄。

**3. 设计计算**

用大数互换法解尺寸链的设计计算和完全互换法在目的、方法和步骤等方面基本相同。其目的是如何把封闭环的公差分配到各组成环上;其方法也有等公差法和等精度法,只是由于

封闭环的公差 $T_0 = \sqrt{\sum_{i=1}^{n-1} T_i^2}$,所以在采用等公差法时,各组成环的公差为

$$T = \frac{T_0}{\sqrt{n-1}} \quad\quad (7.19)$$

采用等精度法时,各组成环的公差等级系数为

$$a = \frac{T_0}{\sqrt{\sum\limits_{k=1}^{n-1} i_k^2}} \quad\quad (7.20)$$

**例 7.5** 用大数互换法中的等精度法解例 7.3。同样假设各组成环遵守正态分布,且分布范围与公差带宽度一致,分布中心与公差带中心重合。

**解** 步骤(1)、步骤(2)同例 7.3。

(3)计算各环的公差。各组成环的公差等级系数相同

$$a = \frac{T_0}{\sqrt{\sum\limits_{k=1}^{5} i_k^2}} = \frac{750}{\sqrt{2.52^2 + 0.73^2 + 2.17^2 + 1.56^2 + 0.73^2}} = 196$$

查表 7.1 可知,$a = 196$ 在 IT12~IT13 之间。

取 $A_3$ 为 IT13 级,其余为 IT12 级。即

$$T_1 = 0.40\ \text{mm}, \quad T_2 = T_5 = 0.12\ \text{mm}, \quad T_3 = 0.54\ \text{mm}, \quad T_4 = 0.25\ \text{mm}$$

校核封闭环的公差

$$T_0 = \sqrt{0.40^2 + 0.12^2 + 0.54^2 + 0.25^2 + 0.12^2} = 0.737 < 0.75$$

符合要求。

故封闭环尺寸为 $1_0^{+0.737}$。

(4)确定各组成环的极限偏差。除把 $A_4$ 作为调整环外,其余各环按"入体原则"确定极限偏差,即

$$A_1 = 101_{-0.40}^{0}\ \text{mm}, \quad A_2 = 50_{-0.12}^{0}\ \text{mm}, \quad A_3 = (5 \pm 0.27)\ \text{mm},$$
$$A_5 = 5_0^{+0.12}\ \text{mm}$$

各组成环的中间偏差为

$$\Delta_1 = -0.20\ \text{mm}, \quad \Delta_2 = -0.06\ \text{mm}, \quad \Delta_3 = 0, \quad \Delta_5 = +0.06\ \text{mm}, \quad \Delta_0 = +0.369\ \text{mm}$$

因为

$$\Delta_0 = (\Delta_3 + \Delta_4 + \Delta_5) - (\Delta_1 + \Delta_2)$$

所以

$$\Delta_4 = \Delta_0 + \Delta_1 + \Delta_2 - \Delta_5 - \Delta_3 = (+0.369 - 0.20 - 0.06 - 0.06 - 0)\ \text{mm}$$
$$= +0.049\ \text{mm}$$

$$ES_4 = \Delta_4 + \frac{T_4}{2} = +0.049 + \frac{0.25}{2}\ \text{mm} = +0.174\ \text{mm}$$

$$EI_4 = \Delta_4 - \frac{T_4}{2} = +0.049 - \frac{0.25}{2}\ \text{mm} = -0.076\ \text{mm}$$

因此最后计算结果为

$$A_1 = 101_{-0.40}^{0}\ \text{mm}, \quad A_2 = 50_{-0.12}^{0}\ \text{mm}, \quad A_3 = (5 \pm 0.27)\ \text{mm},$$
$$A_4 = 140_{-0.076}^{+0.174}\ \text{mm}, \quad A_5 = 5_0^{+0.12}\ \text{mm}$$

同例 7.3 相比较,当封闭环的公差一定时,用大数互换法解尺寸链,各组成环的公差等级可降低 1~2 级,从而降低了加工成本,实际出现不合格品的可能性很小,可以获得明显的经济效益。

## 7.5　装配尺寸链的解法

### 1. 分组选配法

在零件加工时,将各组成环的公差相对完全互换法所求的数值放大数倍,使其尺寸能按经济精度加工,然后按实际测量尺寸将零件分为数组,再按公差预先分成若干组,按对应组分别进行装配以达到装配精度的要求,这种方法称为分组选配法。由于同组内零件可以互换,故这种方法又称为分组互换法。显然分组越多,所获得的装配质量就越高。一般来说,零件的分组数以 3～5 组为宜。

在大批大量生产中,对于组成环数少而装配精度要求又高的零部件,常采用分组装配法。例如,滚动轴承的装配、发动机气缸活塞环的装配、活塞与活塞销的装配、精密机床中某些精密零部件的装配等。

如图 7.10 所示为汽车发动机中活塞与活塞销的装配关系,按技术要求,销轴直径 $d$ 与销孔直径 $D$ 在冷态装配时,应有 $0.0025\sim0.0075$ mm 的过盈量($Y$),即

$$Y_{\min}=d_{\min}-D_{\max}=0.0025 \text{ mm}$$
$$Y_{\max}=d_{\max}-D_{\min}=0.0075 \text{ mm}$$

此时封闭环的公差为

$$T_0=Y_{\max}-Y_{\min}=(0.0075-0.0025) \text{ mm}=0.0050 \text{ mm}$$

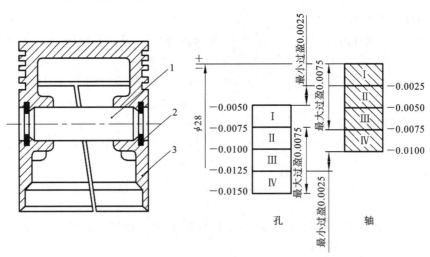

**图 7.10　汽车活塞与活塞销的装配关系图**
1—活塞销;2—挡圈;3—活塞

如果采用完全互换法装配,则销轴与销孔的平均公差仅为 $0.0025$ mm。由于销轴是外尺寸,按基轴制确定极限偏差,以销孔为协调环,所以

$$d=28^{0}_{-0.0025} \text{ mm}$$
$$D=28^{-0.0050}_{-0.0075} \text{ mm}$$

显然,制造这种精度要求的销轴与销孔既困难又不经济。在实际生产中,采用分组装配法,将销轴与销孔的公差在相同方向上放大 4 倍(上偏差不动,变动下偏差),即

$$d=28^{0}_{-0.010} \text{ mm}$$

$$D = 28^{-0.005}_{-0.015} \text{ mm}$$

按此公差加工后,再分为四组进行相应装配,既可保证配合精度和性质,又可降低加工难度。分组时,可将零件涂上不同颜色或分装在不同容器内,以便进行分组装配。具体分组情况如表 7.3 所示。

表 7.3　活塞销与活塞销孔直径分组　　　　　　　　　　　　　单位:mm

| 组别 | 标志颜色 | 活塞销直径 $d = \phi 28^{0}_{-0.010}$ | 活塞销孔直径 $D = \phi 28^{-0.005}_{-0.015}$ | 配合情况 | |
|---|---|---|---|---|---|
| | | | | 最小过盈 | 最大过盈 |
| I | 红 | $\phi 28^{0}_{-0.0025}$ | $\phi 28^{-0.0050}_{-0.0075}$ | | |
| II | 白 | $\phi 28^{-0.0025}_{-0.0050}$ | $\phi 28^{-0.0075}_{-0.0100}$ | 0.0025 | 0.0075 |
| III | 黄 | $\phi 28^{-0.0050}_{-0.0075}$ | $\phi 28^{-0.0100}_{-0.0125}$ | | |
| IV | 绿 | $\phi 28^{-0.0075}_{-0.0100}$ | $\phi 28^{-0.0125}_{-0.0150}$ | | |

正确地使用分组装配法,关键是保证分组后各对应组的配合性质和配合精度仍能满足原装配精度的要求,为此,应满足如下条件。

(1) 为保证分组后各组的装配性质及装配精度与原装配要求相同,配合件的公差范围应相等,公差应同方向增大,增大的倍数应等于以后的分组数。

(2) 为保证零件分组后的数量相匹配,应使配合件的尺寸分布为相同的对称分布(如正态分布)。

(3) 配合件的表面粗糙度、相互位置精度和形状精度不能随尺寸精度的放大而任意放大,应与分组公差相适应,否则,将不能达到要求的配合精度及配合质量。

(4) 分组数不宜过多,零件尺寸公差只要放大到经济加工精度即可,否则,就会因零件的测量、分类、保管工作量的增加而使生产组织工作复杂,甚至造成生产过程混乱。

分组选配法的主要优点是在零件加工精度不高的情况下,也能获得很高的装配精度。同时,同组内零件可以互换,具有互换法的优点,适用于装配精度要求很高且组成环较少的大批量生产中。

**2. 修配法**

在成批生产或单件小批生产中,当装配精度要求较高,组成环数目又较多时,若按互换法装配,对组成环的公差要求过严,从而造成加工困难。而采用分组装配法又会因生产零件数量少、种类多而难以分组。这时,常采用修配法来保证装配精度的要求。

修配法是将尺寸链中各组成环按经济加工精度制造。装配时,用钳工或机械加工的方法改变尺寸链中某一预先确定的组成环尺寸的方法来保证装配精度。装配时进行修配的零件称为修配件,该组成环称为修配环。

作为解尺寸链的一种方法,修配法就是用小批尺寸链中修配环的尺寸来补偿其他组成环的累积误差,以保证装配精度的要求。因此,修配环也称为补偿环。通常所选择的补偿环一般应满足以下要求。

(1) 便于装拆,零件形状比较简单,易于修配,如果采用刮研修配时,刮研面积要小。

(2) 补偿环不应为公共环,否则修配后,虽然保证了一个尺寸链的要求,却难以满足另一个尺寸链的要求。

在图 7.11 所示的转塔车床中,通常不用修刮 $A_3$ 的方法来保证主轴中心线与转塔上各孔中心线的等高要求,而是在装配后,在车床主轴上安装一把镗刀,转塔做纵向进给运动,依次镗削转塔上的六个孔,以保证主轴中心线与转塔上的六个孔中心线的等高性。

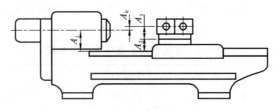

图 7.11　转塔车床的自身加工

修配法的优点是能利用较低的制造精度来获得很高的装配精度。但修配劳动量大,对工人的技术水平要求高,修配后各组成环失去互换性,装配时间不稳定,不便于组织流水生产。

修配法常用于批量不大、环数较多、精度要求较高的尺寸链。

**3. 调整法**

对于精度要求高且组成环数目又较多的产品或部件,在不能采用互换法进行装配时,除了可以采用分组互换法和修配法外,还可以采用调整法来保证装配精度。在装配时,通过改变产品中可调整零件的相对位置或选用合适的可调整零件,来达到装配精度的方法称为调整法。

调整法与修配法的实质相同,即各零件公差仍然按经济加工精度的原则来确定,选择一个零件作为调整环(此环的零件称为调整件),来补偿其他组成环的累积误差。但两者在改变补偿环尺寸的方法上有所不同:修配法采用机械加工的方法去除补偿环零件上的金属层;调整法采用改变补偿环零件的相对位置或更换新的补偿环零件的方法来满足装配精度要求。两者的目的都是补偿由于各组成环公差扩大后所产生的累积误差,以最终满足封闭环的要求。常见的调整方法有可动调整法和固定调整法两种。

1) 可动调整法

可动调整法是通过改变调整件的相对位置来保证装配精度的方法。在机械产品的装配中,零件可动调整的方法有很多。图 7.12 表示卧式车床中可动调整的一些实例,其中,图7.12(a)通过调整套筒的轴向位置来保证齿轮的轴向间隙;图 7.12(b)表示在机床中的滑板上采用调整螺钉使楔块上下移动来调整丝杠和螺母的轴向间隙;图 7.12(c)在主轴箱上用螺钉来调整端盖的轴向位置,最后达到调整轴承间隙的目的;图 7.12(d)表示在小滑板上通过调整螺钉来调节镶条的位置以保证导轨副的配合间隙。

采用可动调整法时,在调整过程中不需要拆卸零件,调节起来比较方便,可获得很高的装配精度,并且可以在机器使用过程中随时补偿由磨损、热变形等原因引起的误差,可动调整法比修配法操作简便,易于实现,因而在机器制造中应用广泛。可动调整法的缺点是增加了一定的零件数及要求较高的调整技术。

2) 固定调整法

在尺寸链中,选择一个或增加一个零件作为调整环,该零件通常称为固定补偿件。被选作调整环的零件是按一定尺寸间隔特别制成的一组专门零件,根据装配时的需要,选用其中一定尺寸组别的零件来做补偿,以保证装配精度的要求,这种方法即为固定调整法。通常使用的调整件有轴套、垫片、垫圈等。

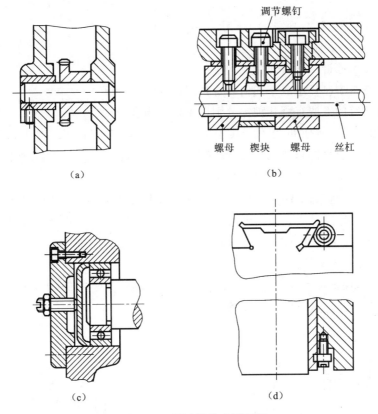

（a）

调节螺钉

（b）

螺母　楔块　螺母　丝杠

（c）

（d）

**图 7.12　可动调整应用实例**

如图 7.13 所示为锥齿轮间的啮合,为了保证锥齿轮处于正确的啮合位置,装配时,根据测得的实际间隙选择合适的调整垫圈作为补偿环,使间隙达到要求。

调整法的优点是:加大了组成环的制造公差,使制造更容易,同时还可以达到很高的装配精度;装配时不需要进行修配加工,装配工作简单易行,装配时间变化不大,可组织装配流水线生产;使用过程中可以调整补偿环的位置或更换补偿环,以恢复机器的原有精度。主要缺点是有时需要额外增加组成环数目(补偿环),使结构复杂了一些,增加了制造费用,降低了结构的刚度。

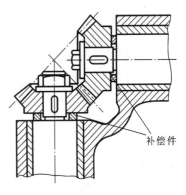

补偿件

**图 7.13　齿轮与轴的装配关系**

调整法主要用于封闭环精度要求较高、组成环数目较多的尺寸链,尤其是对使用过程中组成环的尺寸可能由于磨损、温度变化或受力变形等原因而产生较大变化的尺寸链,调整法具有独到的优点。

**【本章主要内容及学习要求】**

本章主要介绍了尺寸链的基本概念,根据零件图和装配图正确绘制尺寸链,查找尺寸链中的各组成环,确定封闭环,尺寸链的多种解法以及校验方法。要求能够运用尺寸链的解法公式,根据实际情况,画出尺寸链图,找到封闭环,并合理计算尺寸链。

本章内容主要涉及的相关标准有:GB/T 5847—2004《尺寸链　计算方法》等。

# 习 题 七

7-1 什么是尺寸链？它有何特点？

7-2 尺寸链由哪些环组成？如何确定封闭环、增环和减环？

7-3 解尺寸链的方法有哪几种？分别用于什么场合？

7-4 如图 7.14 所示的零件，其上有一个开有键槽的内孔，加工过程为：镗孔至 $\phi 39.6_0^{+0.10}$；插键槽至尺寸 $A$；热处理（忽略热处理变形的影响）；磨内孔至设计尺寸 $\phi 40_0^{+0.05}$，并保证尺寸 $46_0^{+0.30}$，求工序尺寸 $A$ 及其极限偏差。

7-5 如图 7.15 所示的偏心轴零件，表面 $P$ 的表层要求渗碳处理，渗碳层深度规定为 0.5～0.7 mm，为了保证对该表面提出的加工精度和表面粗糙度要求，其工艺安排如下：

① 精车 $P$ 面，保证尺寸 $\phi 38.2_{-0.1}^0$ mm；

② 渗碳处理，控制渗碳层深度；

③ 精磨 $P$ 面，保证尺寸 $\phi 38_{-0.016}^0$ mm，同时保证渗碳层深度 0.5～0.7 mm。

根据上述工艺安排，试求磨削前渗碳层的合理深度。

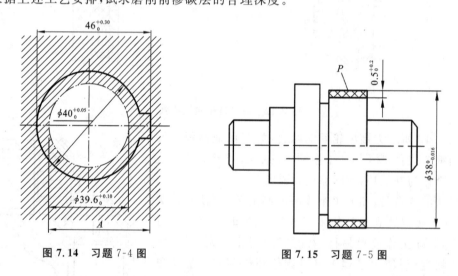

图 7.14 习题 7-4 图　　　　　　图 7.15 习题 7-5 图

7-6 如图 7.16 所示的轴类部件，为保证弹性挡圈顺利装入，要求保持轴向间隙 $A_0 = 0_{+0.05}^{+0.41}$ mm。已知各组成环的公称尺寸 $A_1 = 32.5$ mm，$A_2 = 35$ mm，$A_3 = 2.5$ mm，试确定各组成零件的上、下极限偏差。

7-7 如图 7.17 所示为水泵的一个部件，其支架一端面距气缸一端面的尺寸 $A_1 = 50_{-0.62}^0$ mm，气缸内孔长度 $A_2 = 31_0^{+0.62}$ mm，活塞长度 $A_3 = 19_{-0.52}^0$ mm，螺母内台阶的深度 $A_4 = 11_0^{+0.43}$ mm，支架外台阶 $A_5 = 40_{-0.62}^0$ mm。试分析计算活塞行程长度的公差 $T_{A_0}$（技术要求 $T_{A_0}$ 大于 3 mm）。

7-8 某工厂加工一批曲轴、连杆及轴承衬套等零件，如图 7.18 所示，经过调试运转后发现有的曲轴肩与轴承衬套端面有划伤现象。按设计要求 $A_0 = 0.1～0.2$ mm，$A_1 = 150_0^{+0.018}$ mm，$A_2 = A_3 = 75_{-0.08}^{-0.02}$ mm，试验算图样给定零件尺寸的极限偏差是否合理。

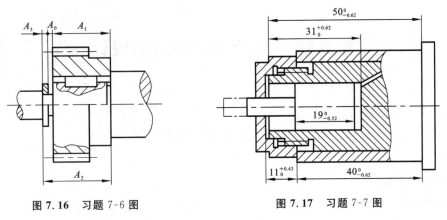

图 7.16　习题 7-6 图　　　　　　　　　图 7.17　习题 7-7 图

7-9　在图 7.19 所示的齿轮箱中，已知 $A_1=300$ mm，$A_2=52$ mm，$A_3=90$ mm，$A_4=20$ mm，$A_5=86$ mm，$A_6=A_2$。要求间隙 $A_0$ 的变动范围为 $1.0\sim1.4$ mm，试选择合适的方法计算各组成环的公差和极限偏差。

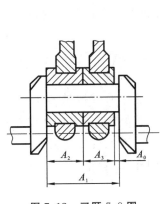

图 7.18　习题 7-8 图

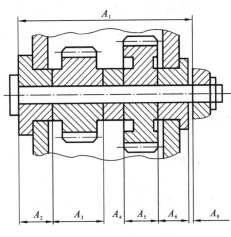

图 7.19　习题 7-9 图

# 第8章 光滑极限量规的设计

## 8.1 光滑极限量规概述

**1. 通规和止规**

在机械制造中,尺寸检验一般使用通用器具(游标卡尺、千分尺、百分表等),直接测量工件的实际尺寸,以判定其是否合格;但是,对成批大量生产的工件,为提高检测效率,常常使用光滑极限量规来检验。

光滑极限量规(smooth limit gauge)是用来检验某一孔或轴的专用量具,简称量规。光滑极限量规是一种没有刻线的专用测量器具。它不能测得工件实际尺寸的大小,只能确定被测工件的尺寸是否在极限尺寸范围内,从而对工件做出合格性判断。

通常把检验孔径的光滑极限量规称为塞规,把检验轴径的光滑极限量规称为环规(或卡规)。

不论塞规还是环规都包括两个量规:一个是按被测工件的最大实体尺寸制造的,称为通规;另一个是按被测工件的最小实体尺寸制造的,称为止规。

检验时,塞规或环规都必须成对使用通规和止规。塞规的通规按被测工件孔的 MMS($D_{min}$)制造,止规按被测工件孔的 LMS($D_{max}$)制造;使用时,塞规的通规若能通过被测孔,表示被测孔径大于 $D_{min}$,止规若塞不进被测孔,表示孔径小于 $D_{max}$,因此可知被测孔的实际尺寸在规定的极限尺寸范围内,是合格的,否则,若通规塞不进被测孔,或者止规能通过被测孔,则此孔是不合格的,如图 8.1 所示。

同理,检验轴用的卡规,也有通规和止规两部分,且通规按被测工件轴的 MMS($d_{max}$)制造,止规按被测工件轴的 LMS($d_{min}$)制造;使用时,通规若能通过被测工件轴,而止规不能被通过,则表示被测工件轴的实际尺寸在规定的极限尺寸范围内,是合格的,否则,就是不合格的,如图 8.2 所示。

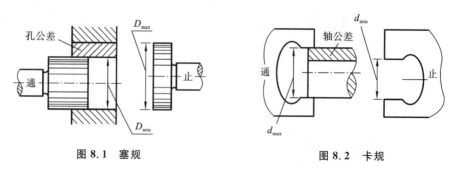

图 8.1 塞规　　　　　　　　　　图 8.2 卡规

**2. 量规的分类**

根据量规不同用途,分为工作量规、验收量规和校对量规三类。

1）工作量规

工人在加工时用来检验工件的量规。一般用的通规是新制的或磨损较少的量规。工作量规的通规用代号"T"来表示，止规用代号"Z"来表示。

2）验收量规

验收量规是检验部门或用户代表验收产品时使用的量规。验收量规一般不需要另行制造，它的通规是从磨损较大但未超过磨损极限的工作量规中挑选出来的，验收量规的止规应接近工件的最小实体尺寸。这样由生产工人自检合格的产品，检验部门验收时也一定合格。

3）校对量规

用以检验轴用工作量规的量规。它是检查轴用工作量规在制造时是否符合制造公差，在使用中是否已达到磨损极限所用的量规。校对量规可分为三种，如表 8.1 所示。

**表 8.1　校对量规**

| 量规形状 | 检验对象 | | 量规名称 | 量规代号 | 功　能 | 判断合格的标志 |
|---|---|---|---|---|---|---|
| 塞规 | 轴用工作量规 | 通规 | 校通-通 | TT | 防止通规制造时尺寸过小 | 通过 |
| | | 止规 | 校止-通 | ZT | 防止止规制造时尺寸过小 | 通过 |
| | | 通规 | 校通-损 | TS | 防止通规使用中磨损过大 | 不通过 |

## 8.2　量规的设计原则

**1. 光滑极限量规的设计准则——泰勒原则**

加工完成的工件，其实际尺寸虽经检验合格，但由于形状误差的存在，也有可能存在不能装配、装配困难或即使偶然能装配，也达不到配合要求的情况。故用量规检验时，为了正确地评定被测工件是否合格，是否能装配，对于遵守包容原则的孔和轴，应按极限尺寸判断原则（即泰勒原则）验收。

泰勒原则是指工件的体外作用尺寸应不超越最大实体尺寸，工件任何位置的实际尺寸应不超越其最小实体尺寸。

符合泰勒原则的光滑极限量规应达到如下要求。

（1）通规用来控制工件的作用尺寸，它的测量面应具有与孔或轴相对应的完整表面，为全形量规，其各个截面的尺寸应都等于工件的最大实体尺寸，且其长度应等于被测工件的配合长度。

（2）止规用来控制工件的实际尺寸，它的测量面应为点状的，为不全形量规，两点间的尺寸应等于工件的最小实体尺寸。

若光滑极限量规的设计不符合泰勒原则，则可能对工件的检验造成错误判断。如图 8.3 所示，孔的实际轮廓已超出公差带，应为不合格产品。但若用两点状通规检验，通规可能从 $y$ 方向通过，若不做多次不同方向检验，则可能发现不了孔已从 $x$ 方向超出公差带。同理，若用全形止规检验，则止规根本通不过孔，发现不了孔已从 $y$ 方向超出公差带。

在量规的实际应用中，由于量规制造和使用方面的原因，要求量规形状完全符合泰勒原则是有一定困难的。因此国家标准规定，在被检验工件的形状误差不影响配合性质的条件下，允许使用偏离泰勒原则的量规。例如,对于尺寸大于 100 mm 的孔,为了不让量规过于笨重,通规很少制成全形塞规。同样,为了提高检验效率,检验大尺寸轴的通规也很少制成全形环规。此外,全形环规不能检验已装夹在顶尖上的被加工零件以及曲轴零件等。

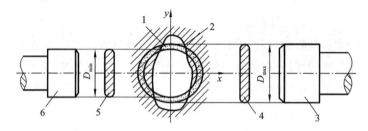

**图 8.3　塞规形状对检验结果的影响**

1—孔公差带;2—工件实际轮廓;3—全形塞规的止规;4—不全形塞规的止规;5—不全形塞规的通规;6—全形塞规的通规

### 2. 光滑极限量规的公差

虽然量规是一种精密的检验工具,量规的制造精度比被检验工件的精度要求更高,但在制造时也不可避免地会产生误差,不可能将量规的工作尺寸正好加工到某一规定值,因此对量规的通、止规也都必须规定制造公差。量规制造公差的大小不仅影响量规的制造难易程度,还可能造成对被测工件的误判。为确保产品质量,国家标准 GB/T 1957—2006 规定量规公差带不得超越工件公差带。

由于通规在使用过程中经常通过工件,因而会逐渐磨损。为了使通规具有一定的使用寿命,应当留出适当的磨损储备量,因此对通规应规定磨损极限,即将通规公差带从最大实体尺寸向工件公差带内缩一个距离。

止规通常不通过工件,磨损极少,所以不需要留磨损储备量,故将止规公差带放在工件公差带内紧靠最小实体尺寸处。校对量规也不需要留磨损储备量。

(1)工作量规的公差带。工作量规的公差带分布如图 8.4 所示,图中 $T_1$ 为量规制造公差,$Z_1$ 为位置要素(即通规制造公差带中心到工件最大实体尺寸之间的距离),$T_1$、$Z_1$ 的大小取决于工件公差的大小。国家标准规定的 $T_1$ 值和 $Z_1$ 值见表8.2。通规的磨损极限尺寸等于工件的最大实体尺寸。

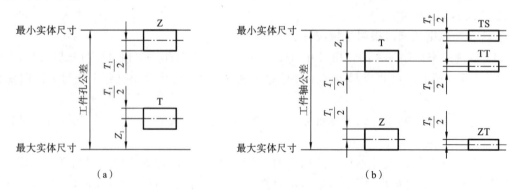

**图 8.4　工作量规的公差带分布图**

(a)孔用工作量规公差带;(b)轴用工作量规及校对量规公差带

(2)校对量规的公差带。

校对量规公差带的分布如下。

表 8.2　量规制造公差 $T_1$ 值和位置要素 $Z_1$ 值

| 工件公称尺寸 $D$ /mm | IT6 | | | IT7 | | | IT8 | | | IT9 | | | IT10 | | |
|---|---|---|---|---|---|---|---|---|---|---|---|---|---|---|---|
| | IT6 | $T_1$ | $Z_1$ | IT7 | $T_1$ | $Z_1$ | IT8 | $T_1$ | $Z_1$ | IT9 | $T_1$ | $Z_1$ | IT10 | $T_1$ | $Z_1$ |
| ≤3 | 6 | 1 | 1 | 10 | 1.2 | 1.6 | 14 | 1.6 | 2 | 25 | 2 | 3 | 40 | 2.4 | 4 |
| >3~6 | 8 | 1.2 | 1.4 | 12 | 1.4 | 2 | 18 | 2 | 2.6 | 30 | 2.4 | 4 | 48 | 3 | 5 |
| >6~10 | 9 | 1.4 | 1.6 | 15 | 1.8 | 2.4 | 22 | 2.4 | 3.2 | 36 | 2.8 | 5 | 58 | 3.6 | 6 |
| >10~18 | 11 | 1.6 | 2 | 18 | 2 | 2.8 | 27 | 2.8 | 4 | 43 | 3.4 | 6 | 70 | 4 | 8 |
| >18~30 | 13 | 2 | 2.4 | 20 | 2.4 | 3.4 | 33 | 3.4 | 5 | 52 | 4 | 7 | 84 | 5 | 9 |
| >30~50 | 16 | 2.4 | 2.8 | 25 | 3 | 4 | 39 | 4 | 6 | 62 | 5 | 8 | 100 | 6 | 11 |
| >50~80 | 19 | 2.8 | 3.4 | 30 | 3.6 | 4.6 | 46 | 4.6 | 7 | 74 | 6 | 9 | 120 | 7 | 13 |
| >80~120 | 22 | 3.2 | 3.8 | 35 | 4.2 | 5.4 | 54 | 5.4 | 8 | 87 | 7 | 10 | 140 | 8 | 15 |
| >120~180 | 25 | 3.8 | 4.4 | 40 | 4.8 | 6 | 63 | 6 | 9 | 100 | 8 | 12 | 160 | 9 | 18 |
| >180~250 | 29 | 4.4 | 5 | 46 | 5.4 | 7 | 72 | 7 | 10 | 115 | 9 | 14 | 185 | 10 | 20 |
| >250~315 | 32 | 4.8 | 5.6 | 52 | 6 | 8 | 81 | 8 | 11 | 130 | 10 | 16 | 210 | 12 | 22 |
| >315~400 | 36 | 5.4 | 6.2 | 57 | 7 | 9 | 89 | 9 | 12 | 140 | 11 | 18 | 230 | 14 | 25 |
| >400~500 | 40 | 6 | 7 | 63 | 8 | 10 | 97 | 10 | 14 | 155 | 12 | 20 | 250 | 16 | 28 |

"校通-通"量规(TT)的作用是防止通规尺寸过小(制造时过小或自然时效时过小),检验时应通过被校对的轴用通规,其公差带从通规的下偏差开始,向轴用通规的公差带内分布。

"校止-通"量规(ZT)的作用是防止止规尺寸过小(制造时过小或自然时效时过小),检验时应通过被校对的轴用止规,其公差带从止规的下偏差开始,向轴用止规的公差带内分布。

"校通-损"量规(TS)的作用是防止通规超出磨损极限尺寸。检验时,若通过了,则说明所校对的量规已超过磨损极限,应予以报废。其公差带是从通规的磨损极限开始,向轴用通规的公差带内分布,参看图8.4。

国家标准还规定校对量规的制造公差 $T_p$ 为被校对的轴用工作量规的制造公差 $T_1$ 的一半,其几何公差应在校对量规的制造公差范围内。

## 8.3　量规的设计

### 1. 工作量规的设计步骤

工作量规的设计步骤如下:

(1) 根据被测工件尺寸大小和结构特点等因素选择量规结构形式;

(2) 根据被测工件的公称尺寸和公差等级查出量规的制造公差 $T_1$ 和位置要素 $Z_1$ 值,画出量规公差带图;

(3) 计算量规工作尺寸,计算量规工作尺寸的上、下偏差;

(4) 确定量规结构尺寸,绘制量规工作图,标注尺寸及技术要求。

### 2. 量规的结构型式

光滑极限量规的结构型式很多,图8.5、图8.6分别给出了几种常用的轴用和孔用量规的结构型式及适用范围,供设计时选用。更详细的内容可参见相关国家标准及有关资料。

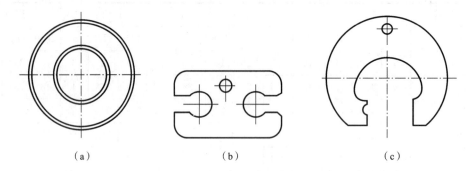

**图 8.5　轴用量规的结构型式**

(a) 环规(1～100 mm);(b) 双头卡规(3～10 mm);(c) 单头双极限卡规(1～80 mm)

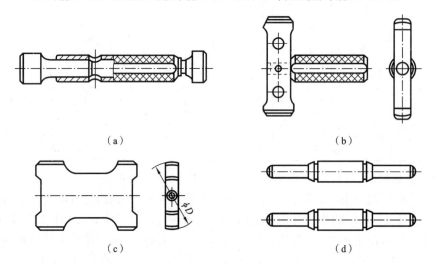

**图 8.6　孔用量规的结构型式**

(a) 锥柄圆柱塞规(1～50 mm);(b) 单头非全形塞规(80～180 mm);

(c) 片形塞规(18～315 mm);(d) 球端杆规(315～500 mm)

表 8.3 中列出了各种型式的量规的应用尺寸范围,可供设计时选用。

**表 8.3　国家标准推荐的量规型式应用尺寸范围**

| 用　　途 | 推荐顺序 | 量规的工作尺寸/mm | | | |
|---|---|---|---|---|---|
| | | ～18 | 大于 18～100 | 大于 100～315 | 大于 315～500 |
| 工件孔用的 通端量规型式 | 1 | 全形塞规 | | 不全形塞规 | 球端杆规 |
| | 2 | — | 不全形塞规或片形塞规 | 片形塞规 | — |
| 工件孔用的 止端量规型式 | 1 | 全形塞规 | 全形或片形塞规 | | 球端杆规 |
| | 2 | — | 不全形塞规 | | — |
| 工件轴用的 通端量规型式 | 1 | 环规 | | 卡规 | |
| | 2 | 卡规 | | — | |
| 工件轴用的 止端量规型式 | 1 | 卡规 | | | |
| | 2 | 环规 | — | | |

### 3. 量规极限尺寸的计算

光滑极限量规的尺寸及偏差计算步骤如下：

① 查出被测孔和轴的极限偏差；

② 查出工作量规的制造公差 $T_1$ 和位置要素 $Z_1$ 值，确定量规的几何公差；

③ 画出工件和量规的公差带图；

④ 计算量规的极限偏差（极限尺寸）以及磨损极限尺寸。

**例 8.1**　计算 $\phi25H8/f7$ 孔和轴用量规的极限偏差。

**解**　（1）由国家标准查出孔与轴的上、下偏差为

$\phi25H8$ 孔：$ES=+0.033$ mm；$EI=0$。

$\phi25f7$ 轴：$es=-0.020$ mm；$ei=-0.041$ mm。

（2）由表 8.2 查出：

塞规制造公差 $T_1=0.0034$ mm；塞规位置要素 $Z_1=0.005$ mm；

塞规形状公差 $T_1/2=0.0017$ mm。

卡规制造公差 $T_1=0.0024$ mm；卡规位置要素 $Z_1=0.0034$ mm；

卡规形状公差 $T_1/2=0.0012$ mm。

校对量规制造公差 $T_p=T_1/2=0.0012$ mm。

（3）工作量规的极限偏差计算见表 8.4，量规公差带图如图 8.7 所示。

（4）$\phi25f7$ 轴用卡规的校对量规极限偏差计算见表 8.5。

**表 8.4　工作量规的极限偏差表**　　　　　　　　　　　单位：mm

| 种　　类 | | $\phi25H8$ 孔用塞规 | $\phi25f7$ 轴用卡规 |
|---|---|---|---|
| 通规（T） | 上偏差 $T_s$ | $T_s=EI+Z_1+T_1/2=0+0.005+0.0017$ $=+0.0067$ | $T_{sd}=es-Z_1+T_1/2=-0.02-0.0034+0.0012$ $=-0.0222$ |
| | 下偏差 $T_i$ | $T_i=EI+Z_1-T_1/2=0+0.005-0.0017$ $=+0.0033$ | $T_{id}=es-Z_1-T_1/2=-0.02-0.0034-0.0012$ $=-0.0246$ |
| | 磨损极限 $T_e$ | $T_e=EI=0$ | $T_{ed}=es=-0.020$ |
| 止规（Z） | 上偏差 $Z_s$ | $Z_s=ES=+0.033$ | $Z_{sd}=ei+T_1=-0.041+0.0024=-0.0386$ |
| | 下偏差 $Z_i$ | $Z_i=ES-T_1=0.033-0.0034=+0.0296$ | $Z_{id}=ei=-0.041$ |

### 4. 量规的技术要求

量规的技术要求如下：

（1）量规的测量部位材料可用淬硬钢（合金工具钢、碳素工具钢、渗碳钢）或硬质合金等；

（2）量规测量面的硬度为 58～60 HRC；

（3）量规测量面的表面粗糙度 $Ra$ 参照表 8.6 选取；

（4）工作量规工作尺寸的标注如图 8.8 所示；

（5）量规制造完毕后，要在通规端和止规端适当的部位做防错记号"T"或者"Z"，可以打钢印或者激光刻字等。

**表 8.5  轴用卡规的校对量规极限偏差计算表**

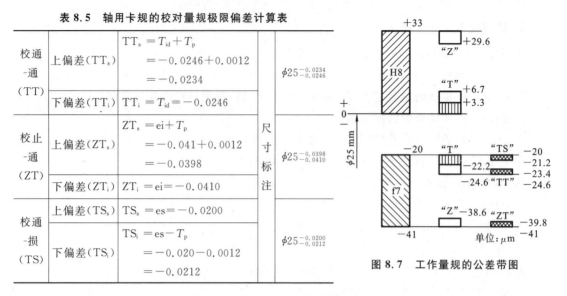

| 校通-通（TT） | 上偏差（$TT_s$） | $TT_s = T_{id} + T_p$ $= -0.0246 + 0.0012$ $= -0.0234$ | 尺寸标注 | $\phi25^{-0.0234}_{-0.0246}$ |
| | 下偏差（$TT_i$） | $TT_i = T_{id} = -0.0246$ | | |
| 校止-通（ZT） | 上偏差（$ZT_s$） | $ZT_s = ei + T_p$ $= -0.041 + 0.0012$ $= -0.0398$ | | $\phi25^{-0.0398}_{-0.0410}$ |
| | 下偏差（$ZT_i$） | $ZT_i = ei = -0.0410$ | | |
| 校通-损（TS） | 上偏差（$TS_s$） | $TS_s = es = -0.0200$ | | $\phi25^{-0.0200}_{-0.0212}$ |
| | 下偏差（$TS_i$） | $TS_i = es - T_p$ $= -0.020 - 0.0012$ $= -0.0212$ | | |

图 8.7  工作量规的公差带图

**表 8.6  光滑极限量规的表面粗糙度**

| 校 对 塞 规 | 校对塞规的基本尺寸/mm | | |
| --- | --- | --- | --- |
| | 小于或等于 120 | 大于 120、小于或等于 315 | 大于 315，小于或等于 500 |
| | 校对量规测量面的表面粗糙度 $Ra$ 值/$\mu m$ | | |
| IT6 级～IT9 级轴用工作环规的校对塞规 | 0.05 | 0.10 | 0.20 |
| IT10 级～IT12 级轴用工作环规的校对塞规 | 0.10 | 0.20 | 0.40 |
| IT13 级～IT16 线轴用工作环规的校对塞规 | 0.20 | 0.40 | |

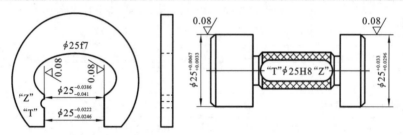

图 8.8  工作量规的尺寸标注

**【本章主要内容及学习要求】**

本章主要介绍了光滑极限量规的作用、种类、常见的结构及设计原理和注意事项，要求理解光滑极限量规的设计原理和要求，能进行常用量规的设计。

本章主要内容涉及的国家标准有 GB/T 1957—2006《光滑极限量规  技术条件》；GB/T 10920—2008《螺纹量规和光滑极限量规  型式与尺寸》。

# 习　题　八

8-1  光滑极限量规的作用是什么？

8-2  用量规检测工件时为什么要成对使用？

8-3  试计算 $\phi25H6/h5$ 孔、轴用工作量规的工作尺寸，并画出量规的公差带图。

# 第9章　常用结合件的公差与检测

## 9.1　普通螺纹联接的公差与检测

### 1. 常用的螺纹联接

相比刚性联接的焊接,螺纹联接(thread connection)和铆接都属于柔性联接。螺栓(钉)和螺母是日常生产生活中最常见的外螺纹和内螺纹标准件。我国各省份包括地级市的大型汽车厂等几乎都有自己的标准件厂,而螺纹联接件几乎占到标准件的 1/4 以上,可见其在产品设计和生产制造中的应用十分广泛。螺纹联接的用途主要有以下三种。

(1) 联接作用。分粗牙与细牙两种,用于可拆卸联接,如螺栓与螺母的联接;用于螺栓与机件的联接,主要要求是可旋合性和紧固联接的可靠性,一般螺栓成组使用。

(2) 传动作用。螺纹用于传递动力、运动或位移,如丝杠和测微螺纹。对传动螺纹的主要要求是传动准确、可靠,螺牙接触良好及耐磨性好等。比如数控机床上的滚珠丝杠,要求传动比恒定,累积误差要小,精度要求高等。

(3) 密封作用。主要用于机械密封的螺纹联接。对这类螺纹的主要要求是结合紧密,不漏水、不漏气、不漏油,如锥管螺纹等。本节以普通螺纹为例介绍螺纹联接的互换性。

### 2. 普通螺纹的几何参数

本节主要介绍基本牙型为三角形的螺纹。

所谓基本牙型,是指国家标准中所规定的具有螺纹基本尺寸的牙型。将原始的等边三角形(两个底边联接且平行于螺纹轴线的等边三角形,其高用 $H$ 表示)的顶部截去 $H/8$、底部截去 $H/4$ 所形成的理论牙型,如图 9.1 所示。该牙型具有螺纹的基本尺寸。

(1) 大径($D$、$d$)。与外螺纹牙顶或者内螺纹牙底相重合的假想圆柱的直径,称为大径。国家标准规定,普通螺纹的大径尺寸为螺纹的基本直径尺寸,即公称直径。

(2) 中径($D_2$、$d_2$)。一个假想圆柱的直径,该圆柱的母线通过牙型上沟槽宽度和凸起宽度相等的地方,此直径称为中径。

(3) 小径($D_1$、$d_1$)。与内螺纹牙顶或外螺纹牙底相重合的假想圆柱的直径,称为小径。实际生产中,把与牙顶相重合的直径称为顶径,即外螺纹大径和内螺纹小径;与牙底相重合的直径称为底径,即外螺纹小径和内螺纹大径。

(4) 螺距 $P$ 和导程 $P_h$。螺距是指相邻两牙在中径线上对应两点间的轴向距离。导程是指同一条螺旋线上的相邻两牙在中径线上对应两点间的轴向距离。对单线螺纹,导程等于螺距;对多线螺纹,导程等于螺距与螺纹线数的乘积。对于传动螺纹来说,螺距越大,螺纹线数越多,传动效率越高。

(5) 牙型角 $\alpha$ 与牙型半角 $\alpha/2$。在螺纹的轴向剖面上,两个相邻牙侧间的夹角。普通螺纹的理论牙型角为 $60°$。牙型半角是指某一牙侧与螺纹轴线的垂线之间的夹角。普通螺纹的理论牙型半角为 $30°$。

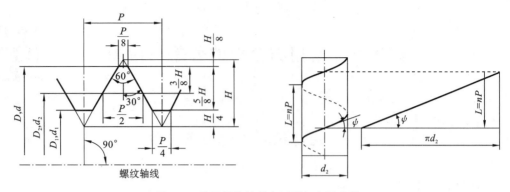

**图 9.1　普通螺纹的基本牙型和主要参数**

（6）螺纹旋合长度 $L$。螺纹旋合长度是指两配合螺纹沿螺纹轴线方向相互旋合部分的长度。

（7）螺纹升角 $\psi$。在中径圆柱上，螺旋线的切线与垂直于螺纹轴线的平面之间的夹角，计算公式为 $\psi = \arctan\dfrac{P_h}{\pi d_2} = \arctan\dfrac{nP}{\pi d_2}$。

（8）螺纹的接触高度 $h_e$。两个相互配合的螺纹牙型上，相互重合部分在垂直于轴线方向上的距离。一般 $h_e = 5H/8$。

（9）螺纹的旋合长度 $L_e$。两个相互配合的螺纹，沿螺纹轴线方向相互旋合部分的长度。普通螺纹的基本尺寸见表 9.1。

**3. 螺纹几何参数误差对螺纹互换性的影响**

满足普通螺纹互换性的主要要求是可旋合性和联接可靠性，除密封性螺纹外，用于传动和联接的螺纹副之间的配合都是间隙配合。故螺纹的大径和小径处均留有间隙，而内、外螺纹联接就是依靠它们旋合以后牙侧接触的均匀性来实现的。因此，影响螺纹互换性的主要参数是中径、螺距和牙型半角。

（1）螺纹中径误差对互换性的影响。中径误差是指中径实际尺寸与中径基本尺寸的代数差。假设其他参数处于理想状态，若外螺纹的中径误差小于内螺纹的中径误差，就能保证内、外螺纹的旋合性；反之，就会由于产生干涉而难以旋合。相反地，如果外螺纹的中径过小，内螺纹的中径过大，会削弱其联接强度。可见中径误差的大小对螺纹的互换性的影响是直接的，也是主要的。

（2）螺距误差对互换性的影响。螺距误差分单个螺距误差和螺距累积误差两种。前者是指单个螺距的实际尺寸与其基本尺寸的代数差。后者是指旋合长度内，若干个螺距的实际尺寸与其基本尺寸的代数差。

如图 9.2 所示，假定内螺纹具有标准的理想牙型，而外螺纹螺距有累积误差。结果，内、外螺纹的牙型产生干涉（图中阴影重叠部分），外螺纹将不能自由旋入内螺纹。

为了使螺距有误差的外螺纹仍可自由旋入标准的内螺纹，在制造中应将外螺纹实际中径尺寸减小一个数值 $f_p$（或者将标准内螺纹中径尺寸加大一个数值 $f_p$），这样可以防止干涉或消除此干涉区。这个 $f_p$ 就是为补偿螺距误差的影响而折算到中径上的数值，被称为螺距误差的中径当量。由图 9.2 中的 $\Delta abc$ 几何关系可知：

$$f_p = |\Delta P_\Sigma| \cot\frac{\alpha}{2} \tag{9.1}$$

**表9.1　普通螺纹基本尺寸**(GB/T 196—2003,GB/T 193—2003)　　　　单位:mm

| 第一系列 | 第二系列 | 第三系列 | 螺距 $P$ | 中径 $D_2,d_2$ | 小径 $D_1,d_1$ | 第一系列 | 第二系列 | 第三系列 | 螺距 $P$ | 中径 $D_2,d_2$ | 小径 $D_1,d_1$ |
|---|---|---|---|---|---|---|---|---|---|---|---|
| 6 |  |  | **1** | 5.350 | 4.917 |  |  |  | **2** | 14.701 | 13.835 |
|  |  |  | 0.75 | 5.513 | 5.188 |  |  |  | 1.5 | 15.026 | 14.376 |
|  |  |  | (0.5) | 5.675 | 5.459 | 16 |  |  | 1 | 15.350 | 14.917 |
|  |  | 7 | **1** | 6.350 | 5.917 |  |  |  | (0.75) | 15.513 | 15.188 |
|  |  |  | 0.75 | 6.513 | 6.188 |  |  |  | (0.5) | 15.675 | 15.459 |
|  |  |  | 0.5 | 6.675 | 6.459 |  |  | 17 | **1.5** | 16.026 | 15.376 |
| 8 |  |  | **1.25** | 7.188 | 6.647 |  |  |  | (1) | 16.350 | 15.917 |
|  |  |  | 1 | 7.350 | 6.917 |  |  |  | **2.5** | 16.376 | 15.294 |
|  |  |  | 0.75 | 7.513 | 7.188 |  |  |  | 2 | 16.701 | 15.835 |
|  |  |  | (0.5) | 7.675 | 7.459 |  | 18 |  | 1.5 | 17.026 | 16.376 |
|  | 9 |  | **(1.25)** | 8.188 | 7.647 |  |  |  | 1 | 17.350 | 16.917 |
|  |  |  | 1 | 8.350 | 7.917 |  |  |  | (0.75) | 17.513 | 17.188 |
|  |  |  | 0.75 | 8.513 | 8.188 |  |  |  | (0.5) | 17.675 | 17.459 |
|  |  |  | (0.5) | 8.675 | 8.459 |  |  |  | **2.5** | 18.376 | 17.294 |
| 10 |  |  | **1.5** | 9.026 | 8.376 |  |  |  | 2 | 18.701 | 17.835 |
|  |  |  | 1.25 | 9.188 | 8.647 | 20 |  |  | 1.5 | 19.026 | 18.376 |
|  |  |  | 1 | 9.350 | 8.917 |  |  |  | 1 | 19.350 | 18.917 |
|  |  |  | 0.75 | 9.513 | 9.188 |  |  |  | (0.75) | 19.513 | 19.188 |
|  |  |  | (0.5) | 9.513 | 9.188 |  |  |  | (0.5) | 19.675 | 19.459 |
|  |  | 11 | **(1.5)** | 10.026 | 9.376 |  |  |  | **2.5** | 20.376 | 19.294 |
|  |  |  | 1 | 10.350 | 9.917 |  |  |  | 2 | 20.701 | 19.835 |
|  |  |  | 0.75 | 10.513 | 10.188 |  | 22 |  | 1.5 | 21.026 | 20.376 |
|  |  |  | 0.5 | 9.675 | 9.459 |  |  |  | 1 | 21.350 | 20.917 |
| 12 |  |  | **1.75** | 10.863 | 10.106 |  |  |  | (0.75) | 21.513 | 21.188 |
|  |  |  | 1.5 | 11.026 | 10.376 |  |  |  | (0.5) | 21.675 | 21.459 |
|  |  |  | 1.25 | 11.188 | 10.647 |  |  |  | **3** | 22.051 | 20.752 |
|  |  |  | 1 | 11.350 | 10.917 |  |  |  | 2 | 22.701 | 21.835 |
|  |  |  | (0.75) | 11.513 | 11.188 | 24 |  |  | 1.5 | 23.026 | 22.376 |
|  |  |  | (0.5) | 11.675 | 11.459 |  |  |  | 1 | 23.350 | 22.917 |
|  | 14 |  | **2** | 12.701 | 11.835 |  |  |  | 0.75 | 23.513 | 23.188 |
|  |  |  | 1.5 | 13.026 | 12.375 |  |  |  | **2** | 23.701 | 22.835 |
|  |  |  | (1.25) | 13.188 | 12.647 |  |  | 25 | 1.5 | 24.026 | 23.376 |
|  |  |  | 1 | 13.350 | 12.917 |  |  |  | (1) | 24.350 | 23.917 |
|  |  |  | (0.75) | 13.513 | 13.188 |  |  |  |  |  |  |
|  |  |  | (0.5) | 13.675 | 13.459 |  |  |  |  |  |  |
|  |  | 15 | **1.5** |  | 13.376 | 26 |  |  | **1.5** | 25.026 | 24.376 |
|  |  |  | (1) | 14.350 | 13.917 |  |  |  |  |  |  |

注:1. 螺纹直径依次按照第一、第二、第三系列选用,第三系列尽可能不用;

2. 括号内的螺距尽可能不用,黑斜体字体表示粗牙。

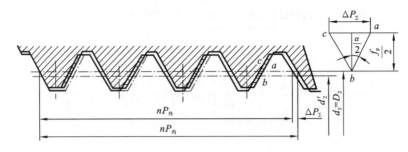

图 9.2　螺距误差对旋合性的影响

对于普通螺纹,$\alpha/2 = 30°$,则

$$f_p = 1.732 |\Delta P_\Sigma| \tag{9.2}$$

需要指出的是,$\Delta P_\Sigma$ 是在旋合长度内最大的螺距累积误差,其并不一定出现在最大旋合长度 $L$ 上。但是不论是朝左右哪个方向累积,都将影响螺纹副的旋合性,因此,应当对任意旋合长度内螺牙间螺距的累积误差进行质量管控。

（3）牙型半角误差对互换性的影响。牙型半角误差是指牙型半角的实际值与基本值的代数差。它是螺纹牙侧相对于螺纹轴线的位置误差。它对螺纹的旋合性和联接强度均有影响。分以下两种情况讨论。

① 若外螺纹牙型半角大于内螺纹牙型半角,二者旋合时,将在牙侧根部产生干涉,如图 9.3(a)所示。

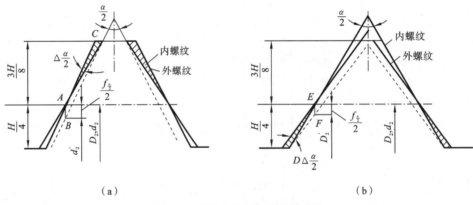

（a）　　　　　　　　　　　　　（b）

图 9.3　牙型半角误差引起的干涉

② 若外螺纹牙型半角小于内螺纹牙型半角,二者旋合时,将在牙侧顶部产生干涉,如图 9.3(b)所示。事实上,当左、右牙型半角误差不相同时,会发生一侧干涉牙根,一侧干涉牙顶的现象。通常中径当量取平均值,可推导得牙型半角偏差的中径当量通式为:

$$f_{\frac{\alpha}{2}} = 0.073 P \left( K_1 \left| \Delta \frac{\alpha_1}{2} \right| + K_2 \left| \Delta \frac{\alpha_2}{2} \right| \right) \tag{9.3}$$

式中:$P$——螺距,单位为 mm;

$K_1$、$K_2$——左、右牙型半角误差系数,见表 9.2。

**4. 普通螺纹的公差与配合**

1）普通螺纹的公差带

普通螺纹的公差带与尺寸的公差带一样,由公差等级和基本偏差组成,国家标准 GB/T 197—2003 规定了普通螺纹的大径、中径、小径的公差带,而没有规定螺距和牙型半角的公差,

所以,螺纹的互换性取决于中径的互换性。螺纹的公差等级见表 9.3。

**表 9.2　左、右牙型半角误差系数 $K_1$、$K_2$ 取值**

| 牙型半角误差 | 螺　纹 | |
|---|---|---|
| | 外螺纹 | 内螺纹 |
| $\Delta\dfrac{\alpha_1}{2}>0$ 时 | 2 | 3 |
| $\Delta\dfrac{\alpha_2}{2}<0$ 时 | 3 | 2 |

**表 9.3　螺纹的公差等级**(摘自 GB/T 197—2003)

| 螺纹直径 | 公差等级 | 螺纹直径 | 公差等级 |
|---|---|---|---|
| 外螺纹中径 $d_2$ | 3,4,5,6,7,8,9 | 内螺纹中径 $D_2$ | 4,5,6,7,8 |
| 外螺纹大径 $d$ | 4,6,8 | 内螺纹小径 $D_1$ | 4,5,6,7,8 |

（1）普通螺纹的公差等级。

内、外螺纹的加工,相对于孔和轴的加工,内螺纹加工更为困难。故在同一公差等级中,内螺纹中径公差比外螺纹中径公差大 32% 左右,原因是外螺纹小径和内螺纹大径没有规定的公差值,而只规定该处的实际轮廓不得超越按基本偏差和基本牙型所确定的最大实体尺寸形状,即保证螺纹副旋合时不发生干涉。表 9.4、表 9.5 分别是普通螺纹的基本偏差和顶径公差、中径公差。

**表 9.4　普通螺纹基本偏差和顶径公差**(摘自 GB/T 197—2003)　　　　单位：$\mu m$

| 螺距 $P$/mm | 内螺纹的基本偏差 EI | | 外螺纹的基本偏差 es | | | | 内螺纹小径公差 $T_{D_1}$ 公差等级 | | | | | 外螺纹大径公差 $T_d$ 公差等级 | | |
|---|---|---|---|---|---|---|---|---|---|---|---|---|---|---|
| | G | H | e | f | g | h | 4 | 5 | 6 | 7 | 8 | 4 | 6 | 8 |
| 1 | +26 | | −60 | −40 | −26 | | 150 | 190 | 236 | 300 | 375 | 112 | 180 | 280 |
| 1.25 | +28 | | −63 | −42 | −28 | | 170 | 212 | 265 | 335 | 425 | 132 | 212 | 335 |
| 1.5 | +32 | | −67 | −45 | −32 | | 190 | 236 | 300 | 375 | 475 | 150 | 236 | 375 |
| 1.75 | +34 | | −71 | −48 | −34 | | 212 | 265 | 335 | 425 | 530 | 170 | 265 | 425 |
| 2 | +38 | 0 | −71 | −52 | −38 | 0 | 236 | 300 | 375 | 475 | 600 | 180 | 280 | 450 |
| 2.5 | +42 | | −80 | −58 | −42 | | 280 | 355 | 450 | 560 | 710 | 212 | 335 | 530 |
| 3 | +48 | | −85 | −63 | −48 | | 315 | 400 | 500 | 630 | 800 | 236 | 375 | 600 |
| 3.5 | +53 | | −90 | −70 | −53 | | 355 | 450 | 560 | 710 | 900 | 265 | 425 | 670 |
| 4 | +60 | | −95 | −75 | −60 | | 375 | 475 | 600 | 750 | 950 | 300 | 475 | 750 |

（2）普通螺纹的基本偏差。

基本偏差为公差带两个极限偏差中靠近零线的那个偏差。它确定公差带相对基本牙型的位置。国家标准对内螺纹规定了两种基本偏差,其代号为 G 和 H,如图 9.4(a)、(b)所示。对外螺纹规定了四种基本偏差,其代号为 e、f、g、h,如图 9.4(c)、(d)所示。分别把相同尺寸的内、外螺纹的基本偏差进行组合,可得到不同的间隙配合。

**表 9.5　普通螺纹的中径公差**（摘自 GB/T 197—2003）　　　　　单位：$\mu m$

| 基本大径 D/mm | | 螺距 | 内螺纹中径公差 $T_{D_2}/\mu m$ | | | | | 外螺纹中径公差 $T_{d_2}/\mu m$ | | | | | | |
| --- | --- | --- | --- | --- | --- | --- | --- | --- | --- | --- | --- | --- | --- | --- |
| > | ≤ | P/mm | 公 差 等 级 | | | | | 公 差 等 级 | | | | | | |
| | | | 4 | 5 | 6 | 7 | 8 | 3 | 4 | 5 | 6 | 7 | 8 | 9 |
| 5.6 | 11.2 | 0.75 | 85 | 106 | 132 | 170 | — | 50 | 63 | 80 | 100 | 125 | | |
| | | 1 | 95 | 118 | 150 | 190 | 236 | 56 | 71 | 90 | 112 | 140 | 180 | 224 |
| | | 1.25 | 100 | 125 | 160 | 200 | 250 | 60 | 75 | 95 | 118 | 150 | 190 | 236 |
| | | 1.5 | 112 | 140 | 180 | 224 | 280 | 67 | 85 | 106 | 132 | 170 | 212 | 295 |
| 11.2 | 22.4 | 1 | 100 | 125 | 160 | 200 | 250 | 60 | 75 | 95 | 118 | 150 | 190 | 236 |
| | | 1.25 | 112 | 140 | 180 | 224 | 280 | 67 | 85 | 106 | 132 | 170 | 212 | 265 |
| | | 1.5 | 118 | 150 | 190 | 236 | 300 | 71 | 90 | 112 | 140 | 180 | 224 | 280 |
| | | 1.75 | 125 | 160 | 200 | 250 | 315 | 75 | 95 | 118 | 150 | 190 | 236 | 300 |
| | | 2 | 132 | 170 | 212 | 265 | 335 | 80 | 100 | 125 | 160 | 200 | 250 | 315 |
| | | 2.5 | 140 | 180 | 224 | 280 | 355 | 85 | 106 | 132 | 170 | 212 | 265 | 335 |
| 22.4 | 45 | 1 | 106 | 132 | 170 | 212 | — | 63 | 80 | 100 | 125 | 160 | 200 | 250 |
| | | 1.5 | 125 | 160 | 200 | 250 | 315 | 75 | 95 | 118 | 150 | 190 | 236 | 300 |
| | | 2 | 140 | 180 | 224 | 280 | 355 | 85 | 106 | 132 | 170 | 212 | 265 | 335 |
| | | 3 | 170 | 212 | 265 | 335 | 425 | 100 | 125 | 160 | 200 | 250 | 315 | 400 |
| | | 3.5 | 180 | 224 | 280 | 355 | 450 | 106 | 132 | 170 | 212 | 265 | 335 | 425 |
| | | 4 | 190 | 236 | 300 | 375 | 475 | 112 | 140 | 180 | 224 | 280 | 355 | 450 |
| | | 4.5 | 200 | 250 | 315 | 400 | 500 | 118 | 150 | 190 | 236 | 300 | 375 | 475 |

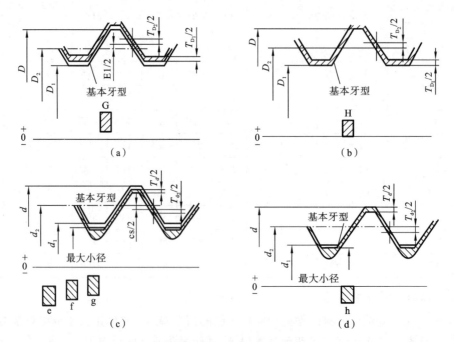

**图 9.4　内外螺纹的基本偏差**

（a）内螺纹公差带位置 G；（b）内螺纹公差带位置 H；（c）外螺纹公差带位置 e、f、g；（d）外螺纹公差带位置 h

$T_{D_1}$—内螺纹的小径公差；$T_{D_2}$—内螺纹的中径公差；$T_d$—外螺纹的大径公差；$T_{d_2}$—外螺纹的大径公差

普通螺纹的公差带与一般尺寸的公差带稍有不同,在设计图样上标注时,数字在前,基本偏差代号在后,如 5H、6G、5h、5g 等。

(3) 普通螺纹的旋合长度。

国家标准 GB/T 197—2003 规定普通螺纹联接分为精密、中等和粗糙三个精度等级。精密级用于要求配合性质稳定的螺纹联接;中等级用于一般的螺纹联接;粗糙级用于不重要的螺纹联接,以及制造比较困难的长盲孔攻螺纹或热轧棒上的螺纹。

螺纹的精度不仅取决于螺纹中径的公差等级,而且与旋合长度有关。国家标准对螺纹规定了短、中等和长三种旋合长度,分别以代号 S、N、L 表示,见表 9.6。应用较广泛的是中等旋合长度。一般来说,旋合长度越长,加工越困难,螺距累积误差和牙型半角偏差会越大。一般通孔联接的螺栓拧紧后露出的螺母头尽量不超过 5 mm,否则影响美观,联接刚度也受影响,而且成本会升高。同一精度等级,随着旋合长度的增加,加工越困难,故应相应降低螺纹的公差等级,见表 9.7。

表 9.6　普通螺纹的旋合长度(摘自 GB/T 197—2003)　　　　　　　　单位:mm

| 基本大径 D、d | | 螺距 P | 旋 合 长 度 | | | |
|---|---|---|---|---|---|---|
| | | | S | N | | L |
| > | ≤ | | ≤ | > | ≤ | > |
| 5.6 | 11.2 | 0.75 | 2.4 | 2.4 | 7.1 | 7.1 |
| | | 1 | 3 | 3 | 9 | 9 |
| | | 1.25 | 4 | 4 | 12 | 12 |
| | | 1.5 | 5 | 5 | 15 | 15 |
| 11.2 | 22.4 | 1 | 3.8 | 3.8 | 11 | 11 |
| | | 1.25 | 4.5 | 4.5 | 13 | 13 |
| | | 1.5 | 5.6 | 5.6 | 16 | 16 |
| | | 1.75 | 6 | 6 | 18 | 18 |
| | | 2 | 8 | 8 | 24 | 24 |
| | | 2.5 | 10 | 10 | 30 | 30 |
| 22.4 | 45 | 1 | 4 | 4 | 12 | 12 |
| | | 1.5 | 6.3 | 6.3 | 19 | 19 |
| | | 2 | 8.5 | 8.5 | 25 | 25 |
| | | 3 | 12 | 12 | 36 | 36 |
| | | 3.5 | 15 | 15 | 45 | 45 |
| | | 4 | 18 | 18 | 53 | 53 |
| | | 4.5 | 21 | 21 | 63 | 63 |

2) 普通螺纹的图样标注

普通螺纹的完整标注由螺纹代号(M)、螺纹公差带代号、旋合长度代号、旋向代号等信息组成,各部分之间用"-"分开。图 9.5 即表示,公称直径为 $\phi20$ 的普通内螺纹、粗牙,中径、顶径的公差带分别为 5G、6G,旋合长度为 L(也可直接标注具体数值),下面依次介绍各标注信息。

**表 9.7　普通螺纹公差带的选用**(摘自 GB/T 197—2003)

| 公差精度 | 公差带位置 | | | | | |
|---|---|---|---|---|---|---|
| | G | | | H | | |
| | 旋合长度 | | | 旋合长度 | | |
| | S | N | L | S | N | L |
| 精密 | — | — | — | 4H | 5H | 6H |
| 中等 | (5G) | •6G | (7G) | •5H | 6H | •7H |
| 粗糙 | — | 7G | (8G) | — | 7H | 8H |

| 公差精度 | 公差带位置 | | | | | | | | | | | |
|---|---|---|---|---|---|---|---|---|---|---|---|---|
| | e | | | f | | | g | | | h | | |
| | 旋合长度 | | | 旋合长度 | | | 旋合长度 | | | 旋合长度 | | |
| | S | N | L | S | N | L | S | N | L | S | N | L |
| 精密 | — | — | — | — | — | — | 4g | (5g4g) | (3h4h) | • 4h | | (5h4h) |
| 中等 | — | •6e | (7e6e) | — | •6f | — | (5g6g) | 6g | (7g6g) | (5h6h) | 6h | (7h6h) |
| 粗糙 | — | (8e) | (9e8e) | — | — | — | — | 8g | (9g8g) | — | — | — |

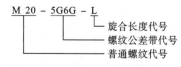

**图 9.5　普通螺纹的标注**

（1）螺纹代号。螺纹代号包括螺纹的特征代号和尺寸代号。普通螺纹的特征代号为"M"，单线螺纹的尺寸代号为"基本直径×螺距"，粗牙螺纹的螺距值可省略，多线螺纹的尺寸代号为"基本直径×$P_h$（导程）"。

（2）螺纹公差带代号。螺纹公差带代号包括中径、顶径的公差等级和基本偏差代号。当中径和顶径的公差带代号不同时，应分别注出，前者为中径，后者为顶径。例如，图 9.5 中 5G6G 表示内螺纹中径为 5 级，顶径为 6 级，其公差带基本偏差均为 G。基本偏差代号中小写字母为外螺纹，大写字母为内螺纹（类比轴和孔）。当中径、顶径的公差带代号相同时，只标注一个即可。

在标注时，可以省略中等公差精度螺纹的公差带，即对内（外）螺纹：公差带代号 5H(6h) 在基本直径≤1.4 mm 时，公差带代号 6H(6g) 在基本直径≥1.6 mm 时，在标准件手册中，中径和顶径公差带为 6g(6H)、中等旋合长度的粗牙外（内）螺纹均可直接标注为 M20 等。

（3）螺纹的旋合长度和旋向。螺纹的旋合长度会影响连接件的配合精度和互换性。国家标准对螺纹规定了短、中等和长三种旋合长度，分别以代号 S、N、L 表示。一般优选中等旋合长度。所以，除旋合长度的代号"N"不必注出外，对于短或长的旋合长度，应注出"S"或"L"的代号。对左旋螺纹，应在旋合长度代号之后标注"LH"代号，右旋螺纹不必标注旋向代号。旋向代号与前面的部分用"-"隔开。

（4）螺纹装配图上标注。对于有配合关系的螺纹装配图，采用一斜线把内、外螺纹公差带分开，左边为内螺纹，右边为外螺纹，详见例题 9.3。需要特别指出的是，某些大型企业有自己的标准件厂，内、外螺纹采用企业内部代号，产品图样上不再标注公差，而采用"螺纹代号＋直径＋长度"的简明标注方法，这里不再赘述。

**例 9.1**　说明螺纹标注 M20×2-5g6g-LH 的含义。

**解**　因螺纹标注中基本偏差代号是小写的字母 g,所以该螺纹是外螺纹。具体含义是:M 为普通螺纹特征代号,螺纹公称直径为 $\phi20$ mm,2 为螺距(细牙),5g、6g 分别表示螺纹中径公差带、顶径公差带代号,LH 表示螺纹为左旋向,中等旋合长度(代号 N 省略)。

**例 9.2**　说明螺纹标注 M20-5H-S 的含义。

**解**　因螺纹标注中基本偏差代号是大写的字母 H,所以该螺纹是内螺纹。具体含义是:M 为普通螺纹特征代号,公称直径为 $\phi20$ mm,属粗牙螺纹(查表 9.1,粗牙螺距 $P=2.5$ mm 省略),右旋向(右旋向省略),中径和顶径公差带代号同为 5H(只需标一个代号),短旋合长度 S。

**例 9.3**　说明螺纹标注 M16×1.5-6H/5g6g-S-LH 的含义。

**解**　因螺纹标注中基本偏差代号既有大写字母,又有小写字母,即该标注表示一对配合螺纹。内、外螺纹的公称直径均为 $\phi16$ mm,普通内、外细牙左旋螺纹(代号 LH),螺距为 1.5 mm,内螺纹中径和顶径公差带代号均为 6H,外螺纹中径和顶径公差带代号分别为 5g、6g,短旋合长度(代号 S)。

3) 普通螺纹的公差与配合的选用

(1) 螺纹公差带的选择。国家标准 GB/T 197—2003 给出了推荐的螺纹公差带,按照优先、常用、一般的顺序选择,见表 9.7。表格中,选择顺序为:带·公差带,一般字体公差带,括号内公差带尽量不要采用,带下划线的公差带用于大批量生产的紧固件螺纹。

(2) 螺纹配合的选择。内、外螺纹的基本偏差参见表 9.7,为了保证旋合性,内、外螺纹应具有较好的同轴度,并有较好的联接刚度。通常采用最小间隙等于零的配合(H/h);为方便拆装,可选用较小间隙的配合(H/g 或 G/h);对采用常用的镀锌、磷化等工艺的螺纹,其间隙大小视镀层厚度确定。如外螺纹镀层较薄(厚度约 5 $\mu$m),配合选用 6H/6g;如外螺纹镀层较厚(厚度达 10 $\mu$m),配合选用 6H/6e;如内、外螺纹均需镀层,可选大间隙配合 6G/6e。

4) 螺纹表面粗糙度的选择

螺纹牙侧表面的粗糙度,主要按用途和中径公差等级来确定,见表 9.8。

表 9.8　螺纹牙侧的表面粗糙度 $Ra$　　　　　　单位:$\mu$m

| 螺纹工作表面 | $Ra$ 不大于 | | |
|---|---|---|---|
| | 螺纹公差等级 | | |
| | 4,5 | 6,7 | 7,8,9 |
| 螺栓、螺钉、螺母 | 1.6 | 3.2 | 3.2～6.3 |
| 轴及套上的螺纹 | 0.8～1.6 | 1.6 | 3.2 |

**例 9.4**　查表求出 M24-7f6f 螺纹的上、下极限偏差。

**解**　由题可知,M24 表示普通粗牙螺纹,公称直径为 $\phi24$ mm,螺距为 3 mm(由表 9.1 查得),右旋向,中径为 $\phi22.051$ mm(由表 9.1 查得);公差带代号 7f6f 表示外螺纹中径公差带代号为 7f,大径(顶径)公差带代号为 6f。

(1) 由表 9.4 查得,螺距为 3mm 时,f 的基本偏差 es$=-63$ $\mu$m$=-0.063$ mm。

(2) 由表 9.5 查得,公差等级为 7 级时,中径公差 $T_{d_2}=250$ $\mu$m$=0.250$ mm。

(3) 由表 9.4 查得,公差等级为 6 级时,大径公差 $T_d=375$ $\mu$m$=0.375$ mm。

(4) 故:中径上极限偏差　es$=-0.063$ mm;

中径下极限偏差　　$ei = es - T_{d_2} = (-0.063 - 0.250)$ mm $= -0.313$ mm；

即中径尺寸表示为 $\phi 22.051^{-0.063}_{-0.313}$ mm；

而大径上极限偏差　　$es = -0.063$ mm；

大径下极限偏差　　$ei = es - T_d = (-0.063 - 0.375)$ mm $= -0.438$ mm；

即大径尺寸表示为 $\phi 24^{-0.063}_{-0.438}$ mm。

**例 9.5**　查表求出 M20-5H/7g6g 配合螺纹中径的上、下极限偏差，并画出螺纹中径的配合公差图。

**解**　(1) 由题可知，M20-5H/7g6g 为一副公称直径为 $\phi 20$ mm 的配合粗牙螺纹，螺距为 2.5(省略不标注，由表 9.1 查得)，右旋向(省略不标注)。

(2) 由表 9.1 查得，螺纹中径为 $D_2 = d_2 = \phi 18.376$ mm。

(3) 由例 9.4 步骤查表并计算可知，外螺纹中径尺寸表示为：$\phi 18.376^{-0.042}_{-0.254}$ mm。

(4) 由表 9.4 查得(或公差基本知识)，内螺纹的基本偏差 EI = 0 mm。

(5) 由表 9.5 查得，公差等级为 5 级时，内螺纹中径公差 $T_{D_2} = 18$ $\mu$m $= 0.180$ mm，故：内螺纹中径下极限偏差 EI = 0 mm。内螺纹中径上极限偏差 ES = $T_{D_2}$ + EI = 0.180 mm + 0 mm = 0.180 mm。

即内螺纹中径尺寸表示为：$\phi 18.376^{+0.180}_0$ mm。

(6) 螺纹中径配合公差图如图 9.6 所示，显然属于小间隙配合。

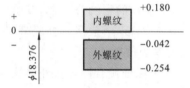

**图 9.6　螺纹中径配合公差带图**

**例 9.6**　某一套 M20 普通配合右旋螺纹，一般传动，但是经常拆卸，螺距 $P = 1.5$ mm，试选择其配合公差。

**解**　(1) 配合性质选择。因螺纹经常拆卸，所以选择配合性质为小间隙配合 H/g。

(2) 公差等级选择。因螺纹为一般传动，所以公差等级选 7 级。

(3) 旋合长度选择。因螺纹为一般传动，所以选择中等旋合长度(由表 9.6 选择旋合长度为 15 mm，实际生产中，螺栓的长度一般为 5 的整数倍)。

(4) 螺纹配合公差的确定。根据以上所述确定螺纹配合公差，其尺寸标准为：M20×1.5-7H/7g。

### 5. 普通螺纹的检测

螺纹的检测分为单项检测与综合检测。

1) 螺纹的单项检测

普通螺纹的单项测量，就是对螺纹的每个参数进行检测，主要是中径、螺距和牙型半角，其次是顶径和底径，有时还需要测量牙底的形状。除了顶径可用内、外径量具测量外，其他参数多用通用仪器测量，常用的单项测量有以下几种方法。

(1) 螺纹样板测螺距。螺纹样板又称为螺纹规、螺纹牙规、螺纹样板规，是测量螺距的常用工具。主要有三角形螺纹样板和梯形螺纹样板，如图 9.7(a)所示，三角形螺纹样板又分为普通三角形螺纹样板和英制三角形螺纹样板，普通三角形和梯形螺纹样板的牙型角分别为 60°和 30°，每片样板上的数字表示螺距的大小；而英制三角形螺纹样板的牙型角为 55°，每片样板上的数字表示一英寸(1 英寸 = 2.54 厘米)长度内的牙数。测量时，螺纹样板的"牙齿"应当贴紧被测螺纹的"牙齿"，严丝合缝时，样板上的数值对应被测螺纹的螺距，如图 9.7(b)所示。

(2) 螺纹千分尺。是测量低精度外螺纹中径的常用量具。它的结构与一般外径千分尺十

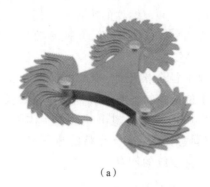

（a）　　　　　　　　　　　　　　　（b）

**图 9.7　螺纹样板测量螺距**

（a）公英制一体螺纹样板；（b）螺纹样板测外螺纹

分相似,所不同的是测量头,它有成对配套的、适用于不同牙型和不同螺距的测头,如图 9.8 所示。

（3）影像法测量螺纹的几何参数。实际上是利用工具显微镜测量螺纹,原理是利用照明系统射出的平行光束对被测螺纹进行投影,由物镜将螺纹投影轮廓放大成像于目镜中,用目镜分划板上的米字线瞄准螺纹牙廓的影像,利用工作台的纵向、横向千分尺和角度示值目镜读数,实现螺纹中径、螺距和牙侧角的测量。

（4）三针法测量外螺纹中径。主要用于测量精密螺纹(如螺纹塞规、滚珠丝杠等)的中径。测量时,先将三根直径相等的精密量针放在螺纹槽中,用光学或机械量仪(机械测微仪、测长仪等)量出尺寸 $M$ (见图 9.9),然后根据被测螺纹已知的螺距 $P$,牙型半角 $\alpha/2$ 及量针直径 $d_0$,按式(9.4)即可计算出螺纹中径的实际尺寸。

$$d_2 = M - d_0\left(1 + \frac{1}{\sin\alpha/2}\right) + \frac{P}{2}\cot\frac{\alpha}{2} \qquad (9.4)$$

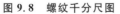
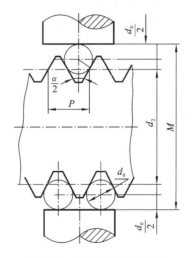

图 9.8　螺纹千分尺图　　　　　　　　图 9.9　三针法测螺纹中径

2）螺纹的综合检验

螺纹的综合检验,可以用投影仪或螺纹量规进行。生产中主要用螺纹量规来控制螺纹的极限轮廓。螺纹量规的设计遵循泰勒原则,其综合检验效率高,适用于大批量生产,但螺纹量规检测只能判断螺纹合格不合格,不能实现量化检测。

图 9.10　螺纹量规

外螺纹的大径和内螺纹的小径分别用光滑极限环规（或卡规）和光滑极限塞规检查，其他参数均用螺纹量规（见图 9.10）检测。

根据螺纹中径合格条件，螺纹规通端和止端在螺纹长度和牙型上的结构特征是不相同的。螺纹量规通端主要用来检查作用中径是否超出其最大实体牙型中径（同时控制螺纹的底径），应该有完整的牙侧，且其螺纹长度至少要等于工件螺纹的旋合长度的 80%。当螺纹通规可以和螺纹工件自由旋合时，就表示工件螺纹的作用中径未超出最大实体牙型中径。螺纹量规止端只检查螺纹的实际中径是否超出其最小实体牙型中径，为了消除螺距偏差和牙型半角偏差的影响，其牙型应做成截短牙型，且螺纹长度只有螺距的 2～3.5 倍。

实际生产中，对于大批量生产的内、外螺纹，常采用光学影像筛选机进行综合检测，检测速度高达 300～1500 个/min，设备精度可达到 ±0.005 mm，准确度达到百万分之几。

# 9.2　滚动轴承的公差与配合

滚动轴承是机械行业中广泛使用的标准部件，我国有很多具有相当规模的轴承厂，如哈尔滨轴承厂、洛阳轴承厂等等。机械设计课程中，关于轴承的分类、作用、结构、寿命和强度设计计算等已经有了详细介绍，本节主要介绍滚动轴承的精度以及它与轴、轴承座孔或箱体孔的配合选用问题。

滚动轴承的作用是"承轴"，即对轴起支承作用。这就要求轴承工作时，能承受适当的载荷，保证轴与轴之间的正确的几何位置及扭矩传递，同时要求轴承旋转精度高、润滑方便、噪声小、维修时容易更换。因此，除了轴承本身的制造精度外，还要正确选择轴承与轴和轴承座孔的配合性质，轴和轴承座孔的尺寸精度、几何公差和表面粗糙度等，以保证轴承具有良好的互换性。

**1. 滚动轴承的精度等级及其应用**

1）滚动轴承的精度等级

如图 9.11 所示，滚动轴承一般由四部分组成：外圈、内圈、滚动体（钢球或滚柱）、保持架等。

滚动轴承的精度是按照其外形尺寸公差和旋转精度分级的。外形尺寸公差是指成套轴承的内径 $d$、外径 $D$ 和宽度尺寸 $B$ 的公差；旋转精度主要是指轴承的内、外圈的径向圆跳动，端面对滚道的跳动和端面对内孔的跳动等。

国家标准 GB/T 307.3—2005《滚动轴承通用技术规则》规定，向心轴承（圆锥滚子轴承除外）分为 0、6、5、4 和 2 五级，精度依次升高；圆锥滚子轴承精度分为 0、6x、5 和 4 四级；推力轴承分为 0、6、5 和 4 四级。

2）滚动轴承各级精度的应用

0 级，通常为普通级，用于旋转精度要求不高，中低速及中等

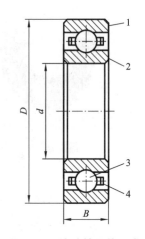

图 9.11　滚动轴承的组成

1—外圈；2—内圈；
3—滚动体；4—保持架

载荷的一般旋转机构,它在机械产品中应用最广。例如用于普通减速机轴承,汽车、摩托车变速箱的轴承,普通电动机、水泵、压缩机等旋转机构中的轴承,自行车、行李拉杆箱轴承等。

6 级,用于转速较高、旋转精度要求较高的旋转机构。例如用于普通机床的主轴后轴承、较精密机床变速箱的轴承等。

5 级、4 级,用于高速、高旋转精度要求的机构。例如用于精密机床的主轴承、精密仪器仪表的主轴承等。

2 级,用于转速很高、旋转精度要求也很高的机构。例如用于齿轮磨床、数控机床的主轴轴承,高精度仪器仪表等的主要轴承。

3) 滚动轴承自身内径、外径公差带及其特点

为了保证滚动轴承具有良好的互换性,国家标准 GB/T 307.1—2005《滚动轴承　向心轴承　公差》对轴承内径和外径尺寸公差做了两种规定:一是轴承套圈任意横截面内测得的最大直径(最小直径)的平均值 $d_m(D_m)$ 与公称直径 $d(D)$ 的差,即单一平面平均内(外)径偏差 $\Delta d_{mp}$ ($\Delta D_{mp}$)必须在极限偏差范围内,用于控制轴承的配合,因为平均尺寸是配合时起作用的尺寸;二是规定套圈任意横截面内最大直径、最小直径与公称直径的差,即单一内圈直径(外圈直径)偏差 $\Delta d_s(\Delta D_s)$ 必须在极限偏差范围内(2 级、4 级轴承除外)。因为滚动轴承的内、外圈均是薄壁零件,在制造、仓储保管、物流转运等环节中容易产生变形,所以要控制变形量,同时也要保证内圈与轴、外圈与轴承座孔的配合尺寸精度。

为了便于互换和大批量生产,轴承内圈与轴颈的配合采用基孔制,外圈与箱体孔的配合采用基轴制,如图 9.12 所示。但是 $\Delta d_{mp}(\Delta D_{mp})$ 的公差值是特殊规定的,所以轴承外圈与轴承座孔的配合,与极限与配合国家标准中基轴制的同名配合不完全相同。表 9.9 列出了部分向心轴承偏差中内、外圈单一平面平均内(外)径偏差 $\Delta d_{mp}(\Delta D_{mp})$ 的极限值。

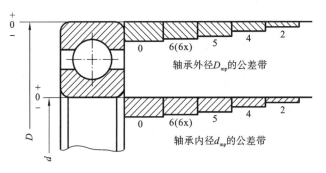

**图 9.12　滚动轴承内、外圈的公差带图**

表 9.9　向心轴承的 $\Delta d_{mp}(\Delta D_{mp})$（摘自 GB/T 307.1—2005）

| 精度等级 | | | 0 | | 6 | | 5 | | 4 | | 2 | |
|---|---|---|---|---|---|---|---|---|---|---|---|---|
| 公称直径/mm | | | 极限偏差/$\mu$m | | | | | | | | | |
| 大于 | | 到 | 上偏差 | 下偏差 | 上偏差 | 下偏差 | 上偏差 | 下偏差 | 上偏差 | 下偏差 | 上偏差 | 下偏差 |
| 内圈 | 18 | 30 | 0 | −10 | 0 | −8 | 0 | −6 | 0 | −5 | 0 | −2.5 |
| | 30 | 50 | 0 | −12 | 0 | −10 | 0 | −8 | 0 | −6 | 0 | −2.5 |
| 外圈 | 50 | 80 | 0 | −13 | 0 | −11 | 0 | −9 | 0 | −7 | 0 | −4 |
| | 80 | 120 | 0 | −15 | 0 | −13 | 0 | −10 | 0 | −8 | 0 | −5 |

标准中规定的轴承内圈、内孔的单一平面平均直径的公差带与一般基准孔的公差带位置不同,单一平面平均直径的公差带都位于零线下方,上偏差为零,下偏差为负,如图 9.12 所示。这主要考虑到在多数情况下,轴与轴承内圈一起转动,两者之间的配合必须有一定过盈,但过盈量又不宜过大,以保证拆卸方便,防止内圈应力过大。假如轴承内孔的公差带与一般基准孔的公差带一样,单向偏置在零线上侧,并与极限与配合标准中规定的公差带形成过盈配合,所取得的过盈量往往稍大;如改用过渡配合,又可能出现孔、轴结合不可靠的情况;若采用非标准配合,不仅给设计者带来麻烦,也不符合标准化和互换性原则。为此,轴承标准将内孔的平均内径的公差带置于零线下方,再与极限与配合标准中推荐的常用(优先)的轴的公差带结合,保证内圈与轴配合中合理的过盈量。

**2. 滚动轴承与轴和箱体孔的配合**

1) 轴颈和轴承座孔的公差带选择

前述提到,滚动轴承内圈与轴颈的配合采用基孔制,外圈与轴承座孔的配合采用基轴制。国家标准对各级精度的轴承规定了公差带,选用时,可以从表 9.10 中选取。如图 9.13(a)和(b)所示分别为滚动轴承与轴颈和轴承座孔配合的公差带图。

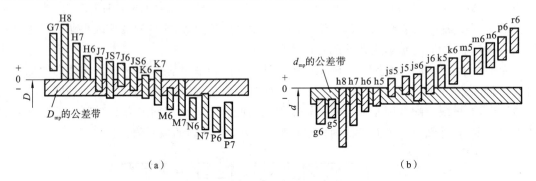

图 9.13　滚动轴承与轴颈和轴承座孔配合的公差带图

表 9.10　与滚动轴承配合的轴颈和轴承座孔的公差带

| 轴承公差等级 | 轴颈公差带 | 轴承座孔公差带 |
| --- | --- | --- |
| 0 级 | h8 | H8 |
|  | h7,r7 | G7, H7, J7, JS7, K7, M7, N7 ,P7 |
|  | g6,h6,j6,js6,k6,m6,n6, p6, r6 | H6, J6, JS6, K6, M6, N6, P6 |
| 6 级 | r7 | H8 |
|  | g6, h6, j6, js6, k6, m6, n6, p6,r6 | G7, H7, J7, JS7, K7, M7, N7, P7 |
|  | r5,h5,j5 k5, m5 | H6, J6, JS6, K6, M6, N6, P6 |
| 5 级 | k6,m6 | G6, H6, JS6, K6, M6 |
|  | h5, j5,js5,k5,m5 | JS5, K5, M5 |
| 4 级 | h5,js5,k5, m5 h4, js4, k4 | K6 |
|  |  | H5, JS5, K5, M5 |
| 2 级 | h3, js3 | H4, JS4, K4 |
|  |  | H3,JS3 |

注:1. 轴颈公差带 r6 用于轴承内径 $d=120\sim500$ mm,r7 用于内径 $d=180\sim500$ mm;

　　 2. 轴承座孔公差带 N6 与 0 级轴承(外径<150 mm)和 6 级轴承(外径<315 mm)的配合为过渡配合。

2）选择滚动轴承与轴和轴承座孔的配合应考虑的影响因素

滚动轴承属于标准部件，由专业的工厂生产。但是使用方在选用时，要保证轴承的承载能力，保持机器设备的良好运转，尽可能提高轴承的使用寿命，从而降低运营成本。选择轴承时主要考虑下列影响因素。

（1）轴承的工作条件。

润滑方式不同，散热条件不同，以及轴承精度的影响，使得轴承运转时，会有不同程度的温升，即轴承套圈的温度往往高于与其相配的零件的温度。由于热胀冷缩，轴承内圈孔径变大，其与轴的配合可能松动；外圈轴径变小，其与孔的配合可能变紧。因此，在选择配合时，应当考虑工作温度对轴承的影响。一般地，在高温（高于 100 ℃）工作的轴承，应对所选的配合进行修正，从而保证轴承的正常工作。

一般地说，轴承的旋转精度要求越高、转速越高，温升会越大，选用的配合应更紧些。

（2）轴承套圈的载荷类型。

作用在轴承上的径向载荷，一般是定向载荷（如传动带拉力或齿轮的作用力）或者由定向载荷和一个较小的旋转载荷（如机件的离心力）合成，如图 9.14 所示。套圈与载荷的作用方向存在以下三种不同关系。

① 局部载荷。套圈相对于载荷方向固定，径向载荷始终作用在套圈滚道的局部区域上。如图 9.14(a)所示固定的外圈和图 9.14(b)所示固定的内圈均受到一个方向一定的径向载荷 $F_r$ 的作用。

② 旋转载荷。套圈相对于载荷方向旋转，作用于轴承上的合成径向载荷与套圈相对旋转，并依次作用在该套圈的整个圆周滚道上。如图 9.14(a)所示旋转的内圈和图 9.14(b)所示旋转的外圈均受到一个作用位置依次改变的径向载荷 $F_r$ 的作用。

③ 摆动载荷。套圈相对于载荷方向摆动，大小和方向按一定规律变化的径向载荷作用在套圈的部分滚道上，此时套圈相对于载荷方向摆动。如图 9.14(c)和图 9.14(d)所示，轴承受到定向载荷 $F_r$ 和较小的旋转载荷 $F_e$ 的共同作用，二者的合成载荷 $F$ 将以由小到大、再由大到小的周期变化。

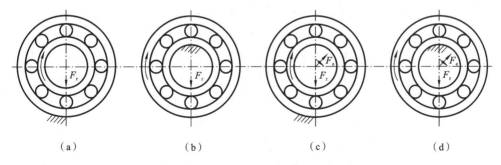

**图 9.14　轴承上径向载荷类型**

(a) 旋转的内圈载荷和固定的外圈载荷；(b) 旋转的外圈载荷和固定的内圈载荷；

(c) 旋转的内圈载荷和外圈承受的摆动载荷($F_r > F_e$)；(d) 旋转的外圈载荷和内圈承受的摆动载荷

如图 9.15 所示，当 $F_r > F_e$ 时，二者的合成载荷就在 $AB$ 弧区域内摆动，固定的套圈相对于合成载荷 $F$ 方向摆动，而旋转的套圈就相对于合成载荷 $F$ 方向旋转。当 $F_r < F_e$ 时，二者的合成载荷就在整个圆周区域内变动，固定的套圈相对于合成载荷 $F$ 方向旋转，而旋转的套圈就相对于合成载荷 $F$ 方向静止。

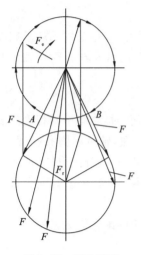

**图 9.15　摆动载荷**

　　轴承套圈相对于载荷方向的关系不同,选择轴承配合的松紧程度也应不同。当套圈相对于载荷方向固定时,其配合应选得稍松些,套圈在振动或冲击下被滚道间的摩擦力矩带动,偶尔产生少许转位,从而改变滚道的受力状态使滚道磨损较均匀,延长轴承的使用寿命。一般选用过渡配合或具有极小间隙的间隙配合。

　　当套圈相对于载荷方向旋转时,为防止套圈在轴颈上或轴承座孔的配合表面打滑,引起配合表面发热、磨损,配合应选得紧些,一般选用过盈量较小的过盈配合或有一定过盈量的过渡配合。

　　当套圈相对于载荷方向摆动时,其配合的松紧程度一般与相对于载荷方向旋转时的相同或稍松些。

　　(3) 载荷的大小。

　　载荷大小可用当量径向动载荷 $F_r$ 与轴承的额定动载荷 $C_r$ 的比值来表示。对于球轴承,GB/T 275—2005 将 $F_r/C_r \leqslant 0.07$ 时称为轻载荷,$0.07 < F_r/C_r \leqslant 0.15$ 时称为正常载荷,$F_r/C_r > 0.15$ 时称为重载荷。额定动载荷 $C_r$ 的值可从轴承手册中查到,$F_r$ 的计算在机械设计课程中已做详细介绍。

　　轴承在重载荷和冲击载荷作用下,套圈容易产生变形,使配合面受力不均匀,引起配合松动。显然,载荷越大,过盈量应选得越大;承受冲击载荷应比承受平稳载荷选用较紧的配合。表 9.11 为几种轴承当量径向动载荷 $F_r$ 的类型。

**表 9.11　当量径向动载荷 $F_r$ 的类型**

| 载荷类型<br>($F_r/C_r$) | $F_r$ 值的大小 | | |
|---|---|---|---|
| | 球轴承 | 滚子轴承(圆锥轴承除外) | 圆锥滚子轴承 |
| 轻载荷 | $F_r/C_r \leqslant 0.07$ | $F_r/C_r \leqslant 0.08$ | $F_r/C_r \leqslant 0.13$ |
| 正常载荷 | $0.07 < F_r/C_r \leqslant 0.15$ | $0.08 \leqslant F_r/C_r \leqslant 0.18$ | $0.13 \leqslant F_r/C_r \leqslant 0.26$ |
| 重载荷 | $F_r/C_r > 0.15$ | $F_r/C_r > 0.18$ | $F_r/C_r > 0.26$ |

　　(4) 其他因素。

　　与整体式轴承座孔相比,剖分式轴承座孔与轴承外圈配合应松些,以免使外圈产生圆度误差;轴承安装在薄壁外壳、轻合金外壳或薄壁空心轴上时,为保证轴承工作有足够的支承刚度和强度,所采用的配合应比轴承装在厚壁外壳、铸铁外壳或实心轴上时紧一些;当考虑拆卸和安装方便,或需要轴向移动和调整套圈时,配合应松一些。

　　3) 与轴承配合的轴、轴承座孔公差等级的选用

　　在设计选用轴承时,既要考虑满足互换性要求,又要考虑降低成本。故在选择轴承配合的同时,公差等级不可忽视。轴颈和轴承座孔的公差等级与轴承的公差等级有关。与 0、6(6X)级轴承配合的轴颈一般为 IT6 级,轴承座孔一般为 IT7 级。对旋转精度和运转平稳性有较高要求的场合,如空调压缩机用轴承,在提高轴承公差等级的同时,与其相配合的轴颈和轴承座孔的精度也要相应提高。

　　滚动轴承的配合,一般根据实践经验,用类比的方法选用。表 9.12、表 9.13、表 9.14、表 9.15 是摘自 GB/T 275—2015 的四张表格,可供机械设计时根据所列条件参考选用。

**表 9.12　向心轴承和轴的配合——轴公差带（圆柱孔轴承）(摘自 GB/T 275—2015)**

| 载荷情况 | | 举　例 | 深沟球轴承、调心球轴承和角接触球轴承 | 圆柱滚子轴承和圆锥滚子轴承 | 调心滚子轴承 | 公差带 |
|---|---|---|---|---|---|---|
| | | | 轴承公称内径/mm | | | |
| 内圈承受旋转载荷或方向不定载荷 | 轻载荷 | 输送机、轻载齿轮箱 | ≤18 | — | — | h5 |
| | | | >18~100 | ≤40 | ≤40 | j6① |
| | | | >100~200 | >40~140 | >40~100 | k6① |
| | | | — | >140~200 | >100~200 | m6① |
| | 正常载荷 | 一般通用机械、电动机、泵、内燃机、正齿轮传动装置 | ≤18 | — | — | j5、js5 |
| | | | >18~100 | ≤40 | ≤40 | k5② |
| | | | >100~140 | >40~100 | >40~65 | m5② |
| | | | >140~200 | >100~140 | >65~100 | m6 |
| | | | >200~280 | >140~200 | >100~140 | n6 |
| | | | — | >200~400 | >140~280 | p6 |
| | | | — | — | >280~500 | r6 |
| | 重载荷 | 铁路机车车辆轴箱、牵引电动机、破碎机等 | — | >50~140 | >50~100 | n6③ |
| | | | — | >140~200 | >100~140 | p6③ |
| | | | — | >200 | >140~200 | r6③ |
| | | | — | — | >200 | r7③ |
| 内圈承受固定载荷 | 所有载荷 内圈需在轴向易移动 | 非旋转轴上的各种轮子 | 所有尺寸 | | | f6 |
| | | | | | | g6 |
| | 内圈不需在轴向易移动 | 张紧轮、绳轮 | | | | h6 |
| | | | | | | j6 |
| 仅有轴向载荷 | | | 所有尺寸 | | | j6、js6 |
| 圆锥孔轴承 | | | | | | |
| 所有载荷 | | 铁路机车车辆轴箱 | 装在退卸套上 | 所有尺寸 | | h8(IT6)④、⑤ |
| | | 一般机械传动 | 装在紧定套上 | 所有尺寸 | | h9(IT7)④、⑤ |

注：① 凡对精度有较高要求的场合,应用 j5、k5、m5 代替 j6、k6、m6；
　　② 圆锥滚子轴承、角接触球轴承配合对游隙影响不大,可用 k6、m6 代替 k5、m5；
　　③ 重载荷下轴承游隙应选大于 N 组(N 参见 GB/T 4604.1—2012)；
　　④ 凡有较高精度或转速要求的场合,应选用 h7 (IT5)代替 h8 (IT6)等；
　　⑤ IT6、IT7 表示圆柱度公差数值。

**4) 配合面的几何公差及表面粗糙度**

GB/T 275—2005 规定了与轴承配合的轴颈和轴承座孔表面的圆柱度公差、轴肩及轴承座孔端面的轴向圆跳动公差、各表面的粗糙度要求等,可以参照表 9.16、表 9.17 选取。

此外,无论是轴颈还是轴承座孔,若存在较大的形状误差,则轴承安装后,套圈会因此而产生变形。因此,就必须对轴颈和轴承座孔规定严格的圆柱度公差。同时,轴肩和轴承座孔肩的端平面是轴承安装的定位面,若它们与轴心线存在较大的垂直度误差,那么轴承安装后会产生歪斜,因此,应该在装配图的技术要求中规定轴肩和轴承座孔肩的端面对基准轴线的端面圆跳动公差,机器装配后,该公差要作为主要的质量指标加以调整和控制。

表 9.13　向心轴承与轴承座孔的配合——孔公差带(摘自 GB/T 275—2015)

| 载荷情况 | | 举例 | 其他状况 | 公差带[1] | |
|---|---|---|---|---|---|
| | | | | 球轴承 | 滚子轴承 |
| 外圈承受固定载荷 | 轻、正常、重 | 一般机械、铁路机车车辆轴箱 | 轴向易移动,可采用剖分式轴承座 | H7、G7[2] | |
| | 冲击 | | 轴向能移动,可采用整体或剖分式轴承座 | J7、JS7 | |
| 方向不定载荷 | 轻、正常 | 电动机、泵、曲轴主轴承 | | K7 | |
| | 正常、重 | | | | |
| | 重、冲击 | 牵引电动机 | | M7 | |
| 外圈承受旋转载荷 | 轻 | 皮带张紧轮 | 轴向不移动,采用整体式轴承座 | J7 | K7 |
| | 正常 | 轮毂轴承 | | M7 | N7 |
| | 重 | | | — | N7、P7 |

注:① 并列公差带随尺寸的增大从左至右选择,对旋转精度有较高要求时,可相应提高一个公差等级;
　　② 不适用于剖分式轴承座。

表 9.14　推力轴承和轴的配合——轴公差带(摘自 GB/T 275—2015)

| 载荷情况 | | 轴承类型 | 轴承公称内径/mm | 公差带 |
|---|---|---|---|---|
| 仅有轴向载荷 | | 推力球轴承和推力圆柱滚子轴承 | 所有尺寸 | j6、js6 |
| 径向和轴向联合载荷 | 轴圈承受固定载荷 | 推力调心滚子轴承、推力角接触球轴承、推力圆锥滚子轴承 | ≤250 | j6 |
| | | | >250 | js6 |
| | 轴圈承受旋转载荷或方向不定载荷 | | ≤200 | k6[1] |
| | | | >200~400 | m6 |
| | | | >400 | n6 |

注:要求较小过盈时,可分别用 j6、k6、m6 代替 k6、m6、n6。

表 9.15　推力轴承和轴承座孔的配合——孔公差带(摘自 GB/T 275—2015)

| 载荷情况 | | 轴承类型 | 公差带 |
|---|---|---|---|
| 仅有轴向载荷 | | 推力球轴承 | H8 |
| | | 推力圆柱滚子轴承 | H7 |
| | | 推力调心滚子轴承 | —[1] |
| 径向和轴向联合载荷 | 座圈承受固定载荷 | 推力角接触球轴承、推力调心滚子轴承、推力圆锥滚子轴承 | H7 |
| | 座圈承受旋转载荷或方向不定载荷 | | K7[2] |
| | | | M7[3] |

注:① 轴承座孔与座圈间间隙为 0.001D (D 为轴承公称外径);
　　② 一般工作条件;
　　③ 有较大的径向载荷时。

**表 9.16 轴颈和轴承座孔的几何公差**

| 公称尺寸/mm | | 圆柱度 t | | | | 轴向圆跳动 $t_1$ | | | |
| --- | --- | --- | --- | --- | --- | --- | --- | --- | --- |
| | | 轴颈 | | 轴承座孔 | | 轴肩 | | 轴承座孔肩 | |
| | | 轴承公差等级 | | | | | | | |
| | | 0 | 6(6X) | 0 | 6(6X) | 0 | 6(6X) | 0 | 6(6X) |
| 超过 | 到 | 公差值/$\mu$m | | | | | | | |
| | 6 | 2.5 | 1.5 | 4 | 2.5 | 5 | 3 | 8 | 5 |
| 6 | 10 | 2.5 | 1.5 | 4 | 2.5 | 6 | 4 | 10 | 6 |
| 10 | 18 | 3.0 | 2.0 | 5 | 3.0 | 8 | 5 | 12 | 8 |
| 18 | 30 | 4.0 | 2.5 | 6 | 4.0 | 10 | 6 | 15 | 10 |
| 30 | 50 | 4.0 | 2.5 | 7 | 4.0 | 12 | 8 | 20 | 12 |
| 50 | 80 | 5.0 | 3.0 | 8 | 5.0 | 15 | 10 | 25 | 15 |
| 80 | 120 | 6.0 | 4.0 | 10 | 6.0 | 15 | 10 | 25 | 15 |
| 120 | 180 | 8.0 | 5.0 | 12 | 8.0 | 20 | 12 | 30 | 20 |
| 180 | 250 | 10.0 | 7.0 | 14 | 10.0 | 20 | 12 | 30 | 20 |
| 250 | 315 | 12.0 | 8.0 | 16 | 12.0 | 25 | 15 | 40 | 25 |
| 315 | 400 | 13.0 | 9.0 | 18 | 13.0 | 25 | 15 | 40 | 25 |
| 400 | 500 | 15.0 | 10.0 | 20 | 15.0 | 25 | 15 | 40 | 25 |

**表 9.17 配合面的表面粗糙度**　　　　　　　单位:$\mu$m

| 轴或轴承座孔 直径/mm | | 轴或轴承座孔配合表面直径公差等级 | | | | | | | | |
| --- | --- | --- | --- | --- | --- | --- | --- | --- | --- | --- |
| | | IT7 | | | IT6 | | | IT5 | | |
| | | 表面粗糙度 | | | | | | | | |
| 超过 | 到 | $Rz$ | $Ra$ | | $Rz$ | $Ra$ | | $Rz$ | $Ra$ | |
| | | | 磨 | 车 | | 磨 | 车 | | 磨 | 车 |
| 80 | 80 | 10 | 1.6 | 3.2 | 6.3 | 0.8 | 1.6 | 0.4 | 0.4 | 0.8 |
| | 500 | 16 | 1.6 | 3.2 | 12.5 | 1.6 | 3.2 | 6.3 | 0.8 | 1.6 |
| 端面 | | 25 | 3.2 | 6.3 | 25 | 3.2 | 6.3 | 12.5 | 1.6 | 3.2 |

5)应用实例

**例 9.7** 有一圆柱齿轮减速器,小齿轮要求有较高的旋转精度,安装有 0 级单列深沟球轴承,外圈固定,内圈与轴联接后一起旋转。轴承尺寸为 50 mm×110 mm×27 mm,额定动载荷 $C_r$=32000 N,轴承承受的当量径向载荷 $F_r$=4600 N。试用类比法确定轴颈和轴承座孔的公差带代号,画出公差带图,并确定孔、轴的几何公差值和表面粗糙度参数值,将它们分别标注在装配图和零件图上。

**解** (1)按已知条件,计算得 $F_r/C_r \approx 0.144$,查表 9.11 可知,该深沟球轴承受正常负荷。

(2)分析:根据题设可知,内圈为旋转载荷,外圈为定向载荷,内圈与轴颈的配合应较紧,外圈与轴承座孔的配合应较松。

(3)根据以上分析,查表 9.12 选用轴颈公差带为 k5(基孔制配合),查表 9.13 选用轴承座孔公差带为 G7 或 H7。但由于减速器轴的旋转精度要求较高,故选用更紧一些的配合,孔公差带为 J7(基轴制配合)较为恰当。即轴颈直径为 $\phi 50k5$,减速机箱体孔直径为 $\phi 110J7$。

(4) 由表 9.9 查出 0 级轴承内、外圈单一平面平均直径的上、下偏差,得到轴承内、外圈的值分别为:$\phi 50^{0}_{-0.012}$,$\phi 110^{0}_{-0.015}$。

再查表 3.1 以及表 3.2 和表 3.3,并计算得出 $\phi 50k5$ 和 $\phi 110J7$ 的上、下偏差,即 $\phi 50k5$($\phi 50^{+0.013}_{+0.002}$)和 $\phi 110J7$($\phi 110^{+0.022}_{-0.013}$),从而画出公差带图,如图 9.16 所示。

(5) 从图 9.16 中公差带关系可知,内圈与轴颈配合的 $Y_{max} = -0.025$ mm,$Y_{min} = -0.002$ mm;外圈与轴承座孔配合的 $X_{max} = +0.037$ mm,$Y_{max} = -0.013$ mm。

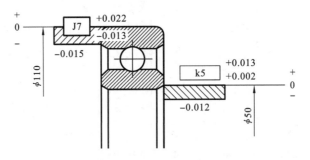

图 9.16　轴承内、外径配合公差带

(6) 按表 9.16 选取几何公差值。圆柱度公差:轴颈为 0.004 mm,轴承座孔为 0.010 mm;端面跳动公差:轴肩为 0.012 mm,轴承座孔肩为 0.025 mm。

(7) 按表 9.17 选取表面粗糙度数值。轴颈表面 $Ra \leqslant 0.4$ $\mu$m,轴肩端面 $Ra \leqslant 1.6$ $\mu$m;轴承座孔表面 $Ra \leqslant 1.6$ $\mu$m,轴承座孔端面 $Ra \leqslant 3.2$ $\mu$m。

(8) 将选择的上述各项公差标注在图上,如图 9.17 所示。

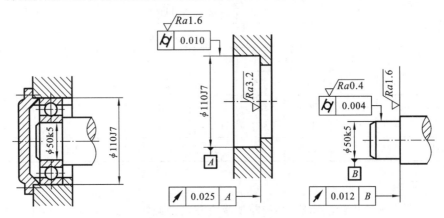

图 9.17　轴承装配图及轴颈、轴承座孔的公差标注

# 9.3　单键和花键的公差配合与检测

## 1. 键的作用与类型

键是一种标准件,通常用于联接轴与轴上的旋转零件或摆动零件,起固定零件的作用,用来传递运动和扭矩。楔键还可以起单向轴向定位和固定零件的作用,而导向键、滑键、花键还

可用作轴上移动的导向装置,起导向作用。

键联接是一种可拆卸联接。如图 9.18(a)～(g)所示,广泛应用的键联接类型有如下几种。

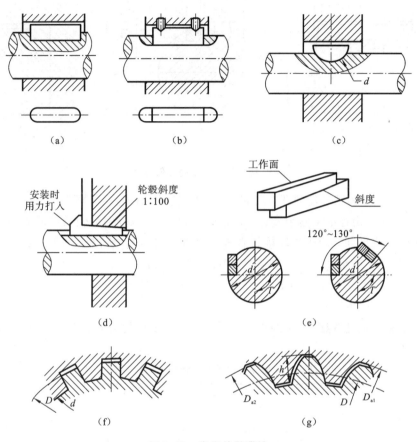

**图 9.18　常用的键联接**

(a) 圆头平键联接;(b) 方头平键联接;(c) 半圆键联接;(d) 钩头楔键;
(e) 切向键;(f) 矩形花键齿齿形;(g) 渐开线花键齿齿形

(1) 松键联接。有普通平键,半圆键、导向平键及滑键等。

(2) 紧键联接。是一种锲形联接,键的上、下表面都是工作面,包括钩头锲键、切向键。松键联接和紧键联接都是单键联接。

(3) 花键联接。由轴和轮毂孔上的多个键齿和键槽组成,键齿侧面是工作面,靠键齿侧面的挤压来传递转矩。花键联接具有较高的承载能力,定心精度高,导向性能好,既可以作为固定联接,也可以作为滑动联接。按齿形不同,分为矩形花键、渐开线花键、三角形花键等几种。

本节重点介绍常用的普通平键和矩形花键。

**2. 平键联接的公差与配合**

1) 平键的几何参数

平键联接的结合尺寸有键宽与键槽宽(轴槽宽和轮毂槽宽)$b$、键高 $h$、槽深(轴槽深 $t_1$、轮毂槽深 $t_2$)、键长 $L$ 和槽长 $L$ 等,键的上表面与轮毂键槽间留有一定的间隙,故平键联接通过键的侧面与轴键槽和轮毂键槽的侧面相互接触来传递转矩。平键联接的剖面结构如

图 9.19 所示。

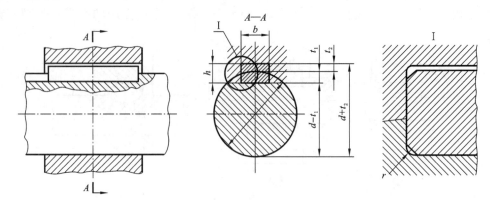

图 9.19　平键联接的几何参数

在图 9.19 中，$d$ 为轴和轮毂孔直径，尺寸 $b$ 为键和键槽（包括轴槽和轮毂槽）的宽度，$b$ 是一个配合尺寸，应按照标准给定公差；尺寸 $(d-t_1)$ 和 $(d+t_2)$ 分别为轴槽和轮毂槽在加工键槽后规范的图样标注尺寸。由于键联接是靠键侧面传递扭矩的，所以轮毂槽与键联接的顶部应留有一定间隙，防止产生过定位。实际上，间隙大小 $x$ 为：

$$x = (d+t_2) - (d-t_1) - h = t_1 + t_2 - h \tag{9.5}$$

一般取 $x = 0.2 \sim 0.5$ mm。

在设计轴和轮毂孔联接时，轴的直径 $d$ 确定后，平键的规格参数就可以根据轴径 $d$ 确定了，见表 9.18。

表 9.18　平键的尺寸和槽深的尺寸及极限偏差（摘自 GB/T 1095—2003）

| 轴颈直径 | 键 | 轴　　槽 | | | | 轮　毂　槽 | | |
|---|---|---|---|---|---|---|---|---|
| 公称<br>尺寸 $d$ | 尺寸<br>$b \times h$ | $t_1$ | | $d-t_1$ | | $t_2$ | | $d+t_2$ |
| | | 公称尺寸 | 极限偏差 | | | 公称尺寸 | 极限偏差 | |
| 6~8 | 2×2 | 1.2 | | | | 1.0 | | |
| >8~10 | 3×3 | 1.8 | | | | 1.4 | | |
| >10~12 | 4×4 | 2.5 | $^{+0.1}_{0}$ | $^{0}_{-0.1}$ | | 1.8 | $^{+0.1}_{0}$ | $^{+0.1}_{0}$ |
| >12~17 | 5×5 | 3.0 | | | | 2.3 | | |
| >17~22 | 6×6 | 3.5 | | | | 2.8 | | |
| >22~30 | 8×7 | 4.0 | | | | 3.3 | | |
| >30~38 | 10×8 | 5.0 | | | | 3.3 | | |
| >38~44 | 12×8 | 5.0 | $^{+0.2}_{0}$ | $^{0}_{-0.2}$ | | 3.3 | $^{+0.2}_{0}$ | $^{+0.2}_{0}$ |
| >44~50 | 14×9 | 5.5 | | | | 3.8 | | |
| >50~58 | 16×10 | 6.0 | | | | 4. | | |

2）平键的配合类型

键是一种标准件，其外宽尺寸属于被包容尺寸，平键结合中键参照轴选用公差，所以键宽和键槽宽（轮毂槽宽）的配合采用基轴制配合。国家标准 GB/T 1095—2003《平键　键槽的剖面尺寸》从 GB/T 1801—2009 中选取公差带，对键宽规定一种公差带 h8；对轴槽和轮毂槽各规定三种公差带，构成三种不同性质的基轴制配合，如图 9.20 所示。

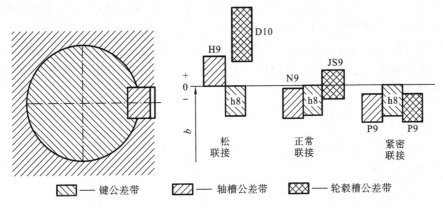

**图 9.20　普通平键键宽与轴槽和轮毂槽配合的公差带**

非配合尺寸中，键高 $h$ 的极限偏差为 h11，键长 $L$ 的极限偏差为 h14，轴槽 $L$ 的极限偏差为 H14，其他如 $t_1$、$t_2$ 的极限偏差参见表 9.19。

**表 9.19　平键联接的三组配合及其应用**

| 联接类型 | 尺寸 $b$ 的公差带 | | | 应用场合 |
| --- | --- | --- | --- | --- |
| | 键 | 轴槽 | 轮毂槽 | |
| 松联接 | h8 | H9 | D10 | 用于导向平键，轮毂可在轴上移动 |
| 正常联接 | | N9 | JS9 | 键固定在轴槽和轮毂槽中，用于载荷不大的场合 |
| 紧密联接 | | P9 | P9 | 键侧边牢固地固定在轴槽和轮毂槽中，用于有冲击载荷和双向转矩的场合 |

3）平键联接的公差配合的选用与图样标注

（1）配合的选择。

平键键宽方向上的配合采用基轴制，考虑装配、维修的方便，没有大过盈量的配合，其应用场合可以参照表 9.19。

对于导向平键，应选用较松键联接（间隙配合）。因为在这种配合方式中，由于几何误差的影响，键（h8）与轴槽（H9）的配合为不可动联接，而键与轮毂槽（D10）的配合间隙较大，因而轮毂可以在轴上相对移动。

对于承受重载荷、冲击载荷或双向转矩的键联接，应选用较紧配合。因为这时键（h8）与键槽（P9）配合较紧，再加上几何误差的影响，结合较为紧密、可靠。

除以上两种情况外，对于承受一般载荷，考虑拆装方便，应选用一般键联接。

（2）几何公差和表面粗糙度的选择。

键与键槽（轮毂槽）的配合精度，不仅取决于所选用的配合尺寸的公差带，还与它们配合表面的几何公差有关，尤其是键槽两侧平面对中心平面的对称度，该对称度可以采用包容要求或者最大实体要求。

为保证键侧与键槽之间有足够的接触面积，同时保证装配时具有较好的互换性，应分别规定轴槽和轮毂槽的对称度公差。按 GB/T 1184—1996《形状和位置公差　未注公差值》规定，对称度公差一般取 7～9 级，以键宽 $b$ 为公称尺寸。

当平键的键长 $L$ 与键宽 $b$ 之比大于或等于 8 时($L/b \geq 8$),应规定键的两工作侧面在长度方向上的平行度要求。平行度公差也按 GB/T 1184—1996 的规定选取:当 $b \leq 6$ mm 时,公差等级取 7 级;当 $b \geq 8 \sim 36$ mm 时,公差等级取 6 级;当 $b \geq 40$ mm 时,公差等级取 5 级。

键槽配合面的表面粗糙度 $Ra$ 值一般取 $1.6 \sim 3.2$ $\mu$m,非配合面取 6.3 $\mu$m 或 12.5 $\mu$m。

(3) 平键图样尺寸标注。如图 9.21 所示,注意,考虑到测量基准的需要,轴槽深 $t_1$ 用($d - t_1$)标注,其极限偏差与 $t_1$ 相反,轮毂槽深 $t_2$ 用($d + t_2$)标注,其极限偏差与 $t_2$ 相同,这是很容易出差错的地方。

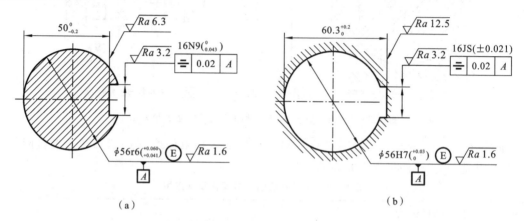

(a)　　　　　　　　　　　(b)

**图 9.21　轴槽与轮毂槽尺寸和公差的标注**

(a) 轴槽;(b) 轮毂槽

### 3. 花键联接的公差与配合

1) 矩形花键的几何参数

矩形花键联接的配合尺寸有大径 $D$、小径 $d$ 和键宽(或槽宽)$B$,为便于加工和测量,矩形花键的键数为偶数,有 6、8、10 三种。如图 9.22 所示为六个键数的矩形花键。

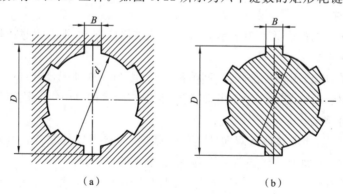

(a)　　　　　　　　　　　(b)

**图 9.22　矩形花键的主要尺寸**

(a) 内花键;(b) 外花键

矩形花键联接中,主要尺寸有三个,要保证三个配合面同时达到高精度的配合是很困难的,理论上属于过定位,也没必要。因此,为了保证使用性能,改善加工工艺,只能选择一个结合面作为主要配合面,对其规定较高,以保证配合性质和定心精度,该表面称为定心表面。矩形花键中有三种定心方式:大径定心,小径定心,键宽定心。三种定心方式安装后的剖面示意图如图 9.23 所示。

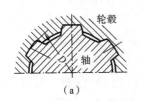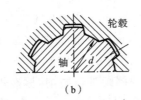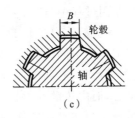

（a）　　　　　　　（b）　　　　　　　（c）

**图 9.23　矩形花键的三种定心方式**

（a）大径定心；（b）小径定心；（c）键宽定心

GB/T 1144—2001《矩形花键尺寸、公差和检验》规定了矩形花键联接的尺寸系列、定心方式和公差与配合、标注方法以及检测规则。按承载能力不同，矩形花键可分为中、轻两个系列，中系列的键高尺寸较大，承载能力强；轻系列的键高尺寸较小，承载能力相对低。矩形花键的基本尺寸系列见表 9.20。

**表 9.20　矩形花键的基本尺寸系列**（摘自 GB/T 1144—2001）

| 小径 $d$ | 轻 系 列 | | | | 中 系 列 | | | |
| | 规格 $N \times d \times D \times B$ | 键数 $N$ | 大径 $D$ | 键宽 $B$ | 规格 $N \times d \times D \times B$ | 键数 $N$ | 大径 $D$ | 键宽 $B$ |
| --- | --- | --- | --- | --- | --- | --- | --- | --- |
| 11 | | | | | $6 \times 11 \times 14 \times 3$ | | 14 | 3 |
| 13 | | | | | $6 \times 13 \times 16 \times 3.5$ | | 16 | 3.5 |
| 16 | — | — | — | — | $6 \times 16 \times 20 \times 4$ | | 20 | 4 |
| 18 | | | | | $6 \times 18 \times 22 \times 5$ | 6 | 22 | 5 |
| 21 | | | | | $6 \times 21 \times 25 \times 5$ | | 25 | |
| 23 | $6 \times 23 \times 26 \times 6$ | | 26 | 6 | $6 \times 23 \times 28 \times 6$ | | 28 | 6 |
| 26 | $6 \times 26 \times 30 \times 6$ | | 30 | | $6 \times 26 \times 32 \times 6$ | | 32 | |
| 28 | $6 \times 28 \times 32 \times 7$ | 6 | 32 | 7 | $6 \times 28 \times 34 \times 7$ | | 34 | 7 |
| 32 | $6 \times 32 \times 36 \times 6$ | | 36 | | $8 \times 32 \times 38 \times 6$ | | 38 | 6 |
| 36 | $8 \times 36 \times 40 \times 7$ | | 40 | 7 | $8 \times 36 \times 42 \times 7$ | | 42 | 7 |
| 42 | $8 \times 42 \times 46 \times 8$ | | 46 | 8 | $8 \times 42 \times 48 \times 8$ | | 48 | 8 |
| 46 | $8 \times 46 \times 50 \times 9$ | 8 | 50 | 9 | $8 \times 46 \times 54 \times 9$ | 8 | 54 | 9 |
| 52 | $8 \times 52 \times 58 \times 10$ | | 58 | 10 | $8 \times 52 \times 60 \times 10$ | | 60 | 10 |
| 56 | $8 \times 56 \times 62 \times 10$ | | 62 | | $8 \times 56 \times 65 \times 10$ | | 65 | |
| 62 | $8 \times 62 \times 68 \times 12$ | | 68 | | $8 \times 62 \times 72 \times 12$ | | 72 | |
| 72 | $10 \times 72 \times 78 \times 12$ | | 78 | 12 | $10 \times 72 \times 82 \times 14$ | | 82 | 12 |
| 82 | $10 \times 82 \times 88 \times 12$ | | 88 | | $10 \times 82 \times 92 \times 16$ | | 92 | |
| 92 | $10 \times 92 \times 98 \times 14$ | 10 | 98 | 14 | $10 \times 92 \times 102 \times 18$ | 10 | 102 | 14 |
| 102 | $10 \times 102 \times 108 \times 16$ | | 108 | 16 | $10 \times 102 \times 112$ | | 112 | 16 |
| 112 | $10 \times 112 \times 120 \times 18$ | | 120 | 18 | $10 \times 112 \times 125$ | | 125 | 18 |

花键在使用过程中,通常要求硬度较高,需淬火热处理。为保证定心表面的尺寸精度和形状精度,淬火后需要进行磨削精加工。从加工工艺性看,小径便于磨削(内花键小径可在内圆磨床上磨削,外花键小径可用成形砂轮磨削),因而小径定心的定心精度高,定心稳定性好,使用寿命长,有利于提高产品质量。所以,标准《矩形花键尺寸、公差和检验》规定采用小径定心,而内花键的大径和键侧则难以磨削,标准规定内、外花键在大径处留有较大的间隙。矩形花键和平键一样,是靠键侧接触传递转矩的,所以键宽和键槽宽应保证足够的精度。

2)矩形花键的公差与配合

矩形花键的尺寸公差采用基孔制,以减少拉刀的数目,减少量规的规格和数量。内、外花键的小径、大径和键宽(键槽宽)的尺寸公差带分为一般用途和精密传动用两类,参见表9.21。

表 9.21　小径定心的内、外花键的尺寸公差带(摘自 GB/T 1144—2001)

| 内花键 | | | | 外花键 | | | 装配形式 |
|---|---|---|---|---|---|---|---|
| $d$ | $D$ | $B$ | | $d$ | $D$ | $B$ | |
| | | 拉削后不热处理 | 拉削后热处理 | | | | |
| 一般用途 | | | | | | | |
| H7 | H10 | H9 | H11 | f7 | a11 | d10 | 滑动 |
| | | | | g7 | | f9 | 紧滑动 |
| | | | | h7 | | h10 | 固定 |
| 精密传动用 | | | | | | | |
| H5 | H10 | H7、H9 | | f5 | | d8 | 滑动 |
| | | | | g5 | | f7 | 紧滑动 |
| | | | | h5 | | h8 | 固定 |
| H6 | | | | f6 | | d8 | 滑动 |
| | | | | g6 | | f7 | 紧滑动 |
| | | | | h6 | | h8 | 固定 |

注:1. 精密传动用的内花键,当需要控制键侧配合间隙时,槽宽可选 H7,一般情况下选 H9;

　　2. 内花键的小径 $d$ 选用 H6 和 H7 时,允许其与高一级精度的外花键配合使用。

一般用途的内花键槽宽规定了拉削后热处理和不热处理两种公差带。花键尺寸公差带选用的一般原则:定心精度要求高或传递扭矩大时,选用精密传动用尺寸公差带;反之,可选用一般用途的尺寸公差带。

在一般情况下,内、外花键的定心直径 $d$ 的公差带可选用相同的公差等级,这个规定不同于普通光滑孔、轴的配合(一般精度较高的情况下,孔比轴低一级),主要是考虑到矩形花键采用小径定心,外花键小径的加工难度增加。但在某些情况下,内花键允许与高一级精度的外花键配合,即公差带为 H7 的内花键可以与公差带为 f6、g6、h6 的外花键配合;公差带为 H6 的内花键可以与公差带为 f5、g5、h5 的外花键配合。这主要是考虑矩形花键常用来作为齿轮的基准孔,在贯彻齿轮标准过程中,有可能出现外花键的定心直径公差等级高于内花键定心直径公差等级的情况。

　　矩形花键规格的表示方法为 $N \times d \times D \times B$，即键数×小径×大径×键宽。例如 $6 \times 26 \times 30 \times 6$ ，数字依次表示花键的键数为 6，小径、大径和键宽的公称尺寸分别为 26 mm、30 mm 和 6 mm。在需要说明花键联接的配合性质时，按 GB/T 1144—2001 还应该在其公称尺寸后加注配合代号。例如：

花键副　　　　$6 \times 26 \dfrac{\text{H7}}{\text{f7}} \times 30 \dfrac{\text{H10}}{\text{a11}} \times 6 \dfrac{\text{H11}}{\text{d10}}$　　（GB/T 1114—2001）

即表示：内花键为 $6 \times 26\text{H7} \times 30\text{H10} \times 6\text{H11}$，外花键为 $6 \times 26\text{f7} \times 30\text{a11} \times 6\text{d10}$。

　　3）矩形花键联接公差配合的选用

　　（1）矩形花键配合的选择。矩形花键选择配合的关键是根据使用情况，确定是固定联接还是滑动联接，再确定联接精度和松紧程度。

　　可根据定心精度和传递扭矩的大小选用联接精度。参看表 9.21 中内外花键的装配形式，精密传动因花键联接定心精度高、传递转矩大而且平稳，多用于精密机床主轴变速箱，以及重载减速器中轴与齿轮内花键的联接。

　　配合松紧程度的选用首先根据内、外花键之间是否有轴向移动来确定选择固定联接还是滑动联接。对于内、外花键之间要求有相对移动，而且移动距离长、移动频率高的情况，应选用较大间隙配合的滑动联接，以保证运动灵活性及配合面间有足够的润滑油膜，如汽车、拖拉机等变速器中的变速齿轮与轴的联接。对于内、外花键之间有相对滑动且定心精度要求高、传递转矩大或经常有反向转动的情况，应选用配合间隙较小的滑动联接。对于内、外花键间无轴向移动，只传递转矩的情况，则应选用固定联接。

　　（2）矩形花键几何公差的选择。由于矩形花键联接表面复杂，键长与键宽比值较大，因而几何误差是影响联接质量的重要因素，必须对其加以控制。

　　为保证定心表面的配合性质，内、外花键小径（定心直径）的尺寸公差和几何公差的关系必须采用包容要求（按 GB/T 4249—2009 的规定）。键和键槽的位置误差包括它们的中心平面相对于定心轴线的对称度、等分度，以及键（键槽）侧面对定心轴线的平行度误差，可规定位置度公差，予以综合控制，并采用最大实体要求，用综合量规（即位置量规）检验。位置度公差图样标注实例如图 9.24 所示，位置度公差值见表 9.22。

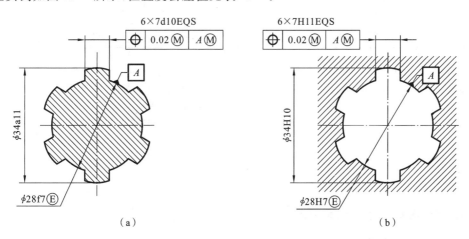

**图 9.24　矩形花键位置度公差标注**

（a）外花键；（b）内花键

表 9.22　矩形花键位置度公差(摘自 GB/T 1144—2001)　　　　　单位:mm

| 键槽宽或键宽 B | | 3 | 3.5～6 | 7～10 | 12～18 |
|---|---|---|---|---|---|
| $t_1$ | 键槽宽 | 0.010 | 0.015 | 0.020 | 0.025 |
| | 键宽　滑动、固定 | 0.010 | 0.015 | 0.020 | 0.025 |
| | 紧密滑动 | 0.006 | 0.010 | 0.013 | 0.016 |

　　在单件小批生产时,采用单项测量,可规定对称度和等分度公差,如图 9.25 所示的标注示例,遵守包容要求。对称度公差值由 GB/T 1144—2001 标准的附录 A 给定,见表 9.23。花键或花键槽中心平面偏离理想位置(沿圆周均匀分布)的最大值为等分误差,其公差值与对称度相同,故省略不注。对于较长的花键,可根据使用要求自行规定键侧面对定心轴线的平行度公差,标准未做规定。

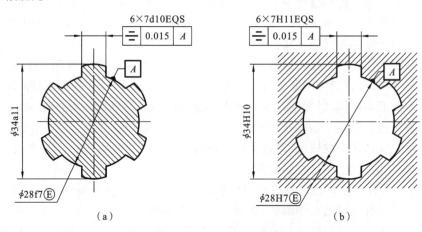

图 9.25　矩形花键对称度公差标注
(a) 外花键;(b) 内花键

表 9.23　矩形花键对称度公差(摘自 GB/T 1144—2001)　　　　　单位:mm

| 键槽宽或键宽 B | | 3 | 3.5～6 | 7～10 | 12～18 |
|---|---|---|---|---|---|
| $t_2$ | 一般用途 | 0.010 | 0.012 | 0.015 | 0.018 |
| | 精密传动用 | 0.006 | 0.008 | 0.009 | 0.011 |

　　(3)矩形花键表面粗糙度的选择。

　　GB/T 1144—2001 中没有规定矩形花键各结合面的表面粗糙度,可参考表 9.24 选用。

表 9.24　矩形花键表面粗糙度的参考值　　　　　单位:μm

| 加 工 表 面 | | 大径 | 小径 | 键侧 |
|---|---|---|---|---|
| 内花键 | Ra 不大于 | 6.3 | 1.6 或 0.8 | 3.2 |
| 外花键 | | 3.2 | 0.8 | 0.8 |

### 4. 普通平键和矩形花键的检测

1)普通平键的检测

(1)单件小批生产时,采用通用计量器具(如千分尺、游标卡尺等)测量键槽尺寸。

键槽对其轴线的对称度误差可用如图 9.26 所示的方法测量。将与键槽宽度相等的专用

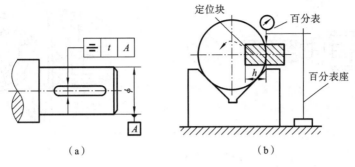

图 9.26　轴上键槽的对称度误差测量

定位块(或量块)插入键槽,用 V 形块模拟基准轴线。测量分两步进行。第一步是截面测量。调整被测件使定位块与基准平面(钳工台)平行,测量定位块至钳工台的距离,再将被测件旋转180°,重复上述测量,得到该截面上、下两对应点的读数差 $\delta$,则该截面的对称度误差:

$$f_1 = \delta h / (d - h) \tag{9.6}$$

式中:$d$——轴的直径;

$h$——槽深。

第二步是长向测量。沿键槽长度方向重复上述测量,取长度方向两点的最大读数差为长度方向对称度误差:

$$f_2 = \mathrm{Max}(\delta_1, \delta_2, \cdots, \delta_n) - \mathrm{Min}(\delta_1, \delta_2, \cdots, \delta_n)(n \geqslant 10) \tag{9.7}$$

取 $f_1$、$f_2$ 中最大值作为该零件对称度误差的近似值。

(2) 大批量生产时,常用光滑极限量规(通规和止规)检验键槽尺寸,如图 9.27 所示。若量规能插入轮毂槽中或轴槽底部,则键槽合格;反之,若不能插入,则键槽不合格。但位置量规仅适用于检验遵守最大实体要求的工件。

(3) 三坐标测量,生产实践中常用三坐标测量机进行综合质量检测(抽检)。

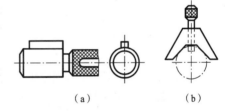

图 9.27　键槽对称度综合量规

(a) 轮毂槽用对称度量规;(b) 轴槽用对称度量规

2) 矩形花键的检测

矩形花键的测量有单项测量和综合测量。单项测量包括花键规格表达式 $N \times d \times D \times B$ 中的四个参数,即键数、小径、大径、键宽,还有几何公差中的对称度和位置度等。

在单件小批生产中,花键的尺寸和位置度误差用千分尺、游标卡尺等通用计量器具分别测量。在大批量生产中,先用花键位置量规(塞规或环规)同时检验花键的小径、大径、键宽的同轴度误差,各键(键槽)的位置度误差等综合结果。若位置量规能自由通过,则说明花键合格。内、外花键用位置量规检验合格后,再用单项止端塞规(卡规)或普通计量器具检测其小径、大径及键宽(键槽宽)的实际尺寸是否超越其最小实体尺寸。

矩形花键位置量规如图 9.28 所示。其工作公差带设计参阅 GB/T 1144—2001 标准的附录 B。此外,生产实践中常应用三坐标测量机进行综合质量检测(抽检)。

【本章主要内容及学习要求】

本章主要介绍了螺纹几何参数误差对互换性的影响、普通螺纹的公差与配合、螺纹的检测;介绍了滚动轴承的精度等级、滚动轴承内径与外径的公差带及其特点、滚动轴承与轴和轴

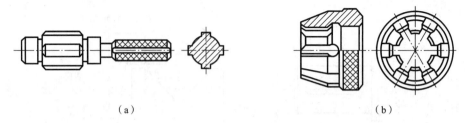

**图 9.28    矩形花键的综合量规**

(a) 花键塞规；(b) 花键环规

承座孔的配合及其选择；介绍了键的类型、键联接的公差配合与检测、花键联接的公差配合与检测。通过本章的学习，读者要能够根据螺纹的实际要求，正确选择和设计螺纹公差带，并标注在图样上；在了解滚动轴承精度等级的基础上，重点掌握滚动轴承内径与外径的公差带及其特点，并会选择合适的轴承配合，正确地标注图样；了解键联接的配合选用方法，并能将各项公差值正确标注在零件图上。

本章主要内容涉及的相关标准有：GB/T 192—2003《普通螺纹　基本牙型》、GB/T 196—2003《普通螺纹　基本尺寸》、GB/T 197—2003《普通螺纹　公差》、GB/T 1095—2003《平键键槽的剖面尺寸》、GB/T 1144—2001《矩形花键尺寸、公差和检验》、GB/T 275—2015《滚动轴承配合》、GB/T 307.1—2005《滚动轴承　向心轴承　公差》、GB/T 307.3—2005《滚动轴承通用技术规则》等。

# 习　题　九

9-1　填空题

(1) 国家标准规定，普通螺纹的公称直径是指_____的基本尺寸。

(2) 螺纹大径用代号_____表示，螺纹小径用_____表示，螺纹中径用_____表示，其中大写代号代表_____，小写代号代表_____。

(3) 螺纹种类按用途可分为_____、_____和_____三种。

(4) 螺纹螺距 $P$ 与导程 $P_h$ 的关系是：导程等于_____和_____的乘积。

(5) 普通螺纹的理论牙型角 $\alpha$ 等于_____。

(6) 在普通螺纹国家标准中，对内螺纹规定了_____、_____两种公差位置；对外螺纹规定了_____、_____、_____、_____四种公差带位置。

(7) 影响螺纹互换性的五个基本几何要素是螺纹的_____、_____、_____、_____、_____。

9-2　解释下列螺纹代号的含义

(1) M18-5H；(2) M16-5H6H-L；(3) M24×2-6H/5g6g；(4) M20-5h6h-S。

9-3　问答题

(1) 为什么称中径公差为综合公差？

(2) 滚动轴承的精度有哪几个等级？哪个等级应用最广泛？

(3) 滚动轴承与轴、轴承座孔配合，采用何种基准制？

(4) 轴承与轴、轴承座孔配合时主要考虑哪些因素？

(5) 滚动轴承内圈与轴颈的配合同公差与配合国家标准中基孔制同名配合相比，在配合性质上有何变化？为什么？

（6）平键联接为什么只对键（键槽）宽规定较严的公差？

（7）平键联接的配合采用何种基准制？花键联接采用何种基准制？

（8）矩形花键的主要参数有哪些？定心方式有哪几种？哪种方式是常用的？为什么？

9-4　计算题

（1）有一齿轮与轴的联接用平键传递扭矩。平键尺寸 $b=10$ mm，$L=28$ mm。齿轮与轴的配合为 $\phi 35H7/h6$，平键采用一般联接。试查出键槽尺寸偏差、几何公差和表面粗糙度，并分别标注在绘制的轴和齿轮的径向剖面简图上。

（2）已知减速箱的从动轴上装有齿轮，其两端的轴承为 0 级单列深沟球轴承（轴承内径 $d=55$ mm，外径 $D=100$ mm），承受的径向载荷 $F_r=2000$ N，额定动载荷 $C_r=34000$ N，试确定轴颈和轴承座孔的公差带、几何公差值和表面粗糙度数值，并参照图 9.16，把所选公差带代号和各项公差标注在图样上。

# 第 10 章　渐开线圆柱齿轮的公差及检测

齿轮主要用来传递运动和扭矩。齿轮传动在各种机械设备、仪器仪表中的应用非常广泛，其圆周速度可以达到 200 m/s，传递功率可以达到数十万千瓦。机械原理及机械设计相关课程重点介绍了各种齿轮的运动和受力分析、设计方法，机械制造技术（工艺学）重点介绍了齿轮加工的方法，本章主要介绍渐开线圆柱齿轮的精度设计及检测方法。

## 10.1　齿轮传动的基本要求

**1. 齿轮的使用基本要求**

齿轮的使用要求主要可归纳为以下四个方面。

（1）传递运动的准确性。要求从动轮与主动轮运动协调，为此应限制齿轮在一转内的传动精度。

（2）传动平稳性要求。在传递运动的过程中，要求齿轮工作平稳，振动、冲击和噪声小，应限制齿轮在一齿范围内瞬时传动比的变化。

（3）载荷分布均匀性要求。啮合齿轮沿轮宽均匀接触，在传递载荷时不致因接触不均匀使局部接触应力过大而导致过早磨损和破坏。

（4）齿侧间隙（齿轮副侧隙）要求。在非工作齿面间留有间隙，为储存润滑油和补偿由于温度升高、弹性变形、制造误差及安装误差所引起的尺寸变动，防止轮齿卡住等。

以上四项要求中，前三项是针对齿轮本身提出的要求，第四项是对齿轮副的要求。

**2. 不同工况下齿轮的使用要求的侧重点**

对齿轮使用中的四项要求的侧重点是不同的。

（1）对于读数装置（如百分表）和分度机构（如划线和铣工用的分度头）中的齿轮，主要要求是传递运动的准确性。当需要逆转时，应对齿侧间隙加以限制，以减小反转时的回程误差。

（2）对于低速重载齿轮，如矿山机械、起重机械中的齿轮，主要要求载荷分布均匀性。

（3）高速重载齿轮，如汽轮机减速器中的齿轮，对传递运动准确性、传动平稳件和载荷分布均匀性要求都很高，而且要求有较大的侧隙以满足润滑要求。

（4）对于普通的汽车、拖拉机及普通机床的变速箱齿轮，往往主要考虑平稳性要求，以减振降噪。

（5）对于机器人、数控机床等的齿轮传动，通常既要求传动的准确性，又要求承受载荷以及传动的平稳性等。

## 10.2　影响渐开线圆柱齿轮精度的因素

影响渐开线圆柱齿轮精度的因素可以分为轮齿同侧齿面偏差（切向偏差、齿距偏差、齿廓偏差和螺旋线偏差）、径向偏差和径向圆跳动。各种偏差特性不同，对齿轮传动的影响也不同。

**1．影响齿轮传递运动准确性的因素**

根据齿轮啮合原理可知,齿轮齿距分布不均匀是导致齿轮整个圆周转动中传动比变动的一个很重要的因素。由工艺分析可知,齿距分布不均匀主要是齿轮的安装偏心和运动偏心造成的。安装偏心(也叫几何偏心)就是指齿轮坯装在加工机床的心轴上后,齿轮坯的几何中心和心轴中心(机床回转中心)不重合(即工艺基准和设计基准不重合),如图 10.1 所示。由于这种偏心的存在,齿轮顶圆各处到心轴中心的距离不相等,从而导致加工后齿轮一边齿高增大(轮齿变得瘦尖),另一边齿高减小(轮齿变得粗肥),如图 10.2 所示。

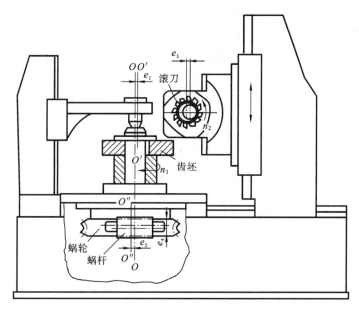

**图 10.1　滚齿机加工齿轮**

实际齿廓相对于机床心轴是均匀分布的,但相对齿轮本身的几何中心有偏心。加工以后齿轮的工作、测量却是以其本身内孔中心为基准的。

从图 10.2 可明显看出,在以 $O'$ 为圆心的圆周上,齿距是不相等的,齿距由最小逐渐变到最大,然后又逐渐变到最小,在齿轮旋转一周中按正弦规律变化。如果把这种齿轮作为从动轮与理想的齿轮相啮合,则从动轮将产生转角误差,从而影响传递运动的准确性。

而由图 10.1 可知,滚齿时,机床分度蜗轮的偏心会使工作台按正弦规律变化,时快时慢,这种由分度蜗轮的角速度变化引起的偏心误差称为运动偏心。运动偏心使所切轮齿在圆周上分布不均匀,齿距由最小逐

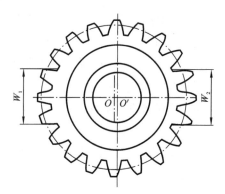

**图 10.2　加工安装偏心导致加工
误差的齿轮**

渐变到最大,然后又逐渐变到最小,在齿轮一转中也按正弦规律变化。因此,运动偏心也影响传递运动的准确性。

几何偏心使齿面位置相对于齿轮基准中心在径向发生变化,使被加工的齿轮产生径向偏差。而运动偏心的存在,使滚刀与齿轮坯的径向位置并未发生改变(不考虑几何偏心),当用球形或锥形测头在齿槽内测量齿圈径向跳动时,测头径向位置并不改变,因而运动偏心并不产生

径向误差,而是使齿轮产生切向误差。

### 2. 影响齿轮传动平稳性的因素

传动平稳性受到齿轮瞬时传动比的变化的影响,这里以一齿范围来分析。

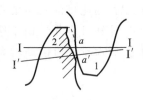

图 10.3　齿廓总偏差影响
传动平稳性

（1）只有理想的设计齿廓曲线（如渐开线）,才能保持传动比不变。齿轮加工完后总是存在齿廓总偏差,当存在刀具成形面的近似造型、制造及刃磨误差或机床传动链误差（如分度蜗杆有安装误差）时,会导致被切齿轮齿面产生波纹,如图 10.3 所示。理论上主动轮轮齿与从动轮轮齿应在点 $a$ 接触,而实际在点 $a'$ 接触,从而导致传动比变化,使传动不平稳。

（2）由齿轮啮合原理可知,要保证多对轮齿工作时连续啮合,必须使两啮合齿轮的基圆齿距（基节）相等,如基节存在误差,将会造成前对轮齿啮合结束与后对轮齿啮合交替时的传动比变化,如图 10.4 所示。

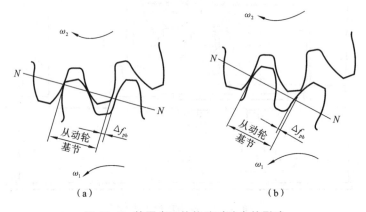

（a）　　　　　　　　　　　　　　（b）

图 10.4　基圆齿距的偏差对啮合的影响

当主动轮的齿距大于从动轮的齿距时,前对轮齿脱离啮合,后对轮齿尚未进入啮合,发生瞬间脱离,引起换齿冲击、振动和噪声,如图 10.4(a)所示;当主动轮的齿距小于从动轮的齿距时,前对轮齿尚未脱离啮合,后对轮齿已进入啮合,从动轮转速加快,同样也引起换齿冲击、振动和噪声,影响传动的平稳性,如图 10.4(b)所示。

### 3. 影响载荷分布均匀性的因素

齿轮副的啮合,理论上应是从齿顶到齿根沿全齿宽成线接触的啮合。对直齿轮,该接触线应在基圆柱切平面内且与齿轮轴线平行;对斜齿轮,该接触线应在基圆柱切平面内且与齿轮轴线成夹角（$\beta_b$ 为基圆螺旋角,见图 10.5）。沿齿高方向,该接触线应按渐开面（直齿轮）或渐开螺旋面（斜齿轮）轨迹扫过整个齿廓的工作部分。这是齿轮轮齿均匀受载和减小磨损的理想接触情况。

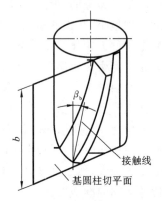

图 10.5　接触线

如果实际情况与上述不符,例如滚齿机刀架导轨相对于工作台回转轴线的平行度误差、加工时齿轮坯定位端面与基准孔的中心线不垂直等,会形成齿廓偏差和螺旋线偏差,轮齿的方向会产生偏斜,从而使轮齿不是理想接触情况而影响载荷分布均匀性。

综上所述,齿轮的长周期（一转）偏差主要是由齿轮加工过程中的几何偏心和运动偏心引起的,一般两种偏心同时存在,可能抵消,也可能叠加。这类偏差有:切向综合总偏差、齿距累积总偏差等,其结果影响齿轮传递运动的准确性。

轮齿间的短周期(一齿)偏差主要由齿轮加工过程中的刀具误差、机床传动链误差等引起的。这类偏差有:一齿切向综合偏差,一齿径向综合偏差,单个齿距偏差、齿廓差等,其结果影响齿轮传动的平稳性。

另外,同侧齿面的轴向偏差主要是由于齿轮坯轴线的歪斜和机床刀架导轨的误差造成的,如螺旋线偏差。对于直齿轮,它破坏轴向接触;对于斜齿轮,它既破坏轴向接触也破坏高度方向的接触。

## 10.3　渐开线圆柱齿轮精度的评定参数与检测

GB/T 10095.1—2008 和 GB/T 10095.2—2008 将渐开线圆柱齿轮精度的评定参数分为轮齿同侧齿面偏差、径向偏差和径向跳动几个方面。

**1. 影响齿轮运动准确性的指标与检测**

影响齿轮运动准确性的指标包括以下四项。

1)齿距偏差及检测

(1)单个齿距偏差($f_{pt}$):在端平面上,在接近齿高中部的一个与齿轮轴线同心的圆上,实际齿距与理论齿距的代数差,如图 10.6 所示。

(2)齿距累积偏差($F_{pk}$):任意 $k$ 个齿距的实际弧长与理论弧长的代数差。理论上它等于这 $k$ 个齿距的单个齿距偏差的代数和,如图 10.6 所示。

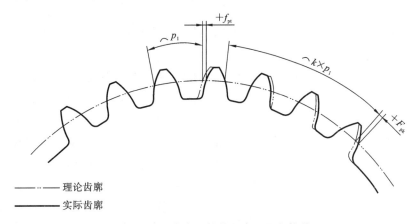

—— 理论齿廓
—— 实际齿廓

**图 10.6　单个齿距偏差及齿距累积偏差**

国家标准规定,$F_{pk}$ 值应在不大于 1/8 的圆周上评定,因此,$F_{pk}$ 的允许值适用于齿距数为 2 到 $z/8$ 的弧段内,通常齿距数取 $z/8$。

(3)齿距累积总偏差($F_p$):齿轮同侧齿面任意弧段($k=1 \sim 2$)内的最大齿距累积偏差。它表现为齿距累积偏差曲线的总幅值。

齿距累积偏差是由于齿轮加工时存在偏心造成的,由于偏心的存在,被加工齿轮齿廓实际位置偏离其理论位置,齿距不均匀,从而影响齿轮传递运动准确性。

以上三项均可由齿距仪或万能测齿仪测量。齿距累积偏差和齿距累积总偏差通常采用相对法测量,即首先以被测齿轮上任一实际齿距作为基准,将仪器指示表调零,然后沿着整个齿周依次测量其他实际齿距与该基准齿距的差值,然后按照第 2 章介绍的数据处理方法进行数据处理。

2)切向综合偏差及检测

(1)切向综合总偏差($F_i'$):被测齿轮与测量齿轮单面啮合检验时,被测齿轮一周内,齿轮分度圆上实际圆周位移与理论圆周位移的最大差值,如图 10.7 所示。

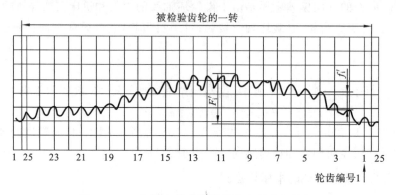

图 10.7　一齿切向综合偏差及切向综合总偏差

(2)一齿切向综合偏差($f_i'$):被测齿轮与测量齿轮单面啮合时,在被测齿轮一个齿距内,齿轮分度圆上实际圆周位移与理论圆周位移的最大差值。即一齿切向综合偏差是一个齿距内的切向综合偏差,如图 10.7 中小波纹的幅度值。

切向综合总偏差是几何偏心、运动偏心引起的误差的综合反映。一齿切向综合偏差反映齿轮工作时振动、冲击和噪声等高频运动误差的大小,是齿轮齿廓、齿距等各项误差综合影响的结果。

切向综合偏差要在齿轮单面啮合综合检查仪上进行测量。单面啮合综合检查仪结构复杂,价格偏高。

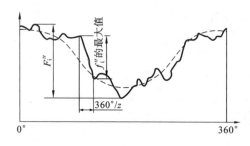

图 10.8　一齿径向综合偏差和径向综合总偏差

3)齿轮径向综合偏差及检测

(1)径向综合总偏差($F_i''$):在径向(齿面双面接触)综合检验时,被测齿轮的左右齿面同时与测量齿轮接触,并转过一整圈时出现的中心距最大值与最小值之差。用齿轮双面啮合检查仪进行测量,如图 10.8 所示。

(2)一齿径向综合偏差($f_i''$):当被测齿轮与测量齿轮双面啮合一整圈时,对应一个齿距($360°/z$)的径向综合偏差值,可见它是一个齿距内的双面啮合时中心距的最大变动量。

若被测齿轮的齿廓存在径向偏差及齿廓形状偏差、基圆齿距偏差等短周期误差,则其双面啮合时中心距就会在转动时变化。因此,径向综合偏差主要反映了由几何偏心引起的误差。但由于其受左右齿面的共同影响,因而在反映误差上不如切向综合偏差全面,不适合验收高精度齿轮。只是双啮仪远比单啮仪简单,操作方便,测量效率高,故在大批量生产中应用广泛。

4)齿轮径向跳动与检测

齿轮径向跳动($F_r$)在国家标准的正文中没有给出,只在 GB/T 10095.2—2008 的附录 B

中给出。

齿轮径向跳动为测头(球形或锥形等)相继置在每个齿槽内时,从它到齿轮轴线的最大和最小径向距离之差。检查中,测头在近似齿高中部与左右齿面接触。其测量方法及测得数据曲线分别如图 10.9 和图 10.10 所示。

图 10.10 给出了几何偏心与径向跳动的关系。径向跳动是由于齿轮的轴线和齿轮设计基准孔的中心线存在几何偏心所引起的。

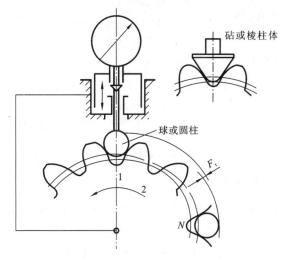

图 10.9　齿轮径向跳动检测

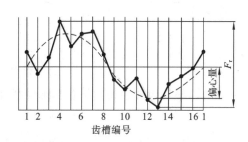

图 10.10　齿轮径向跳动误差

### 2. 影响齿轮传动平稳性的指标与检测

传动平稳性的评定指标除了上述 $F_p$、$F_i'$、$F_i''$ 外,还有齿廓偏差、基节偏差和螺旋线波度偏差等。

1) 齿廓偏差

为了更好地理解齿廓偏差,先来了解几个基本定义。

(1) 可用长度($L_{AF}$):如图 10.11 所示,可用长度等于两条端面基圆切线之差。其中一条是从基圆到可用齿廓的外界限点,另一条是从基圆到可用齿廓的内界限点。依据设计,可用长度外界限点被齿顶、齿顶倒棱或齿顶倒圆的起始点(图 10.11 中点 $A$)限定,在朝齿根方向上,可用长度的内界限点被齿根圆角或挖根的起始点(图 10.11 中点 $F$)限定。

(2) 有效长度($L_{AE}$):可用长度对应于有效齿廓的那部分。对于齿顶,其与可用长度的限定(点 $A$)相同。对于齿根,有效长度延伸到与之配对齿轮有效啮合的终止点 $E$(有效齿廓的起点)。如不知道配对齿轮,则点 $E$ 为与基本齿条相啮合的有效齿廓的起始点。

(3) 齿廓计值范围($L_\alpha$):可用长度中的一部分,在 $L_\alpha$ 内应遵照规定精度等级的公差。除非另有规定,其长度等于从点 $E$ 开始的有效长度 $L_{AE}$ 的 92%。

(4) 设计齿廓:指符合设计规定的齿廓,当无其他限定时,指端面齿廓。齿廓迹线是由齿轮齿廓检查仪在纸上画的齿廓偏差曲线。未经修形的渐开线齿廓迹线为直线,如偏离了直线,其偏离量即表示与被检齿轮的基圆所展成的渐开线齿廓的偏差,如图 10.11 所示。

(5) 被测齿面的平均齿廓:指设计齿廓迹线的纵坐标减去一条斜直线的纵坐标后得到的一条迹线。这条斜直线使得在计值范围内,实际齿廓迹线对平均齿廓迹线的偏差的平方和最

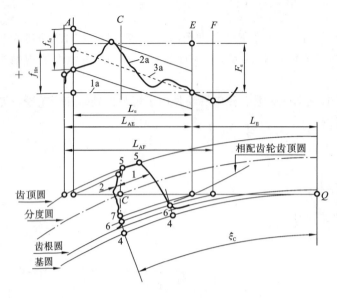

1—设计齿廓
2—实际齿廓
3—平均齿廓
1a—设计齿廓迹线
2a—实际齿廓迹线
3a—平均齿廓迹线
4—渐开线起始点
5—齿顶点
5-6—可用齿廓
5-7—有效齿廓
$C$-$Q$—C点基圆切线长度
$\xi_C$—C点渐开线展开角
$Q$—滚动的起点（端面基圆切线的切点）
$A$—轮齿齿顶或倒角的起点
$C$—设计齿廓在分度圆上的一点
$E$—有效齿廓起始点
$F$—可用齿廓起始点
$L_{AF}$—可用长度
$L_{AE}$—有效长度
$L_\alpha$—齿廓计值范围
$L_E$—到有效齿廓的起点基圆切线长度
$F_\alpha$—齿廓总偏差
$f_{f\alpha}$—齿廓形状偏差
$f_{H\alpha}$—齿廓倾斜偏差

**图 10.11　齿廓总偏差**

小。因此，平均齿廓迹线的位置和倾斜度可以用"最小二乘法"求得。平均齿廓是用来确定齿廓形状偏差 $f_{f\alpha}$（见图 10.11）和齿廓倾斜偏差 $f_{H\alpha}$（见图 10.11）的一条辅助齿廓迹线。

实际齿廓偏离设计的理想齿廓的量为齿廓偏差，该偏差值在端平面内且垂直于渐开线齿廓的方向计量，包括齿廓总偏差、齿廓形状偏差、齿廓倾斜偏差。

(1) 齿廓总偏差（$F_\alpha$）：在计值范围内，包容实际齿廓迹线的两条设计齿廓迹线间的距离，如图 10.11 所示。

(2) 齿廓形状偏差（$f_{f\alpha}$）：在计值范围内，包容实际齿廓迹线的两条与平均齿廓迹线完全相同的曲线间的距离，且两条曲线与平均齿廓迹线的距离为常数，如图 10.11 所示。

(3) 齿廓倾斜偏差（$f_{H\alpha}$）：在计值范围内，两端与平均齿廓迹线相交的两条设计齿廓迹线间的距离，如图 10.11 所示。

通常情况下，齿廓工作部分为理论渐开线，也可以是以理论渐开线齿廓为基础的修正齿廓，如修缘齿廓、凸齿廓等。其目的是为了减小基圆齿距偏差和轮齿弹性变形引起的冲击、振动和噪声。规定了齿廓总偏差，及齿廓的形状和倾斜偏差，可以改善齿轮承载能力，降低噪声，提高传动质量。

齿廓偏差可在渐开线检查仪上测量，利用精密机构产生正确的渐开线轨迹，并与实际齿廓进行比较，以确定齿廓偏差。

2) 基节偏差 $f_{pb}$

$f_{pb}=f_{pt}\cos\alpha_n$，基节偏差如图 10.4 所示。

**3. 影响载荷分布均匀性的评定指标与检测**

螺旋线偏差是在端面基圆切线方向上测得的实际螺旋线与设计螺旋线的偏离量。

(1) 螺旋线总偏差（$F_\beta$）：在计值范围（螺旋线计值范围是指在轮齿两端处各减去下面两个数值中较小的一个后的"迹线长度"，即 5% 的齿宽或等于一个模数的长度）内，包容实际螺旋线迹线的两条设计螺旋线迹线间的距离（见图 10.12(a)）。

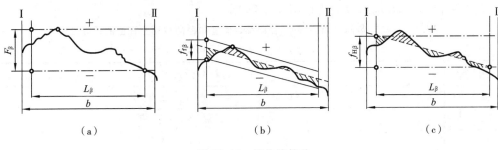

**图 10.12　螺旋线偏差**

（2）螺旋线形状偏差（$F_{f\beta}$）：在计值范围内，包容实际螺旋线迹线的两条与平均螺旋线迹线完全相同的曲线间的距离，且两条曲线与平均螺旋线迹线的距离为常数（见图 10.12(b)）。平均螺旋线迹线为实际螺旋线的"最小二乘中线"。

（3）螺旋线倾斜偏差（$F_{H\beta}$）：在计值范围内，两端与平均螺旋线迹线相交的设计螺旋线迹线的距离（见图 10.12(c)）。图 10.12 的理解参看图 10.11。

螺旋线偏差影响齿轮的承载能力和传动质量，其测量方法有展成法和坐标法。展成法的测量仪器有渐开线螺旋线检查仪、导程仪等，坐标法可以在螺旋线样板检查仪、齿轮测量中心和三坐标测量机上进行。

## 10.4　渐开线圆柱齿轮精度的国家标准及应用

**1. 精度等级**

1）轮齿同侧齿面偏差的精度等级

分度圆直径为 5～10000 mm、模数（法向模数）为 0.5～70 mm、齿宽为 4～1000 mm 的渐开线圆柱齿轮，共有 11 项同侧齿面偏差。GB/T 10095.1—2008 规定了 0、1、2、…、12 共 13 个精度等级，其中 0 级最高，12 级最低。

2）径向综合偏差的精度等级

对于分度圆直径为 5～10000 mm、法向模数为 0.2～10 mm 的渐开线圆柱齿轮的径向综合总偏差 $F_i''$ 和一齿径向综合偏差 $f_i''$，GB/T 10095.2—2008 规定了 4、5、6、…、12 共 9 个精度等级，其中 4 级最高，12 级最低。

3）径向跳动的精度等级

对于分度圆直径为 5～10000 mm、法向模数为 0.5～70 mm 的渐开线圆柱齿轮的径向跳动，GB/T 10095.2—2008 在附录 B 中推荐了 0、1、2、…、12 共 13 个精度等级，其中 0 级最高，12 级最低。

**2. 同侧齿面偏差的计算公式及允许值**

齿轮的精度等级是将检测的偏差值与标准规定的数值进行比较后确定的。GB/T 10095.1—2008 和 GB/T 10095.2—2008 规定，公差表格中的允许值是 5 级精度规定的公式乘以级间公比计算出来的。两相邻精度等级的级间公比等于 $\sqrt{2}$，本级数值除以（或乘以）$\sqrt{2}$ 即可得到相邻较高（较低）等级的数值。5 级精度未圆整的计算值乘以 $\sqrt{2}^{(Q-5)}$ 即可得到任一精度等级的待求值。式中 $Q$ 是待求值的精度等级数。表 10.1 所示为各级精度齿轮轮齿同侧齿面偏差、径向综合偏差和径向跳动允许值的计算公式。

**表 10.1　齿轮轮齿同侧齿面偏差、径向综合偏差和径向跳动允许值的计算公式**

（摘自 GB/T 10095.1—2008、GB/T 10095.2—2008）

| 项 目 代 号 | 允许值计算公式 |
|---|---|
| $f_{pt}$ | $[0.3(m_n+0.4d^{0.5})+4]\times 2^{0.5(Q-5)}$ |
| $F_{pk}$ | $\{f_{pt}+1.6[(k-1)m_n]^{0.5}\}\times 2^{0.5(Q-5)}$ |
| $F_p$ | $(0.3m_n+1.25d^{0.5}+7)\times 2^{0.5(Q-5)}$ |
| $F_\alpha$ | $(3.2m_n^{0.5}+0.22d^{0.5}+0.7)\times 2^{0.5(Q-5)}$ |
| $f_{f\alpha}$ | $(2.5m_n^{0.5}+0.17d^{0.5}+0.5)\times 2^{0.5(Q-5)}$ |
| $f_{H\alpha}$ | $(2m_n^{0.5}+0.14d^{0.5}+0.5)\times 2^{0.5(Q-5)}$ |
| $F_\beta$ | $(0.1d^{0.5}+0.63b^{0.5}+4.2)\times 2^{0.5(Q-5)}$ |
| $f_{f\beta},f_{H\beta}$ | $(0.07d^{0.5}+0.45b^{0.5}+3)\times 2^{0.5(Q-5)}$ |
| $F_i'$ | $(F_p+f_i')\times 2^{0.5(Q-5)}$ |
| $f_i'$ | $K(4.3+f_{pt}+F_\alpha)\times 2^{0.5(Q-5)}=K(9+0.3m_n+3.2m_n^{0.5}+0.34d^{0.5})\times 2^{0.5(Q-5)}$ <br> $\varepsilon_r<4$ 时，$K=0.2\left(\dfrac{\varepsilon_r+4}{\varepsilon_r}\right)$，$\varepsilon_r\geqslant 4$ 时，$K=0.4$ |
| $f_i''$ | $(2.96m_n+0.01d^{0.5}+0.8)\times 2^{0.5(Q-5)}$ |
| $F_i''$ | $(F_r+f_i'')\times 2^{0.5(Q-5)}-(3.2m_n+1.01d^{0.5}+6.4)\times 2^{0.5(Q-5)}$ |
| $F_r$ | $(0.8F_p)\times 2^{0.5(Q-5)}=(0.24m_n+1.0d^{0.5}+5.6)\times 2^{0.5(Q-5)}$ |

表 10.2 中的公式中，参数 $m_n$、$d$ 和 $b$ 按规定取各分段界限值的几何平均值代入。例如，实际模数为 7 mm，分段界限值为 $m_n=6$ mm 和 $m_n=10$ mm，则计算式中取 $m_n=\sqrt{6\times 10}$ mm $=7.746$ mm 代入计算。参数分段是由于参数值很近时，计算所得值相差不大，这样既可以简化表格，也没必要为每个参数都对应一数值。

国家标准中所列出的各公差和极限偏差的数值是由表 10.1 中的公式计算并圆整后得到的。

轮齿同侧齿面偏差的公差值或极限偏差见表 10.2～表 10.5，径向综合偏差的允许值见表 10.6 和表 10.7，径向跳动公差值见表 10.8。

**表 10.2　单个齿距极限偏差 $\pm f_{pt}$ 的允许值**（摘自 GB/T 10095.1—2008）

| 分度圆直径 $d/mm$ | 法向模数 $m_n/mm$ | 精 度 等 级 | | | | |
|---|---|---|---|---|---|---|
| | | 5 | 6 | 7 | 8 | 9 |
| | | $f_{pt}/\mu m$ | | | | |
| 20<$d$≤50 | 2<$m_n$≤3.5 | 5.5 | 7.5 | 11.0 | 15.0 | 22.0 |
| | 3.5<$m_n$≤6 | 6.0 | 8.5 | 12.0 | 17.0 | 24.0 |
| 50<$d$≤125 | 2<$m_n$≤3.5 | 6.0 | 8.5 | 12.0 | 17.0 | 23.0 |
| | 3.5<$m_n$≤6 | 6.5 | 9.0 | 13.0 | 18.0 | 26.0 |
| | 6<$m_n$≤10 | 7.5 | 10.0 | 15.0 | 21.0 | 30.0 |

续表

| 分度圆直径 $d$/mm | 法向模数 $m_n$/mm | 精 度 等 级 | | | | |
|---|---|---|---|---|---|---|
| | | 5 | 6 | 7 | 8 | 9 |
| | | $f_{pt}$/$\mu$m | | | | |
| 125＜$d$≤280 | 2＜$m_n$≤3.5 | 6.5 | 9.0 | 13.0 | 18.0 | 26.0 |
| | 3.5＜$m_n$≤6 | 7.0 | 10.0 | 14.0 | 20.0 | 28.0 |
| | 6＜$m_n$≤10 | 8.0 | 11.0 | 16.0 | 23.0 | 32.0 |
| 280＜$d$≤560 | 2＜$m_n$≤3.5 | 7.0 | 10.0 | 14.0 | 20.0 | 28.0 |
| | 3.5＜$m_n$≤6 | 8.0 | 11.0 | 16.0 | 22.0 | 31.0 |
| | 6＜$m_n$≤10 | 8.5 | 12.0 | 17.0 | 25.0 | 35.0 |

表 10.3　齿距累积总偏差 $F_p$ 的允许值（摘自 GB/T 10095.1—2008）

| 分度圆直径 $d$/mm | 法向模数 $m_n$/mm | 精 度 等 级 | | | | |
|---|---|---|---|---|---|---|
| | | 5 | 6 | 7 | 8 | 9 |
| | | $F_p$/$\mu$m | | | | |
| 20＜$d$≤50 | 2＜$m_n$≤3.5 | 15 | 21 | 30 | 42 | 59 |
| | 3.5＜$m_n$≤6 | 15 | 22 | 31 | 44 | 62 |
| 50＜$d$≤125 | 2＜$m_n$≤3.5 | 19 | 27 | 38 | 53 | 76 |
| | 3.5＜$m_n$≤6 | 19 | 28 | 39 | 55 | 78 |
| | 6＜$m_n$≤10 | 20 | 29 | 41 | 58 | 82 |
| 125＜$d$≤280 | 2＜$m_n$≤3.5 | 25 | 35 | 50 | 70 | 100 |
| | 3.5＜$m_n$≤6 | 25 | 36 | 51 | 72 | 102 |
| | 6＜$m_n$≤10 | 26 | 37 | 53 | 75 | 106 |
| 280＜$d$≤560 | 2＜$m_n$≤3.5 | 33 | 46 | 65 | 92 | 131 |
| | 3.5＜$m_n$≤6 | 33 | 47 | 66 | 94 | 133 |
| | 6＜$m_n$≤10 | 34 | 48 | 68 | 97 | 137 |

表 10.4　齿廓总偏差 $F_\alpha$ 的允许值（摘自 GB/T 10095.1—2008）

| 分度圆直径 $d$/mm | 法向模数 $m_n$/mm | 精 度 等 级 | | | | |
|---|---|---|---|---|---|---|
| | | 5 | 6 | 7 | 8 | 9 |
| | | $F_\alpha$/$\mu$m | | | | |
| 20＜$d$≤50 | 2＜$m_n$≤3.5 | 7 | 10 | 14 | 20 | 29 |
| | 3.5＜$m_n$≤6 | 9 | 12 | 18 | 25 | 35 |
| 50＜$d$≤125 | 2＜$m_n$≤3.5 | 8 | 11 | 16 | 22 | 31 |
| | 3.5＜$m_n$≤6 | 9.5 | 13 | 19 | 27 | 38 |
| | 6＜$m_n$≤10 | 12 | 16 | 23 | 33 | 46 |

续表

| 分度圆直径 $d/mm$ | 法向模数 $m_n/mm$ | 精 度 等 级 | | | | |
|---|---|---|---|---|---|---|
| | | 5 | 6 | 7 | 8 | 9 |
| | | $F_\alpha/\mu m$ | | | | |
| $125<d\leqslant280$ | $2<m_n\leqslant3.5$ | 9 | 13 | 18 | 25 | 36 |
| | $3.5<m_n\leqslant6$ | 11 | 15 | 21 | 30 | 42 |
| | $6<m_n\leqslant10$ | 13 | 18 | 25 | 36 | 50 |
| $280<d\leqslant560$ | $2<m_n\leqslant3.5$ | 10 | 15 | 21 | 29 | 41 |
| | $3.5<m_n\leqslant6$ | 12 | 17 | 24 | 34 | 48 |
| | $6<m_n\leqslant10$ | 14 | 20 | 28 | 40 | 56 |

表 10.5　螺旋线总偏差 $F_\beta$ 的允许值(摘自 GB/T 10095.1—2008)

| 分度圆直径 $d/mm$ | 齿宽 $b/mm$ | 精 度 等 级 | | | | |
|---|---|---|---|---|---|---|
| | | 5 | 6 | 7 | 8 | 9 |
| | | $F_\beta/\mu m$ | | | | |
| $20<d\leqslant50$ | $10<b\leqslant20$ | 7 | 10 | 14 | 20 | 29 |
| | $20<b\leqslant40$ | 8 | 11 | 16 | 23 | 32 |
| $50<d\leqslant125$ | $10<b\leqslant20$ | 7.5 | 11 | 15 | 21 | 30 |
| | $20<b\leqslant40$ | 8.5 | 12 | 17 | 24 | 34 |
| | $40<b\leqslant80$ | 10 | 14 | 20 | 28 | 39 |
| $125<d\leqslant280$ | $10<b\leqslant20$ | 8 | 11 | 16 | 22 | 32 |
| | $20<b\leqslant40$ | 9 | 13 | 18 | 25 | 36 |
| | $40<b\leqslant80$ | 10 | 15 | 21 | 29 | 41 |
| $280<d\leqslant560$ | $20<b\leqslant40$ | 9.5 | 13 | 19 | 27 | 38 |
| | $40<b\leqslant80$ | 11 | 15 | 22 | 31 | 44 |
| | $80<b\leqslant160$ | 13 | 18 | 26 | 36 | 52 |

表 10.6　径向综合总偏差 $F_i''$ 的允许值(摘自 GB/T 10095.1—2008)

| 分度圆直径 $d/mm$ | 法向模数 $m_n/mm$ | 精 度 等 级 | | | | |
|---|---|---|---|---|---|---|
| | | 5 | 6 | 7 | 8 | 9 |
| | | $F_i''/\mu m$ | | | | |
| $20<d\leqslant50$ | $1.0<m_n\leqslant1.5$ | 16 | 23 | 32 | 45 | 64 |
| | $1.5<m_n\leqslant2.5$ | 18 | 26 | 37 | 52 | 73 |
| $50<d\leqslant125$ | $1.0<m_n\leqslant1.5$ | 19 | 27 | 39 | 55 | 77 |
| | $1.5<m_n\leqslant2.5$ | 22 | 31 | 43 | 61 | 86 |
| | $2.5<m_n\leqslant4.0$ | 25 | 36 | 51 | 72 | 102 |

| 分度圆直径 $d$/mm | 法向模数 $m_n$/mm | 精 度 等 级 | | | | |
|---|---|---|---|---|---|---|
| | | 5 | 6 | 7 | 8 | 9 |
| | | $F_i''$/$\mu$m | | | | |
| 125<$d$≤280 | 1.0<$m_n$≤1.5 | 24 | 34 | 48 | 68 | 97 |
| | 1.5<$m_n$≤2.5 | 26 | 37 | 53 | 75 | 106 |
| | 2.5<$m_n$≤4.0 | 30 | 43 | 61 | 86 | 121 |
| | 4.0<$m_n$≤6.0 | 36 | 51 | 72 | 102 | 144 |
| 280<$d$≤560 | 1.0<$m_n$≤1.5 | 30 | 43 | 61 | 86 | 122 |
| | 1.5<$m_n$≤2.5 | 33 | 46 | 65 | 92 | 131 |
| | 2.5<$m_n$≤4.0 | 37 | 52 | 73 | 104 | 146 |
| | 4.0<$m_n$≤6.0 | 42 | 60 | 84 | 119 | 169 |

表 10.7　一齿径向综合偏差 $f_i''$ 的允许值（摘自 GB/T 10095.1—2008）

| 分度圆直径 $d$/mm | 法向模数 $m_n$/mm | 精 度 等 级 | | | | |
|---|---|---|---|---|---|---|
| | | 5 | 6 | 7 | 8 | 9 |
| | | $f_i''$/$\mu$m | | | | |
| 20<$d$≤50 | 1.0<$m_n$≤1.5 | 4.5 | 6.5 | 9 | 13 | 18 |
| | 1.5<$m_n$≤2.5 | 6.5 | 9.5 | 13 | 19 | 26 |
| 50<$d$≤125 | 1.0<$m_n$≤1.5 | 4.5 | 6.5 | 9 | 13 | 18 |
| | 1.5<$m_n$≤2.5 | 6.5 | 9.5 | 13 | 19 | 26 |
| | 2.5<$m_n$≤4.0 | 10 | 14 | 20 | 29 | 41 |
| 125<$d$≤280 | 1.0<$m_n$≤1.5 | 4.5 | 6.5 | 9 | 13 | 18 |
| | 1.5<$m_n$≤2.5 | 6.5 | 9.5 | 13 | 19 | 27 |
| | 2.5<$m_n$≤4.0 | 10 | 15 | 21 | 29 | 41 |
| | 4.0<$m_n$≤6.0 | 15 | 22 | 31 | 44 | 62 |
| 280<$d$≤560 | 1.0<$m_n$≤1.5 | 4.5 | 6.5 | 9 | 13 | 18 |
| | 1.5<$m_n$≤2.5 | 6.5 | 9.5 | 13 | 19 | 27 |
| | 2.5<$m_n$≤4.0 | 10 | 15 | 21 | 29 | 41 |
| | 4.0<$m_n$≤6.0 | 15 | 22 | 31 | 44 | 62 |

表 10.8　径向跳动公差 $F_r$ 的允许值（摘自 GB/T 10095.1—2008）

| 分度圆直径 $d$/mm | 法向模数 $m_n$/mm | 精 度 等 级 | | | | |
|---|---|---|---|---|---|---|
| | | 5 | 6 | 7 | 8 | 9 |
| | | $F_r$/$\mu$m | | | | |
| 20<$d$≤50 | 2<$m_n$≤3.5 | 12 | 17 | 24 | 34 | 47 |
| | 3.5<$m_n$≤6 | 12 | 17 | 25 | 35 | 49 |

| 分度圆直径 $d$/mm | 法向模数 $m_n$/mm | 精 度 等 级 | | | | |
|---|---|---|---|---|---|---|
| | | 5 | 6 | 7 | 8 | 9 |
| | | $F_r$/μm | | | | |
| 50<$d$≤125 | 2<$m_n$≤3.5 | 15 | 21 | 30 | 43 | 61 |
| | 3.5<$m_n$≤6 | 16 | 22 | 31 | 44 | 62 |
| | 6<$m_n$≤10 | 16 | 23 | 33 | 46 | 65 |
| 125<$d$≤280 | 2<$m_n$≤3.5 | 20 | 28 | 40 | 56 | 80 |
| | 3.5<$m_n$≤6 | 20 | 29 | 41 | 58 | 82 |
| | 6<$m_n$≤10 | 21 | 30 | 42 | 60 | 85 |
| 280<$d$≤560 | 2<$m_n$≤3.5 | 26 | 37 | 52 | 74 | 105 |
| | 3.5<$m_n$≤6 | 27 | 38 | 53 | 75 | 106 |
| | 6<$m_n$≤10 | 27 | 39 | 55 | 77 | 109 |

对于没有提供数值的偏差允许值,可在其定义及圆整规则的基础上,利用表 10.1 中的公式计算求得。

如果齿轮参数不在给定的范围内或供需双方协商同意时,可以在计算公式中代入齿轮实际参数计算,而无须取分段界限的几何平均值。

在给定的文件中,如果所要求的齿轮精度等级规定为标准中的某一等级,且无其他规定时,则各项偏差的允许值均取该精度等级。当然,也可根据技术协议,对不同精度规定不同的等级。

**3. 齿轮精度等级的选择**

根据齿轮的用途、使用要求、回转速度和传动功率等条件,齿轮精度等级的选用方法一般有计算法和类比法,大多情况下采用类比法。

1)计算法

根据齿轮传动机构最终要达到的精度要求,应用传动尺寸链的方法计算和分配各级齿轮副的传动精度,确定齿轮的精度等级。由于齿轮精度既受到齿轮本身原因,也受到安装误差的影响,所以很难精确计算出齿轮所需的精度等级,故计算结果只能作为参考。计算法仅适用于特殊精度机构使用的齿轮。

2)类比法

查阅类似机构的设计,根据实际经验来确定齿轮精度,并且针对本机构自身特点进行适当修正,这就是类比法。

轮齿同侧齿面偏差规定的 13 个精度等级中,0、1、2 级为超精度级,3、4、5 级为高精度级,6、7、8 级为常用的精度级,也是使用最广泛的等级,9、10、11、12 级为低精度级。表 10.9 和表 10.10 给出了各种常用机械采用的齿轮精度等级范围和部分齿轮精度等级的适用范围,供使用类比法时参考。

**4. 齿轮检测项目的确定**

(1) 避免重复检测。

检测齿轮时,测量全部轮齿要素既不经济也无必要。有些要素对于特定齿轮的功能并没有明显影响,有些检测项目可以代替其他一些项目,如径向综合偏差能代替径向跳动。这些项

**表 10.9　常用机械采用的齿轮精度等级**

| 应 用 范 围 | 精度等级 | 应 用 范 围 | 精度等级 |
|---|---|---|---|
| 单啮仪、双啮仪 | 2～5 | 载重汽车 | 6～9 |
| 蜗杆减速器 | 3～5 | 通用减速器 | 6～8 |
| 金属切削机床 | 3～8 | 轧钢机 | 5～10 |
| 航空发动机 | 4～7 | 矿用绞车 | 6～10 |
| 内燃机车、电气机车 | 5～8 | 起重机 | 6～9 |
| 轻型汽车 | 5～8 | 拖拉机 | 6～10 |

**表 10.10　圆柱齿轮精度等级的使用范围**

| 精度等级 | 工作条件及应用范围 | 圆周速度 /(m·s⁻¹) 直齿 | 圆周速度 /(m·s⁻¹) 斜齿 | 效　率 | 切齿方法 | 齿面的最后加工 |
|---|---|---|---|---|---|---|
| 3 级 | 用于特别精密的分度机构或在最平稳且无噪声的极高速下工作的齿轮传动中的齿轮;特别精密机构中的齿轮;特别高速传动的齿轮(透平传动);检测 5、6 级的测量齿轮 | >40 | >75 | 不低于 0.99 (包括轴承不低于 0.985) | 在周期误差特小的精密机床上用展成法加工 | 特精密的磨齿和研齿,用精密滚刀或单边剃齿后的大多数不经淬火的齿轮 |
| 4 级 | 用于特别精密的分度机构或在最平稳且无噪声的极高速下工作的齿轮传动中的齿轮;特别精密机构中的齿轮;高速透平传动的齿轮;检测 7 级齿轮的测量齿轮 | >35 | >70 | 不低于 0.99 (包括轴承不低于 0.985) | 在周期误差极小的精密机床上用展成法加工 | 精密磨齿,大多数用精密滚刀加工、研齿或单边剃齿 |
| 5 级 | 用于精密分度机构的齿轮或要求极平稳且无噪声的高速工作的齿轮传动中的齿轮;精密机构用齿轮;透平传动的齿轮;检测 8、9 级的测量齿轮 | >20 | >40 | 不低于 0.99 (包括轴承不低于 0.985) | 在周期误差小的精密机床上用展成法加工 | 精密磨齿,大多数用精密滚刀加工,进而研齿或剃齿 |
| 6 级 | 用于要求高效率且无噪声的高速工作的齿轮传动或分度机构的齿轮传动中的齿轮;特别重要的航空、汽车用齿轮;读数装置中特别精密的齿轮 | ～15 | ～30 | 不低于 0.99 (包括轴承不低于 0.985) | 在精密机床上用展成法加工 | 精密磨齿或剃齿 |
| 7 级 | 在高速和适度功率或大功率和适度速度下工作的齿轮;金属切削机床中需要运动协调性的进给齿轮;高速减速器齿轮;航空、汽车以及读数装置用齿轮 | ～10 | ～15 | 不低于 0.98 (包括轴承不低于 0.975) | 在精密机床上用展成法加工 | 无需热处理的齿轮仅用精确刀具加工;对于淬硬齿轮必须精整加工(磨齿、研齿、珩齿) |

| 精度等级 | 工作条件及应用范围 | 圆周速度/(m·s⁻¹) | | 效率 | 切齿方法 | 齿面的最后加工 |
|---|---|---|---|---|---|---|
| | | 直齿 | 斜齿 | | | |
| 8级 | 无需特别精密的一般机械制造用齿轮;不包括在分度链中的机床齿轮;飞机、汽车制造业中不重要的齿轮;起重机构用齿轮;农业机械中的重要齿轮;通用减速器齿轮 | ~6 | ~10 | 不低于0.97(包括轴承不低于0.965) | 用展成法或分度法(根据齿轮实际齿数设计齿形的刀具)加工 | 齿不用磨;必要时剃齿或研齿 |
| 9级 | 用于粗糙工作的,对它不提正常精度要求的齿轮,从结构上考虑受载低于计算载荷的传动用齿轮 | ~2 | ~4 | 不低于0.95(包括轴承不低于0.95) | 任何方法 | 无需特殊的精加工工序 |

目的误差控制有重复。

例如,GB/T 10095.1—2008规定切向综合偏差是检验项目,但不是必检项目;齿廓和螺旋线的形状偏差和倾斜偏差有时作为有用的评定参数,但也不是必检项目。所以,为评定单个齿轮的加工精度,本着经济和高效的原则,应检验单个齿距偏差 $f_{pt}$、齿距累积总偏差 $F_p$、齿廓总偏差 $F_α$、螺旋线总偏差 $F_β$。

(2) 齿距累积偏差 $F_{pk}$ 在高速齿轮中检测。

(3) 当检验切向综合偏差 $F_i'$ 和 $f_i'$ 时,可不必检测单个齿距偏差 $f_{pt}$ 和齿距累积总偏差 $F_p$。GB/T 10095.2—2008中规定的径向综合偏差和径向跳动由于检测时是双面啮合,与齿轮工作状态不一致,只反映径向偏差,不能全面反映同侧齿面的偏差,所以只能作为辅助检测项目。当批量生产齿轮时,用GB/T 10095.1—2008规定的项目进行首检,用同样方法生产的其他齿轮就可只检测径向综合偏差 $F_i''$ 和 $f_i''$,或者检测径向跳动 $F_r$。它们可方便、迅速地反映由于产品齿轮装夹等原因造成的偏差。

(4) 对单个齿轮还需检测齿厚偏差,它是侧隙评定指标。需要说明的是,齿厚偏差在GB/T 10095.1—2008和GB/T 10095.2—2008中均未做规定,指导性技术文件中也未推荐具体数值,由设计者按齿轮副侧隙计算确定,具体过程在齿轮副精度部分介绍。

**5. 齿轮坯精度及表面粗糙度**

齿轮坯是齿轮轮齿机加工前的工件,其尺寸和形状偏差对于齿轮副的接触条件和运行状况有着极大的影响。由于在加工时齿轮坯保持较小的公差,比加工高精度的轮齿要容易,也更加经济,因此应该尽量在现有设备条件下使齿轮坯的制造公差保持最小值。这样可以让齿轮轮齿加工时有较大的公差,从而获得更经济的整体设计和加工。

基准轴线是加工或质检人员确定单个零件轮齿几何形状的轴线,由基准面中心确定。齿轮依此轴线来确定细节,特别是确定齿距、齿廓和螺旋线的偏差。工作轴线是齿轮在工作时绕其旋转的轴线,它由工作安装面确定。理想情况是基准轴线与工作轴线重合,所以应该以安装面作为基准面。

齿轮坯公差见表10.11。一般情况下,齿轮孔或轴齿轮的轴颈是加工时的工艺基准,而且也是检测和安装基准,所以对高精度(1~3级)齿轮不仅要规定尺寸公差,还要进一步规定形状公差,通常控制其圆柱度公差。而对普通精度(4~12级)的齿轮则只规定其尺寸公差不单独规定形状公差,采用包容要求,用边界控制其形状公差。

**表 10.11　常用精度的齿轮坯公差**

| 齿轮精度等级 | 5 | 6 | 7 | 8 | 9 | 10 | 11 | 12 |
|---|---|---|---|---|---|---|---|---|
| 孔尺寸公差 | IT5 | IT6 | IT7 | | IT8 | | | |
| 轴尺寸公差 | IT5 | | IT6 | | IT7 | | IT8 | |
| 顶圆直径尺寸公差① | IT7 | | IT8 | | | IT9 | IT11 | |

注:① 当齿顶圆不作测量齿厚的基准时,尺寸精度按 IT11 给定,但不大于 $0.1m_n$。

齿轮基准面的径向圆跳动和端面圆跳动见表 11.12。

**表 10.12　齿轮基准面的径向圆跳动和端面圆跳动**

| 轴线的基准面 | 跳 动 量 | |
|---|---|---|
| | 径向 | 端面 |
| 仅指圆柱或圆锥基准面 | $0.15\dfrac{L}{b}F_\beta$ 或 $0.3F_p$,取两者中大值 | — |
| 一个圆柱基准和一个端面基准面 | $0.3F_p$ | $0.2\dfrac{D_d}{b}F_\beta$ |

注:$D_d$ 为基准面(端面)直径。

大尺寸齿轮,常以齿坯顶圆校正齿轮加工时的安装误差,故应限制齿坯顶圆对基准轴线的径向圆跳动。齿面表面粗糙度见表 10.13。

**表 10.13　常用精度齿面表面粗糙度 $Ra$ 推荐值**　　　　　单位:$\mu m$

| 模数/mm | 精 度 等 级 | | | | | | | |
|---|---|---|---|---|---|---|---|---|
| | 5 | 6 | 7 | 8 | 9 | 10 | 11 | 12 |
| $m_n<6$ | 0.5 | 0.8 | 1.25 | 2.0 | 3.2 | 5.0 | 10 | 20 |
| $6\leqslant m_n\leqslant 25$ | 0.63 | 1.00 | 1.6 | 2.5 | 4 | 6.3 | 12.5 | 25 |
| $m_n>25$ | 0.8 | 1.25 | 2.0 | 3.2 | 5.0 | 8.0 | 16 | 32 |

**6. 齿轮精度等级在图样上的标注**

在技术文件中表述齿轮精度要求时,应注明标准代号,如 GB/T 10095.1—2008 或 GB/T 10095.2—2008。

齿轮精度等级和齿厚偏差的标注如下。

若齿轮的检测项目都为同一等级,可标注精度等级和标准代号。如齿轮检测项目同为 7 级,则标注为:

　　　　　7　GB/T 10095.1—2008　 或　 7　GB/T 10095.2—2008

若齿轮检测项目的精度等级不同,如齿廓总偏差 $F_\alpha$ 为 6 级,而齿距累积总偏差 $F_p$ 和螺旋线总偏差 $F_\beta$ 均为 7 级时,则标注为:

　　　　　$6(F_\alpha)$、$7(F_p,F_\beta)$　 GB/T 10095.1—2008

齿厚偏差标注时,在齿轮工作图右上角参数表中标出其公称值及极限偏差。

## 10.5　齿轮副的精度及检测指标选择

前述对单个齿轮的精度进行了分析,本节简单介绍一对啮合的齿轮副的精度要求。

**1. 中心距偏差**

中心距偏差是实际中心距与公称中心距的差。公称中心距是在考虑了最小侧隙及两齿轮的齿顶和其相啮合的非渐开线齿廓齿根部分的干涉后确定的。在齿轮只是单向承载运转而不经常反转的情况下,最大侧隙的控制不是一个重要的考虑因素,此时中心距偏差主要取决于重合度。

在控制运动用的齿轮中(如数控机床等),其侧隙必须控制。当轮齿上的载荷常常反向时,分析中心距的公差必须仔细地考虑下列因素:轴、箱体和轴承的平行度误差;由于箱体的平行度误差和轴承的间隙导致齿轮轴线的不一致与错斜;安装误差;轴承跳动;温度的影响(随箱体和齿轮零件间的温差、中心距和材料不同而变化);旋转件的离心伸胀;还有润滑剂污染的允许程度及非金属齿轮材料的溶胀等。

GB/Z 18620.3—2008 未提供中心距偏差的允许值。设计者可参照某些成熟产品的设计来确定或者参考表 10.14。

**表 10.14　中心距极限偏差($\pm f_a$)**

| 齿轮精度等级 | 5~6 | 7~8 | 9~10 |
|---|---|---|---|
| 中心距极限偏差($\pm f_a$) | $\frac{1}{2}$IT7 | $\frac{1}{2}$IT8 | $\frac{1}{2}$IT9 |

**2. 轴线的平行度偏差**

由于轴线的平行度偏差与其方向有关,国家标准中对垂直平面上的偏差($f_{\Sigma\beta}$)和轴线平面内的偏差($f_{\Sigma\delta}$)做了不同的规定,如图 10.13 所示。

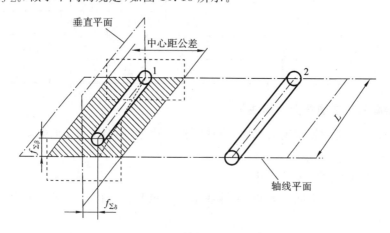

**图 10.13　轴线平行度偏差**

轴线平面是用两轴承跨距中较长的一个 L 和另一根轴上的一个轴承来确定的。

垂直平面上偏差的推荐最大值为:

$$f_{\Sigma\beta} = \frac{L}{2b} F_\beta \tag{10.1}$$

式中:$L$——轴承跨距(如两轴轴承跨距不等,取较长者);

　　$b$——齿轮宽度。

轴线平面内偏差的推荐最大值为:

$$f_{\Sigma\delta}=2f_{\Sigma\beta} \tag{10.2}$$

**3. 轮齿接触斑点**

检测齿轮副在其箱体内产生的接触斑点可以有助于评估轮齿间载荷分布。齿轮副的接触斑点是指装配好的齿轮副在轻微制动下运转后齿面的接触擦亮痕迹,可以用沿齿高方向和沿齿宽方向的百分数来表示,如图 10.14 所示,其齿宽 $b$ 的占比为 $80\%$,齿面高度 $h$ 的占比为 $70\%$。如图 10.15 所示,其齿廓正确,但是有螺旋线偏差。

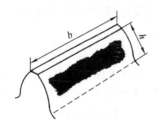

图 10.14　典型接触斑点 1

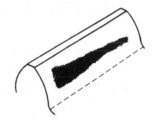

图 10.15　典型接触斑点 2

产品齿轮与测量齿轮的接触斑点,可用于评估装配后的齿轮螺旋线和齿廓精度(见图 10.14 和图 10.15),还可用接触斑点来规定和控制齿轮轮齿的齿长方向的配合精度。

表 10.15 和表 10.16 是各级精度的直齿轮、斜齿轮(对齿廓和螺旋线修形的齿面不适用)装配后所需的接触斑点。

表 10.15　直齿轮装配后的接触斑点(摘自 GB/Z 18620.4—2008)

| 精度等级<br>按 GB/T 10095—2008 | $b_{c1}$ 占齿宽<br>的百分比/(%) | $h_{c1}$ 占有效齿面<br>高度的百分比/(%) | $b_{c2}$ 占齿宽<br>的百分比/(%) | $h_{c2}$ 占有效齿面<br>高度的百分比/(%) |
|---|---|---|---|---|
| 4 级及更高 | 50 | 70 | 40 | 50 |
| 5 和 6 | 45 | 50 | 35 | 30 |
| 7 和 8 | 35 | 50 | 35 | 30 |
| 9 至 12 | 25 | 50 | 25 | 30 |

注:$b_{c1}$——接触斑点的较大长度(%);$b_{c2}$——接触斑点的较小长度(%);

　　$h_{c1}$——接触斑点的较大高度(%);$h_{c2}$——接触斑点的较小高度(%)。

表 10.16　斜齿轮装配后的接触斑点(摘自 GB/Z 18620.4—2008)

| 精度等级<br>按 GB/T 10095—2008 | $b_{c1}$ 占齿宽<br>的百分比/(%) | $h_{c1}$ 占有效齿面<br>高度的百分比/(%) | $b_{c2}$ 占齿宽<br>的百分比/(%) | $h_{c2}$ 占有效齿面<br>高度的百分比/(%) |
|---|---|---|---|---|
| 4 级及更高 | 50 | 50 | 40 | 30 |
| 5 和 6 | 45 | 40 | 35 | 20 |
| 7 和 8 | 35 | 40 | 35 | 20 |
| 9 至 12 | 25 | 40 | 25 | 20 |

**4. 齿轮副侧隙**

国家标准对属于齿轮副评定参数的侧隙指标没有规定,只是在指导性技术文件 GB/Z

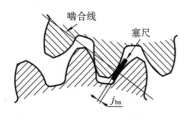

图 10.16　法向侧隙

18620.2—2008 中推荐采用。

1) 最小法向侧隙 $j_{bnmin}$

法向侧隙 $j_{bn}$ 是指在一对装配好的齿轮副中,当两个齿轮的工作齿面互相接触时,非工作齿面间的最短距离,如图 10.16 所示。

相啮合齿轮的齿厚和箱体孔的中心距都会影响侧隙大小。在一个已定的啮合中,侧隙会随着齿轮传动的速度、温度、载荷等的变化而变化,因此在静态测量时必须有足够的侧隙,以保证在带载荷运行于最不利状态时仍有足够的侧隙。

我国采用减小单个齿轮齿厚的方法来实现法向侧隙。有些国家采用的是改变齿轮安装中心距的方法来实现的。

最小法向侧隙 $j_{bnmin}$,是当一个齿轮的轮齿以最大允许实效齿厚与一个也具有最大允许实效齿厚的相配轮齿在最紧的允许中心距下啮合时,在静态条件下存在的最小允许侧隙。

最小侧隙的存在可以补偿如齿轮轴的偏斜、安装时的偏心、轴承径向圆跳动及温度影响,旋转零件的离心胀大,还有润滑剂的允许污染及非金属齿轮材料的溶胀等所造成的侧隙不够。

齿轮副的侧隙由齿轮的工作条件决定,与齿轮的精度等级无关,一般有三种确定方法。

(1) 经验法:参考同类产品中齿轮副的侧隙值来确定。

(2) 查表法:表 10.17 列出了工业传动装置用的齿轮副推荐的最小侧隙,适用于由钢铁材料齿轮和钢铁材料箱体构成的传动装置,工作时节圆线速度小于 15 m/s,箱体、轴和轴承都采用常用的制造公差。

表中的数值也可用式(10.3)计算,即

$$j_{bnmin} = \frac{2}{3}(0.06 + 0.0005|a| + 0.03m_n) \tag{10.3}$$

式中:$a$——中心距,单位为 mm。

表 10.17　中、大模数齿轮最小侧隙 $j_{bnmin}$ 推荐值(摘自 GB/Z 18620.2—2008)　单位:mm

| $m_n$ | 最小中心距 $a_{min}$ | | | | | |
| --- | --- | --- | --- | --- | --- | --- |
| | 50 | 100 | 200 | 400 | 800 | 1600 |
| 1.5 | 0.09 | 0.11 | — | — | — | — |
| 2 | 0.10 | 0.12 | 0.15 | — | — | — |
| 3 | 0.12 | 0.14 | 0.17 | 0.24 | — | — |
| 5 | — | 0.18 | 0.21 | 0.28 | — | — |
| 8 | — | 0.24 | 0.27 | 0.34 | 0.47 | — |
| 12 | — | — | 0.35 | 0.42 | 0.55 | — |
| 18 | — | — | — | 0.54 | 0.67 | 0.94 |

(3) 计算法:根据齿轮副的工作条件,如工作速度、温度、载荷、润滑等条件来设计计算齿轮副最小侧隙。设计选定的最小法向侧隙应足以补偿齿轮传动时由于温度升高引起的变形,并保证正常的润滑。

为补偿温升引起的变形,所需的最小侧隙 $j_{bnmin1}$($\mu m$)由式(10.4)计算,即

$$j_{bnmin1} = a(\alpha_1 \Delta t_1 - \alpha_2 \Delta t_2)2\sin\alpha_n \tag{10.4}$$

式中:$a$——齿轮副中心距,单位为 mm;

　　$\alpha_1$、$\alpha_2$——齿轮、箱体材料的线胀系数;

　　$\alpha_n$——齿轮法向啮合角;

　　$\Delta t_1$、$\Delta t_2$——齿轮、箱体工作温度与标准温度之差,标准温度为 20 ℃。

　　为保证正常润滑,所需的最小侧隙量 $j_{bnmin2}$ 取决于润滑方式和齿轮的工作速度。采用油池润滑时,$j_{bnmin2}=(5\sim10)m_n$。采用喷油润滑时,对于低速传动($7\ \text{m/s}<v\leqslant10\ \text{m/s}$),$j_{bnmin2}=10m_n$;对于中速传动($10\ \text{m/s}<v\leqslant25\ \text{m/s}$),$j_{bnmin2}=20m_n$;对于高速传动($25\ \text{m/s}<v\leqslant60\ \text{m/s}$),$j_{bnmin2}=30m_n$;对于超高速传动($v>60\ \text{m/s}$),$j_{bnmin2}=(30\sim50)m_n$。$m_n$ 为法向模数。齿轮副的最小法向侧隙由式(10.5)计算:

$$j_{bnmin}=j_{bnmin1}+j_{bnmin2} \tag{10.5}$$

**2) 齿厚偏差**

　　(1) 齿厚上偏差 $E_{sns}$ 的确定。齿厚上偏差 $E_{sns}$ 受最小侧隙,齿轮和齿轮副的加工、安装误差影响。两个啮合齿轮的齿厚上偏差之和为

$$E_{sns1}+E_{sns2}=-j_{bnmin}/\cos\alpha_n=-2f_a\tan\alpha_n-\frac{j_{bnmin}+J_n}{\cos\alpha_n} \tag{10.6}$$

式中:$E_{sns1}$、$E_{sns2}$——两个啮合齿轮的齿厚上偏差;

　　$f_a$——中心距偏差,标准中没有规定,设计者经验不足时,建议从表 10.14 中选取;

　　$J_n$——齿轮和齿轮副的加工、安装误差对侧隙减小的补偿量;

　　$\alpha_n$——法向啮合角。

　　$J_n$ 的数值根据式(10.7)计算,即

$$J_n=\sqrt{f_{pb1}^2+f_{pb2}^2+2\left(F_\beta\cos\alpha_n\right)^2+\left(f_{\Sigma\delta}\sin\alpha_n\right)^2+\left(f_{\Sigma\beta}\cos\alpha_n\right)^2} \tag{10.7}$$

当 $\alpha_n=20°$ 时,取 $f_{\Sigma\delta}=F_\beta$,$f_{\Sigma\beta}=0.5F_\beta$,代入得:

$$J_n=\sqrt{f_{pb1}^2+f_{pb2}^2+2.104F_\beta^2} \tag{10.8}$$

式中:$f_{pb1}$、$f_{pb2}$——两个啮合齿轮的基圆齿距(基节)偏差(可参考国家标准 GB/T 10095—

　　　　　　2008 确定其值);

　　$f_{\Sigma\delta}$、$f_{\Sigma\beta}$——齿轮副轴线平行度公差;

　　$F_\beta$——啮合齿轮的螺旋线总公差。

　　齿厚上偏差分配到每个啮合齿轮,可以按等值分配法和不等值分配法确定。一般使其中的大齿轮齿厚的减薄量大一些,使小齿轮齿厚的减薄量小一些,以使两个啮合齿轮的强度相匹配。为便于计算,也可以取二者相等,即

$$E_{sns1}=E_{sns2}=-f_a\tan\alpha_n-\frac{j_{bnmin}+J_n}{2\cos\alpha_n} \tag{10.9}$$

　　(2) 法向齿厚公差 $T_{sn}$ 的选择。法向齿厚公差 $T_{sn}$ 一般不应该采用很小的值,这对制造成本有很大的影响。在很多情况下,允许用较宽的齿厚公差或工作侧隙,这不会影响齿轮的性能和承载能力,却可以获得比较经济的制造成本。建议按式(10.10)计算法向齿厚公差 $T_{sn}$,即

$$T_{sn}=\sqrt{F_r^2+b_r^2}\times2\tan\alpha_n \tag{10.10}$$

式中:$F_r$——径向圆跳动公差;

　　$b_r$——切齿径向进刀公差。

　　切齿径向进刀公差 $b_r$ 的值分别对应齿轮精度等级 4～9 级(共 6 级),见表 10.18。表中的

标准公差 IT 按照运动准确性精度和齿轮分度圆直径查标准公差表 3.1 确定。

表 10.18　切齿径向进刀公差 $b_r$

| 公差等级 | 4 | 5 | 6 | 7 | 8 | 9 |
|---|---|---|---|---|---|---|
| $b_r$ 值 | 1.26IT7 | IT8 | 1.26IT8 | IT9 | 1.26IT9 | IT10 |

（3）齿厚下偏差。

齿厚下偏差的计算公式为

$$E_{sni} = E_{sns} - T_{sn} \tag{10.11}$$

**例 10.1**　某减速器中一直齿轮副，模数 $m_n = 3$，$\alpha = 20°$，小齿轮结构如图 10.17 所示，齿数 $z = 32$，中心距 $a = 288$ mm，齿宽 $b = 20$ mm，小齿轮孔径 $D = 40$ mm，圆周速度 $v = 6.5$ m/s，小批量生产。试确定齿轮的精度等级、齿厚偏差、检验项目及其允许值，并绘制齿轮工作图。

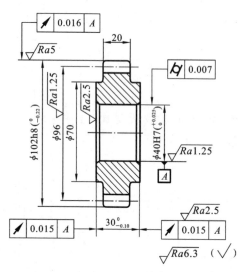

| | | |
|---|---|---|
| 法向模数 | $m_n$ | 3 |
| 齿数 | $z$ | 32 |
| 齿形角 | $\alpha$ | 20° |
| 螺旋角 | $\beta$ | 0 |
| 径向变位系数 | $x$ | 0 |
| 齿顶高系数 | $h_a$ | 1 |
| 齿厚及其极限偏差 | $s_{E_{sni}}^{E_{sns}}$ | $4.712_{-0.186}^{-0.100}$ |
| 精度等级 | | $8(F_p)$、$7(f_{pt}$、$F_\alpha$、$F_\beta)$ GB/T 10095.1—2008 |
| 配对齿轮 | 图号 | |
| 检查项目 | 代号 | 允许值/$\mu m$ |
| 单个齿距极限偏差 | $\pm f_{pt}$ | $\pm 12$ |
| 齿距累积总偏差 | $F_p$ | 53 |
| 齿廓总偏差 | $F_\alpha$ | 16 |
| 螺旋线总偏差 | $F_\beta$ | 15 |

图 10.17　齿轮工作图

**解**　1）确定齿轮精度等级

根据前述关于齿轮精度等级的选择方法（见表 10.9、表 10.10），针对减速器，取 $F_p$ 为 8 级（该项目主要影响运动准确性，而减速器对运动准确性要求不太严），其余检验项目为 7 级。

2）确定检验项目及其允许值

（1）单个齿距极限偏差允许值查表 10.2，得 $f_{pt} = \pm 12$ $\mu m$；

（2）齿距累积总偏差允许值查表 10.3，得 $F_p = 53$ $\mu m$；

（3）齿廓总偏差允许值查表 10.4，得 $F_\alpha = 16$ $\mu m$；

（4）螺旋线总偏差允许值查表 10.5，得 $F_\beta = 15$ $\mu m$。

3）齿厚偏差

（1）最小法向侧隙 $j_{bnmin}$ 的确定采用查表法，由式（10.3）得

$$j_{bnmin} = \frac{2}{3}(0.06 + 0.0005a + 0.03m_n) = 0.196 \text{ mm}$$

（2）确定齿厚上偏差 $E_{sns}$，据式（10.6）按等值分配，得

$$E_{sns1} = E_{sns2} = -f_a \tan\alpha_n - \frac{j_{bnmin} + J_n}{2\cos\alpha_n} = -0.104 \text{ mm} = -0.100 \text{ mm}$$

式中：$f_a$——中心距偏差，查表 10.14，$f_a = 0.5\text{IT8}$，IT8 的大小按中心距 288 mm 查表 3.1 得 0.081 mm。

$$J_n = \sqrt{f_{pb1}^2 + f_{pb2}^2 + 2.104F_\beta^2} = 27.82 \ \mu\text{m}$$
$$f_{pb1} = f_{pt1}\cos20° = 11.28 \ \mu\text{m}$$
$$f_{pb2} = f_{pt2}\cos20° = 13.16 \ \mu\text{m}$$

（3）确定齿厚下偏差 $E_{sni}$，查表 10.8，得 $F_r = 43 \ \mu\text{m}$（影响运动准确性的项目，故选 8 级），进刀公差 $b_r = 1.26\text{IT9} = 0.110$ mm（尺寸按照分度圆直径查表 3.1），由式（10.10）和式（10.11）得

$$T_{sn} = \sqrt{F_r^2 + b_r^2} \times 2\tan\alpha_n = -0.086 \text{ mm}$$
$$E_{sni} = E_{sns} - T_{sn} = -0.186 \text{ mm}$$

齿厚公称值为　　　　$s = \pi m_n/2 = \frac{1}{2} \times 3.1416 \times 3 \text{ mm} = 4.712 \text{ mm}$

3）确定齿轮坯精度

根据齿轮结构，选择圆柱孔作为基准轴线。由表 10.10，选择孔的公差等级为 7 级，即为 H7。圆柱孔的圆柱度公差为 IT7，按照孔径 $\phi40$ 查表 4.11，得到孔的圆柱度公差值为 0.007 mm。

齿轮两端面在加工和安装时作为安装面，应提出其对基准轴线的跳动公差，参见表10.12，跳动公差为 $0.2\frac{D_d}{b}F_\beta = 0.015$ mm，查跳动公差表，这相当于 6 级精度。

齿顶圆作为检测齿厚的基准，应提出尺寸和跳动公差要求。径向圆跳动公差为 $0.3F_p = (0.3 \times 0.053)$ mm $= 0.016$ mm，尺寸公差取 8 级，即为 h8。

齿面和其他表面的表面粗糙度参见表 10.13，取值如图 10.17 所示。

4）画出齿轮工作图

齿轮零件图如图 10.17 所示（图中尺寸未全部标出）。齿轮有关参数见齿轮工作图右上角位置的列表。

# 10.6　齿轮新旧国家标准对照

目前，很多企业仍在使用 GB/T 10095—1988 等旧标准，本节对新标准（GB/T 10095.1—2008 和 GB/T 10095.2—2008）和旧标准（GB/T 10095—1988）做对照分析。

**1. 新旧国家标准的差异**

新旧国家标准的差异主要表现在以下方面。

1）标准的组成

新标准是一个由标准和技术报告组成的成套体系，而旧标准则是一项精度标准。

2）采用 ISO 标准的程度

新标准等同采用 ISO 标准，而旧标准是等效采用 ISO 标准。

3）适用范围

新标准仅适用于单个渐开线圆柱齿轮，不适用于齿轮副；对模数 $m_n \geqslant 0.5 \sim 70$ mm、分度圆直径 $d \geqslant 5 \sim 10000$ mm、齿宽 $b \geqslant 4 \sim 1000$ mm 的齿轮规定了偏差的允许值（$m_n \geqslant 0.2 \sim 10$ mm、$d \geqslant 5 \sim 1000$ mm 时 $F_i''$、$f_i''$ 的值），标准的适用范围扩大了。

旧标准仅对模数 $m_n \geqslant 1 \sim 40$ mm、分度圆直径到 4000 mm、齿宽 $b \leqslant 630$ mm 的齿轮规定了公差和极限偏差值。

4）偏差与公差代号

新标准中，各偏差和跳动名称与代号一一对应。旧标准则对实测值、允许值设置两套代号，如代号 $\Delta f_f$ 表示齿形误差，而 $f_f$ 表示齿形公差。

5）关于偏差与误差、公差与允许值

通常所讲的偏差是指测量值与规定值之差。在 ISO 1328—1：1995 中使用 deviation，而不再用 error（误差）一词。在旧标准和其他齿轮精度标准中，将能区分正负值的称为偏差，如齿距偏差 $\Delta f_{pt}$，不能区分正负值的统称为误差，如幅度值等。在等同采用 ISO 标准的原则下，将齿轮误差改为齿轮偏差。

允许值与公差之间有不同之处。所谓尺寸公差，就是尺寸允许的变动范围，即尺寸允许变化的量值，是一个没有正负号的绝对值。允许值可以理解为公差，也可以理解为极限偏差（上偏差和下偏差）。

6）精度等级

新标准对单个齿轮规定了 13 个精度等级，旧标准对齿轮和齿轮副规定了 12 个精度等级。

7）公差组和检验组

在精度等级中，新标准没有规定公差组和检验组。在 GB/T 10095.1—2008 中，规定切向综合偏差、齿廓和螺旋线的形状与倾斜偏差不是必检项目。

8）齿轮坯公差与检验

新标准没有规定齿轮坯的尺寸与几何公差，而在 GB/Z 18620.3—2008 中推荐了齿轮坯精度。

9）齿轮副的检验与公差

新标准对此没有做出规定，而是在 GB/Z 18620.3～4—2008 中推荐了侧隙、轴线平行度和轮齿接触斑点的要求和公差。

具体的新旧国家标准差异见表 10.19。

**2. 单个齿轮及齿轮副的评定项目**

单个齿轮的评定项目较多，表 10.20 列出了单个齿轮的主要评定项目及特点，包括主要项目的名称、代号及对齿轮传动的影响等。

由于齿轮检验项目很多，没有必要将所有评定项目都作为检测项目。选择哪些评定项目作为检测项目是由使用要求、制造特点以及检测条件决定的。齿轮的使用性能既与单个齿轮的精度有关，也与齿轮副的安装精度有关。表 10.21 列出了齿轮副主要评定项目的名称、代号及对传动的影响等。实际生产中依据使用情况，经济合理地选择检测项目。

**表 10.19　新旧国家标准差异表**

| GB/T 10095.1~2—2008 | GB/T 10095—1988 | GB/T 10095.1~2—2008 | GB/T 10095—1988 |
|---|---|---|---|
| 单个齿轮 | | 单个齿轮 | |
| 单个齿距偏差 $f_{pt}$ 及允许值<br>齿距累积偏差 $F_{pk}$ 及允许值<br>齿距累积总偏差 $F_p$ 及允许值<br>基圆齿距偏差 $f_{pb}$ 及允许值<br>说明:见 GB/Z 18620.1—2008,未给出公差数值 | 齿距偏差 $\Delta f_{pt}$<br>齿距极限偏差 $\pm f_{pt}$<br>$k$ 个齿距累积误差 $\Delta F_{pk}$<br>$k$ 个齿距累积公差 $F_{pk}$<br>齿距累积误差 $\Delta F_p$<br>齿距累积公差 $F_p$<br>基节偏差 $\Delta f_{pb}$<br>基节极限偏差 $\pm f_{pb}$ | 齿廓形状偏差 $f_{f\alpha}$ 及允许值<br>齿廓倾斜偏差 $f_{H\alpha}$ 及允许值<br>齿廓总偏差 $F_\alpha$ 及允许值<br>说明:规定了计值范围 | 齿形误差 $\Delta f_f$<br>齿形公差 $f_f$ |
| | | 切向综合总偏差 $F_i'$ 及允许值<br>一齿切向综合偏差 $f_i'$ 及允许值 | 切向综合误差 $\Delta F_i'$<br>切向综合公差 $F_i'$<br>一齿切向综合误差 $\Delta f_i'$<br>一齿切向综合公差 $f_i'$ |
| 径向圆跳动 $F_r$ 及允许值 | 齿圆径向圆跳动 $\Delta F_r$<br>齿圆径向圆跳动公差 $F_r$ | 径向综合总偏差 $F_i''$ 及允许值<br>一齿径向综合偏差 $f_i''$ 及允许值 | 径向综合误差 $\Delta F_i''$<br>径向综合公差 $F_i''$<br>一齿径向综合误差 $\Delta f_i''$<br>一齿径向综合公差 $f_i''$ |
| 螺旋线形状偏差 $f_{f\beta}$ 及允许值<br>螺旋线倾斜偏差 $f_{H\beta}$ 及允许值<br>螺旋线总偏差 $F_\beta$ 及允许值<br>说明:规定了偏差计值范围,公差不但与 $b$ 有关,而且也与 $d$ 有关 | 齿向误差 $\Delta F_\beta$<br>齿向公差 $F_\beta$<br>螺旋线波度误差 $\Delta f_{f\beta}$<br>螺旋线波度公差 $f_{f\beta}$ | | 公法线长度变动 $\Delta F_w$<br>公法线长度变动公差 $F_w$ |
| | 接触线误差 $\Delta F_b$<br>接触线误差 $F_b$ | 齿厚偏差<br>齿厚上偏差 $E_{sns}$<br>齿厚下偏差 $E_{sni}$<br>齿厚公差 $T_{sn}$<br>说明:见 GB/Z 18620.1—2008,未推荐数值 | 齿厚偏差(规定了 14 个字母代号)<br>齿厚上偏差 $E_{ss}$<br>齿厚下偏差 $E_{si}$<br>齿厚公差 $T_s$ |
| | 轴向齿距偏差 $\Delta f_{px}$<br>轴向齿距极限偏差 $F_{px}$ | | |
| 齿轮副 | | 齿轮副 | |
| 传动总偏差(产品齿轮副) $F_i'$<br>说明:见 GB/Z 18620.1—2008,仅给出了符号 | 齿轮副的切向综合误差 $\Delta F_{ic}'$<br>齿轮副的切向综合公差 $F_{ic}'$ | 一齿传动偏差(产品齿轮)<br>说明:见 GB/Z 18620.1—2008。仅给出了符号 | 齿轮副的一齿切向综合误差 $\Delta f_{ic}'$<br>齿轮副的一齿切向综合公差 $f_{ic}'$ |
| 圆周侧隙 $j_{wt}$<br>最小圆周侧隙 $j_{wtmin}$<br>最大圆周侧隙 $j_{wtmax}$ | 圆周侧隙 $j_t$<br>最小圆周极限侧隙 $j_{tmin}$<br>最大圆周极限侧隙 $j_{tmax}$ | 法向侧隙 $j_{bn}$<br>最小法向侧隙 $j_{bnmin}$<br>最大法向侧隙 $j_{bnmax}$ | 法向侧隙 $j_n$<br>最小法向侧隙 $j_{nmin}$<br>最大法向侧隙 $j_{nmax}$ |
| 接触斑点<br>说明:见 GB/Z 18620.4—2008,推荐了直齿轮、斜齿轮装配后的接触斑点 | 齿轮副的接触斑点 | 中心距偏差<br>说明:见 GB/Z 18620.3—2008,没有公差,仅有说明 | 齿轮副的中心距偏差 $\Delta f_a$<br>齿轮副的中心距极限偏差 $\pm f_a$ |

续表

| GB/T 10095.1~2—2008 | GB/T 10095—1988 | GB/T 10095.1~2—2008 | GB/T 10095—1988 |
|---|---|---|---|
| 齿轮副 | | 齿轮副 | |
| 轴线平面内的轴线平行度偏差 $f_{\Sigma\beta}=2f_{\Sigma\delta}$ | $x$ 方向的轴线平面内的轴线平行度误差 $\Delta f_x$<br><br>$x$ 方向的轴线平面内的轴线平行度公差 $f_x$ | 垂直平面上的轴线平行度偏差 $f_{\Sigma\delta}=0.5\left(\dfrac{L}{b}\right)F_\beta$ | $y$ 方向的轴线平面内的轴线平行度误差 $\Delta f_y$<br><br>$y$ 方向的轴线平面内的轴线平行度公差 $f_y$ |
| 精度等级与公差组 | | 齿轮检验 | |
| GB/T 10095.1—2008 规定了 0~12 级，共 13 个等级<br><br>GB/T 10095.2—2008 对 $F_i''$、$f_i''$ 规定了 4~12 级，共 9 个等级；对 $F_r$ 规定了 0~12 级，共 13 个等级 | 将齿轮各项公差和极限偏差分成了 3 个公差组，每个公差组规定了 12 个公差等级 | GB/T 10095.1—2008 规定不是必检项目<br>GB/T 10095.2—2008 提示：使用公差表需协商一致<br><br>GB/Z 18620—2008 推荐了 $Ra$、$Rz$ 数值表 | 根据齿轮副的使用要求和生产规模，在各公差组中，选定检验组来鉴定和验收齿轮的精度 |

**表 10.20　单个齿轮主要评定项目及特点**

| 项目名称 | | | 代号 | 对传动的影响 | 精度等级规定 |
|---|---|---|---|---|---|
| 轮齿同侧齿面偏差 | 齿距偏差 | 1. 单个齿距偏差 | $f_{pt}$ | 平稳性 | 0~12 级 |
| | | 2. 齿距累积偏差 | $F_{pk}$ | 平稳性 | |
| | | 3. 齿距累积总偏差 | $F_p$ | 准确性 | |
| | 齿廓偏差 | 1. 齿廓总偏差 | $F_\alpha$ | 平稳性 | |
| | | 2. 齿廓形状偏差 | $f_{f\alpha}$ | 平稳性 | |
| | | 3. 齿廓倾斜偏差 | $f_{H\alpha}$ | 平稳性 | |
| | 螺旋线偏差 | 1. 螺旋线总偏差 | $F_\beta$ | 载荷分布均匀性 | |
| | | 2. 螺旋线形状偏差 | $f_{f\beta}$ | 载荷分布均匀性 | |
| | | 3. 螺旋线倾斜偏差 | $f_{H\beta}$ | 载荷分布均匀性 | |
| | 切向综合偏差 | 1. 切向综合总偏差 | $F_i'$ | 准确性 | |
| | | 2. 一齿切向综合偏差 | $f_i'$ | 平稳性 | |
| 径向综合偏差与径向圆跳动 | 径向综合偏差 | 1. 径向综合总偏差 | $F_i''$ | 准确性 | 4~12 级 |
| | | 2. 一齿径向综合偏差 | $f_i''$ | 平稳性 | |
| | 径向圆跳动 | | $F_r$ | 准确性 | 0~12 级 |
| 齿厚偏差 | | | $E_{sn}$ | 侧隙 | |

**表 10.21　齿轮副主要评定项目的名称、代号及对传动的影响**

| 项目名称 | 代号 | 对传动的影响 |
|---|---|---|
| 中心距偏差 | $f_\alpha$ | 侧隙 |
| 轴线平行度偏差 | $f_{\Sigma\beta}$，$f_{\Sigma\delta}$ | 侧隙、载荷分布均匀性 |
| 轮齿接触斑点 | — | 载荷分布均匀性 |
| 法向侧隙 | $j_{bn}$ | 侧隙 |

**【本章主要内容及学习要求】**

本章主要包括:齿轮传动基本要求,齿轮的加工误差,国家标准对单个圆柱齿轮、齿轮副的评定项目和精度的规定,齿轮坯的精度要求以及齿轮精度设计方法。通过本章的学习,读者应明确齿轮传动的基本要求,了解齿轮加工误差的来源及对传动的影响;理解并掌握单个齿轮的评定项目及其特点;掌握单个齿轮的精度等级及其应用情况;理解并掌握齿轮齿坯的精度要求;理解齿轮副的评定项目及其特点;掌握齿厚极限偏差的确定方法;掌握齿轮精度设计基本方法。

本章涉及的相关标准主要有:GB/T 10095.1—2008《圆柱齿轮　精度制第 1 部分:轮齿同侧齿面偏差的定义和允许值》、GB/T 10095.2—2008《圆柱齿轮　精度制第 2 部分:径向综合偏差与径向跳动的定义和允许值》、GB/Z 18620.1—2008《圆柱齿轮　检验实施规范　第 1 部分:轮齿同侧齿面的检验》、GB/Z 18620.2—2008《圆柱齿轮　检验实施规范　第 2 部分:径向综合偏差、径向跳动、齿厚和侧隙的检验》、GB/Z 18620.3—2008《圆柱齿轮　检验实施规范第 3 部分:齿轮坯、轴中心距和轴线平行度的检验》、GB/Z 18620.4—2008《圆柱齿轮　检验实施规范　第 4 部分:表面结构和轮齿接触斑点的检验》等。

# 习　题　十

10-1　填空题

(1) 齿轮传动的要求有＿＿＿＿、＿＿＿＿、＿＿＿＿、＿＿＿＿等。

(2) 齿轮精度等级的选择方法有＿＿＿＿法和＿＿＿＿法。

10-2　齿轮轮齿同侧齿面的精度检验项目有哪些?它们对齿轮传动主要有何影响?

10-3　切向综合偏差有什么特点和作用?

10-4　径向综合偏差(或径向圆跳动)与切向综合偏差有何区别? 用在什么场合?

10-5　单个齿轮有哪些必检项目?

10-6　齿轮副的评定项目有哪些?

10-7　对齿轮坯有哪些精度要求?

10-8　有一减速器中的直齿齿轮,模数 $m_n = 6$ mm,$\alpha_n = 20°$,齿轮结构如图 10.18 所示,齿数 $z = 36$,中心距 $a = 360$ mm,齿宽 $b = 50$ mm,齿轮孔径 $D = 55$ mm,圆周速度 $v = 8$ m/s,小批量生产。试确定齿轮的精度等级、检验项目及其允许值、齿厚偏差,并绘制齿轮工作图。

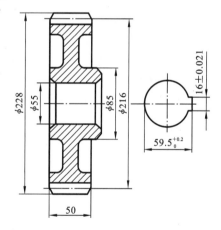

图 10.18　题 10-10 齿轮图样

# 参 考 文 献

[1] 李柱,徐振高,蒋向前.互换性与测量技术[M].北京:高等教育出版社,2004.

[2] 罗冬平.互换性与技术测量[M].北京:机械工业出版社,2016.

[3] 周兆元,李翔英.互换性与测量技术基础[M].3版.北京:机械工业出版社,2016.

[4] 赵美卿,王凤娟.公差配合与技术测量[M].北京:冶金工业出版社,2008.

[5] 甘永立.几何量公差与检测[M].9版.上海:上海科学技术出版社,2010.

[6] 杨好学,蔡霞.公差与技术测量[M].北京:国防工业出版社,2009.

[7] 董燕.公差配合与测量技术[M].北京:中国人民大学出版社,2008.

[8] 胡凤兰.互换性与技术测量基础[M].北京:高等教育出版社,2009.

[9] 李兆铨,周明研.机械制造技术[M].北京:中国水利水电出版社,2005.

[10] 任家隆.机械制造技术[M].北京:机械工业出版社,2012.

[11] 王为,汪建晓.机械设计[M].2版.武汉:华中科技大学出版社,2011.